教育部哲学社会科学系列发展报告
MOE Serial Reports on Developments in Humanities and Social Sciences

中国生态文明建设发展报告2014

China Ecological Civilization Construction
Progress Report 2014

主　编	严　耕				
副主编	吴明红	樊阳程	林　震		
作　者	严　耕	吴明红	樊阳程	林　震	巩前文
	杨智辉	金灿灿	邬　亮	陈　佳	杨志华
	杨　帆	吴守蓉	杨朝霞	丁　智	张秀芹
	王明怡	王广新	张　宁	田　浩	

U0246813

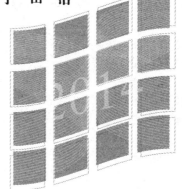

北京大学出版社
PEKING UNIVERSITY PRESS

图书在版编目(CIP)数据

中国生态文明建设发展报告.2014/严耕主编.—北京:北京大学出版社,2015.5
(教育部哲学社会科学系列发展报告)

ISBN 978-7-301-25699-2

Ⅰ.①中… Ⅱ.①严… Ⅲ.①生态环境建设—研究报告—中国—2014 Ⅳ.①X321.2

中国版本图书馆 CIP 数据核字(2015)第 078635 号

书　　　名　中国生态文明建设发展报告 2014
著作责任者　严　耕　主编
责 任 编 辑　黄　炜
标 准 书 号　ISBN 978-7-301-25699-2
出 版 发 行　北京大学出版社
地　　　址　北京市海淀区成府路 205 号　　100871
网　　　址　http://www.pup.cn
电 子 信 箱　zpup@pup.cn
新 浪 微 博　@北京大学出版社
电　　　话　邮购部 62752015　发行部 62750672　编辑部 62752038
印　刷　者　北京宏伟双华印刷有限公司
经　销　者　新华书店
　　　　　　　730 毫米×980 毫米　16 开本　15.5 印张　287 千字
　　　　　　　2015 年 5 月第 1 版　2015 年 5 月第 1 次印刷
定　　　价　49.00 元

内 容 提 要

　　本书是中国生态文明建设发展年度报告的第一部,开创了生态文明建设动态评价学术研究新领域。

　　作者首创中国生态文明发展指数(ECPI)、中国绿色生产水平指数(GPI)和中国绿色生产发展指数(GPPI),首创中国绿色生活水平指数(GLI)和中国绿色生活发展指数(GLPI),并且都首次真正实现了综合性量化评价。

　　分析意外地显示,中国生态文明建设发展整体速度小幅趋缓,绿色生产艰难前行,绿色生活疑路重重,仍处在新长征的起点。

　　书中还对生态文明建设中社会关注的能源利用、主要污染物减排治理、生态农业、生态保护与建设、生态文明法治和生态文明理念学术等领域展开了专题研究。

　　全书视角宏大,数据翔实,许多观点发人深省。可供社会各界关心生态文明建设的人士阅读和参考。

前　　言

　　《中国生态文明建设发展报告》，评价的是中国生态文明建设的发展，换言之，着眼于进步及其态势。与此完全不同而又形成对照的是，对生态文明建设的水平评价。水平评价属于静态评价，发展评价属于动态评价，这一点需要特别强调，否则极易产生误解。

　　早在 2010 年，我们研究团队出版了生态文明绿皮书《中国省域生态文明建设评价报告（ECI 2010）》，这是中国第一部综合性生态文明建设水平评价报告，之后，同类研究逐渐活跃起来，我们的绿皮书也已连续出版了五年。但是，静态与动态、水平与进步，毕竟是事物发展不可分割的两个方面，缺乏中国生态文明建设总体进步及其态势的专门评价，终究是一件令人遗憾的事情。

　　这里奉献给读者的，是首次对中国生态文明建设的进展做出的综合性量化评价。当然，动起于静，我们的"静"是《中国省域生态文明建设评价报告（ECI 2014）》[①]，该书是我们对中国生态文明建设水平评价的最新成果，属于静态的水平评价范畴，与这里的发展评价，构成了相互关联的动静评价姊妹篇。

　　生态文明建设"五位一体"战略的提出，标志着中国崛起新时代的开端。如果把从 20 世纪 80 年代开始的改革开放到 2050 年实现中华民族伟大复兴的 70 余年，划分成两个约 35 年的时期，那么，中国发展的后 35 年正面临从追求量的扩张转为质量并重的新时期。

　　三十多年前，为改变贫穷落后的面貌，中国走上了改革开放的强国之路，自此，经济社会发展取得了一系列举世瞩目的成就。但限于当时的客观条件，形成了粗放的经济发展模式。由于片面追求经济规模与发展速度，经济增长过度依赖资源投入，同时由于资源利用方式不尽合理，产生的大量污染物肆意排放，加之中国的环境治理能力偏弱，致使生态系统退化、环境污染严重、资源约束趋紧，并进而成为制约中国经济社会发展的瓶颈。

---

　　① 　严耕，等.中国省域生态文明建设评价报告（ECI 2014）[M].北京:社会科学文献出版社,2014.

放在"五位一体"的总布局中加以考虑,生态文明建设是一场涉及经济、政治、文化和社会的全面变革。这场变革的复杂性在于,在一个人均生态环境容量和人均资源拥有量都远低于世界平均水平的国度里,既要使水更清、山更绿、天更蓝,还要使较低的人均 GDP 得到较快的持续增长。

贫穷绝不是生态文明。生态文明建设虽然是我国发展不可或缺的战略目标,但它不是唯一的目标。生态健康、环境良好和资源永续是硬道理,发展经济和改善民生也是硬道理;转型升级、提高经济发展的质量是硬道理,富裕人民、保持必要并且较高的经济发展速度也是硬道理。

这就意味着,中国要逐步实现用世界人均最低的生态环境成本和资源消耗,创造出最大的经济产出,中国的单位 GDP 生态环境成本和资源消耗水平必须达到世界领先水平。这也意味着,中国理应具有领先世界的绿色生产、绿色生活,具有先进的科技,具吸引力的文化,开明、有序、有效并且充满活力的社会氛围和治理方式。如果做不到这些,要保持经济和社会的较快发展,就只能重蹈拼环境、拼消耗的覆辙。

总之,对生态文明建设的高度重视,不是运动式的心血来潮,而是对前 35 年反思性的经验总结和对后 35 年前瞻性的宏伟布局。正因为如此,"十二五"时期是中国生态文明建设的历史转折点,全社会对生态文明的认识高度前所未有,对生态文明建设的重视程度前所未有,对生态文明制度建设的强调力度前所未有。今天,经济发展已步入新常态,全面深化改革已破浪起航,生态文明业已成为新时期的热词。

在发展的质量上领先世界,实现中华民族的伟大复兴,并找到可持续的发展道路,目标之远大,任务之艰巨,足以凝聚国人共识,使人重回激情燃烧的时代。实践已经证明,改革开放的第一个 35 年,中国创造了伟大的人间奇迹;第二个 35 年,我们衷心期盼,只要目标明确并且不畏艰险,利用这并不太长的时间,我们甚至可以走到比梦想更远的地方。

遥想当初,改革开放开始的时候,笔者还是个大学生,心怀建设现代化的理想,穿着一身破旧的衣裳,在校园里唱着"再过二十年,我们来相会"的歌,心里却不免觉着二十年是一个遥远得与我无关的未来,经济上能与发达国家攀比更像是与这辈子无缘的梦想。转眼间,35 年一晃而过,中国一跃成为世界第二大经济体,人均 GDP 也已经超过 7000 美元。当今的现实,远远超过我们当初的所有想象。自豪之余,蓦然回首,却发现生态产品竟成为当今中国最短缺的产品,生态差距已成为中国最大的发展差距。

生态文明建设的意义如此重大,科学地评价和分析其现实进展就变得十分必要了。为衡量中国生态文明建设发展的成效,我们依托教育部哲学社会科学发展报告项目,出版这本年度报告——《中国生态文明建设发展报告2014》。本报告是这一系列报告的第一本,它全面梳理了改革开放以来,尤其是"十二五"期间,中国在能源利用、污染治理、生态保育以及生态文明制度建设和理念研究方面的进展情况,构建科学合理的评价指标体系,测评各地的生态文明发展指数,并分析生态文明建设的驱动因素,为"十三五"期间中国生态文明建设的进一步发展提出建议。

科学的评价源自科学的认识。中国生态文明建设战略的提出,主要是为了应对生态系统退化、环境污染严重、资源约束趋紧的严峻挑战,目标是要实现生态健康、环境良好和资源永续。因此,要评价好生态文明,首先需要厘清资源、环境和生态之间的关系。

我们认为,生态系统与环境、资源之间是"一体两用"的关系。狭义的生态系统是包括人类以外的生物在内的自然本体,环境和资源则是人类出于生存和发展需要对生态的两种用途。相对来说,环境质量和资源数量的变化更容易为人们所感知,因此环境危机、资源危机往往更容易引起人们的关注和重视,而且也相对容易在短期内体现治理的效果。但由于人类社会在"用"上的挥霍无度,使得工业化进程带来的资源滥用和环境污染大大超出了生态系统的承载能力,以至于目前全球范围内普遍存在局部环境质量改善,但整体生态保护形势严峻的现象。所以,生态系统具有更基础、更重要的地位和作用,环境和资源都依赖于生态系统的支撑,离开了生态,环境和资源都将成为无源之水、无本之木。总之,社会发展与生态系统之间的冲突,是生态文明建设所要解决的基本矛盾,这一矛盾,贯穿于生态文明建设的全过程。

基于以上认识,课题组从生态、环境、资源三个维度,选择具有代表性的具体指标,构建了生态文明发展评价指标体系。生态维度主要考察生态保护的成效,环境维度评价环境改善情况,资源维度则从资源节约和合理利用两个方面,分别评估资源节约和排放优化的进展。

研究表明,污染物排放与日益脆弱的环境承载力之间的尖锐冲突,是生态文明建设当前面临的主要矛盾。对生态文明发展态势所做的相关性分析发现,排放效应的优化是现阶段生态文明发展的首要驱动力,这揭示了促使生态文明发展取得立竿见影效果的着力点。我们必须清醒地看到,尽管中国主要污染物排放总量与单位国内生产总值主要污染物排放量均已通过上升的拐点,实现双双走低,但主要污染物的绝对排放量仍然巨大,加上粗放的经济发展模式,大部分地区生态、环境长期超负荷承载,生态容量增长缓慢,环境容量持续下降,其负面效应日益显现,环境质量改善举步维艰。因此,合理利用资源、能源,在生态、环境容量范围内优化排放,仍将是一场持久的攻坚战。

通过对"十二五"期间的数据分析发现,近年来,中国整体生态文明水平保持连年上升,但进步速度略有下降的趋势。具体从各二级指标进步率的数据来看,仅环境改善发展速度略有表面上升,生态保护、资源节约、排放优化发展速度均在小幅回落。

各地生态文明发展速度有快有慢,加上各自生态文明建设的基础水平有高有低,我们将大陆地区 31 个地区划分为领跑型、追赶型、后滞型、前滞型和中间型五种类型。

我们也知道,实现生态健康、环境良好和资源永续这三个生态文明的器物目标,依赖于绿色生产和绿色生活的进展。要彻底解决严峻的生态环境问题就必须从这两个源头入手。这就要求一方面,在经济新常态下,当前要切实实现生产方式的绿色转型;另一方面,也是常常为人们所忽视的,即,日益增多的人口尤其是城市人口所提出的日益增多的物质需求,同样是造成资源消耗过量和环境污染过度的重要因素。过大的人口基数,较低的人均环境容量,使得我们不能也不该把更加美好的生活建立在高污染和高消耗上。因此,中国生态文明建设目标的实现,有赖于生产方式和生活方式的绿色转型。换句话说,绿色生产和绿色生活是生态文明建设的两大支柱。

本报告特别建构了这两个领域的指标体系,首创绿色生产指数和绿色生活指数,分别得出了最新的绿色生产和绿色生活的水平指数和发展指数,并对此开展国际比较,以衡量中国生态文明建设水平在世界的位置。水平指数将中国与经合组织成员国放在一起进行横向比较,考察静态的绿色生产和绿色生活水平。发展指数则分析 2009 到 2014 年间中国绿色生产和绿色生活动态发展的状况。

研究表明,无论在绿色生产还是绿色生活方面,中国与经合国家之间都存在着较大差距,同时也意味着中国在绿色转型方面还有很大的进步空间。此外,社会在很大程度上还存在重视绿色生产却忽视绿色生活的状况。这一局面若不改变,将很有可能使生活领域取代生产领域,成为中国生态环境问题的主因。

生态文明评价是一个相当复杂的系统工程。理论上,对生态文明建设发展的评价应当包括器物、行为、制度和精神各个方面,但后两者都存在缺乏数据支撑和难以量化的问题。我们倒是认为,这并不是对生态文明进行量化评价不可克服的障碍,因为制度的完善程度和执行效度以及理念的普及广度和扎根深度,最终都要落实在器物和行为层面,反映在资源、环境和生态的客观变化上,并在这些实实在在的进展中得到检验。因此,我们并不认为,未直接含有制度和理念指标的生态文明建设评价,就一定是片面的,或者必然是局部的。同时,本书就这些方面设置了一些专题研究,以弥补当前定量评价可能存在的不足。

无论是水平评价还是发展评价,我们所做的实际上都是对中国生态文明建设绩效的学术评价。我们希望竭尽所能,用权威数据为大家呈现一个全面而客观的生态文明建设效果图。当然,数据缺失和统计口径的变动,依然是影响我们动态评价科学性的重要因素。希望随着大数据技术的应用和统计工作的完善,能有更多、更准确的指标和数据可用,那样,生态文明建设的第三方评价将发挥更大的作用。

严耕

2015 年 1 月

目　　录

第一部分　中国生态文明发展评价报告

第二部分　绿色生产与绿色生活发展评价报告

第三部分　生态文明建设专题报告

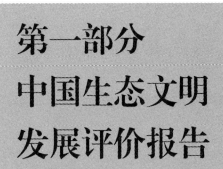

第一部分

中国生态文明

发展评价报告

第一章 生态文明发展评价总报告(ECPI 2014)

为服务中国生态文明建设战略,迫切需要充分挖掘和分析一手数据,了解生态文明建设现状,追踪发展动态。我们课题组依据国家权威部门发布的数据,构建中国省域生态文明发展指数评价指标体系,以量化评估大陆各省级行政区(未含港澳台地区,下同)的生态文明发展指数(Ecological Civilization Progress Index,ECPI)。与现有各类生态文明水平评价指标体系的静态评价不同,生态文明发展指数(ECPI)是对进步和趋势的评价,首创了生态文明动态评价新领域,目的是量化评估中国生态文明发展速度,并展开分析,探寻生态文明发展态势及主要驱动因素,为生态文明建设顺利推进提供参考。

一、生态文明发展评价结果
(一) 2014 年各省生态文明发展指数(ECPI 2014)
根据生态文明发展指数评价指标体系及相应算法(具体见第二章),基于国家相关部门发布的 2013、2014 年最新权威数据,测算出各省级行政区生态文明发展指数(ECPI 2014)(表 1-1)。

ECPI 2014 排行榜,反映了 2014 年度各地区生态文明发展速度的相对快慢。课题组根据 31 个省级行政区 ECPI 2014 得分的平均值和标准差,将其分为四个等级。其中,ECPI 得分高于平均值一倍标准差的省份居第一等级;得分高于平均数,但不足一倍标准差的位于第二等级;得分低于平均值,但相差不到一倍标准差的排第三等级;其余得分低于平均值一倍标准差以上的列第四等级。

由于各地区 ECPI 2014 得分及排名只代表了生态文明发展的相对速度,并未体现当前的生态文明水平。因此,课题组结合已取得的省域生态文明建设评价研究成果,引入反映各地区静态生态文明水平的绿色生态文明指数(Green Ecological Civilization Index,GECI)(表 1-2),以更全面地展现各地区生态文明建设现状。

表 1-1　2014 年各省级行政区生态文明发展指数(ECPI 2014)　　　单位:分

排名	地区	ECPI 2014	生态保护	环境改善	资源节约	排放优化	指数等级
1	宁夏	53.43	50.40	51.98	48.95	52.09	1
2	辽宁	53.07	51.42	50.87	50.25	50.52	1
3	浙江	52.96	50.86	49.63	50.21	52.26	1
4	山东	52.75	50.81	50.40	50.28	51.26	1
5	山西	52.55	49.96	50.23	49.35	53.00	1
6	广东	52.37	51.03	50.66	49.91	50.76	2
7	湖北	52.11	51.62	50.99	50.09	49.41	2
8	江苏	52.08	50.98	50.38	50.71	50.02	2
9	吉林	51.66	49.54	50.05	52.19	49.89	2
10	广西	51.59	49.61	50.21	50.67	51.10	2
11	北京	51.35	50.64	48.17	51.82	50.71	2
12	河北	51.23	50.54	49.68	50.91	50.10	2
13	安徽	51.09	50.59	49.93	51.02	49.55	2
14	甘肃	50.75	50.52	49.69	50.26	50.29	2
15	内蒙古	50.74	49.68	47.49	52.34	51.23	2
16	重庆	50.42	49.81	50.43	50.49	49.69	2
17	江西	50.39	48.96	50.17	51.57	49.70	2
18	陕西	50.20	49.93	49.38	50.67	50.22	2
19	河南	49.71	50.34	50.01	49.81	49.54	3
20	贵州	49.38	49.30	51.21	47.95	50.92	3
21	四川	49.35	49.20	50.71	48.88	50.56	3
22	湖南	49.03	49.34	50.12	49.92	49.65	3
23	黑龙江	48.37	49.57	49.83	48.69	50.28	3
24	海南	48.28	50.17	50.58	48.93	48.59	3
25	福建	48.12	50.06	50.20	47.98	49.88	3
26	云南	47.52	49.21	49.37	50.09	48.84	3
27	上海	47.36	51.63	49.66	49.96	46.12	4
28	天津	46.77	51.67	49.01	50.36	45.73	4
29	青海	46.15	49.44	49.77	48.16	48.78	4
30	西藏	44.87	46.53	49.10	50.10	49.14	4
31	新疆	43.93	47.96	49.36	47.21	49.40	4

表 1-2   2014 年各省级行政区绿色生态文明指数(GECI 2014)①   单位:分

排名	地区	GECI 2014	生态活力	环境质量	协调程度
1	海南	80.54	28.59	25.30	26.66
2	江西	78.68	30.56	21.47	26.66
3	西藏	77.00	26.61	27.98	22.40
4	重庆	76.31	26.61	21.47	28.23
5	黑龙江	76.10	33.51	20.32	22.27
6	四川	76.05	32.53	20.32	23.21
7	广西	75.70	24.64	23.77	27.29
8	辽宁	75.55	30.56	18.02	26.97
9	湖南	74.71	23.66	23.77	27.29
10	浙江	74.10	25.63	19.93	28.54
11	云南	73.39	27.60	24.15	21.64
12	福建	72.12	25.63	21.08	25.40
13	北京	72.06	26.61	18.78	26.66
14	广东	70.92	27.60	19.17	24.15
15	贵州	70.26	21.69	25.68	22.90
16	内蒙古	69.50	25.63	18.78	25.09
17	青海	68.37	23.66	23.38	21.33
18	吉林	67.97	29.57	18.02	20.39
19	甘肃	66.03	23.66	19.17	23.21
20	新疆	66.02	22.67	21.08	22.27
21	山西	65.23	23.66	16.48	25.09
22	安徽	65.14	21.69	19.93	23.52
23	陕西	64.05	23.66	16.87	23.52
24	上海	63.39	20.70	19.17	23.52
25	湖北	62.73	24.64	18.02	20.07
26	江苏	62.50	22.67	17.25	22.58
27	河南	62.25	21.69	16.10	24.46
28	山东	61.62	24.64	11.88	25.09
29	天津	61.29	23.66	13.80	23.84
30	宁夏	56.65	19.71	16.87	20.07
31	河北	55.71	19.71	13.42	22.58

①   2014 年各省级行政区绿色生态文明指数(GECI 2014)数据来源:严耕,等.中国省域生态文明建设评价报告(ECI 2014)[M].北京:社会科学文献出版社,2014.

GECI 2014 与 ECPI 2014 得分的相关性分析显示,两者相关系数仅为
-0.206,相关性不显著,这表明中国整体生态文明建设基础仍然薄弱,当前各地
区生态文明水平相对高低并不是生态文明发展快慢的决定因素。生态文明水平
较低的地区,虽然提升空间充足,但如果自身努力不够,生态文明建设亦难见成
效;而生态文明水平较高的地区,找准方向,常抓不懈,也一样可获得快速发展。
以各地区 GECI 2014 和 ECPI 2014 得分平均值为坐标原点,绘制的象限分布图,
见图 1-1。

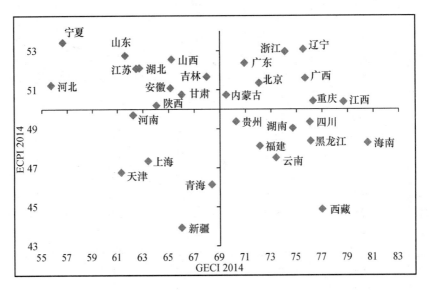

图 1-1   各地区 GECI 2014 和 ECPI 2014 得分象限分布图

跻身 ECPI 2014 排名第一等级的地区有宁夏、辽宁、浙江、山东和山西,这些
地区整体生态文明发展速度较快,但生态文明水平参差不齐。其中,宁夏生态文
明快速发展,得益于环境改善和资源消耗排放效应优化的强势驱动,但整体生态
文明水平偏低,在各方面都有较大提升空间;辽宁在生态保护和环境改善方面取
得显著成效,发展态势良好,且生态文明水平相对靠前;浙江和山西生态文明水平
不同,快速发展均得益于资源消耗所产生污染物排放对环境的影响效应明显优
化;山东生态文明建设基础不强,但各领域全面发力,促进生态文明快速进步。

2014 年度,广东、湖北、江苏、吉林、广西、北京、河北、安徽、甘肃、内蒙古、重
庆、江西和陕西等 13 个省级行政区 ECPI 2014 排名居第二等级,各地区生态文明
水平也差异显著。

生态文明水平高于全国平均水平的地区中,江西在资源节约领域大幅进步,
广西和重庆各方面的进展相对均衡,它们的整体发展态势良好,生态文明优势将

进一步突显;北京和内蒙古的资源节约、提高资源利用效率进步明显,但环境改善速度缓慢,与民生密切相关的突出环境问题亟待解决;广东各领域均衡发展,生态文明建设稳步推进。

生态文明水平低于全国平均水平的地区,吉林生态文明水平属中等,但生态优势明显,2014年度资源节约成效显著,未来若加强环境治理,污染物排放对环境的影响效应得到优化,生态文明水平将强势崛起;湖北的生态保护、环境改善进步幅度较大,江苏、安徽、甘肃和陕西各方面进步相对均衡,这些地区的生态文明建设发展稳定;河北生态文明水平暂时落后,需尽快找准生态文明建设突破口,加快生态文明发展步伐。

位居 ECPI 2014 第三等级的地区是河南、贵州、四川、湖南、黑龙江、海南、福建和云南。除河南生态文明水平偏低外,其他地区生态文明水平较好。其中,海南生态文明水平高居榜首,四川、湖南和云南生态文明建设的起点也较高,它们在生态保护、环境改善、资源节约和污染物排放效应优化等各方面均衡发展,长此以往,生态文明水平将持续提高;黑龙江和福建生态文明建设的基础较好,但资源节约、提高资源能源利用效率推进缓慢,需尽快开辟协调发展的道路;贵州环境改善成效卓越,但资源节约短板问题也同样突出;河南省生态文明水平与发展速度均有较大提升空间,生态文明建设任重道远。

上海、天津、青海、西藏、新疆的 ECPI 2014 得分位列第四等级,这些地区整体生态文明发展速度偏慢。其中,西藏的生态、环境受破坏程度轻,生态文明水平保持相对领先,其余地区生态文明水平较低。2014年度,上海、天津在生态保护领域取得积极成效,但污染物排放对环境的影响效应优化缓慢,需进一步加大对生态系统的反哺力度,合理利用资源能源,加强环境污染治理,控制污染物排放;青海生态文明各方面的发展速度均无明显优势,且资源节约利用存在短板;受地理、气候等自然条件制约,西藏、新疆的生态保护与建设推进艰难,环境改善见效较慢。

(二) 各地区二级指标评价结果

具体从生态文明发展指数的4个二级指标分析,生态保护领域有喜有忧;环境质量改善推进举步维艰;资源节约成效显著,资源、能源利用效率持续提高,但全国资源、能源消费总量仍不断攀升;资源、能源消耗所产生的污染物排放,已通过增长的拐点,然而由于历史积累原因,其对生态、环境的负面影响效应仍在显现。

1. 生态保护推进喜忧参半

生态保护二级指标,通过森林面积增长率、森林质量提高率、自然保护区面积增加率和建成区绿化覆盖增加率等4个三级指标,重点从森林生态系统保护、生物多样性保护、城市生态改善三个方面,考察各地区生态保护与建设的推进情况。

生态保护发展指数排行榜显示,天津、上海、湖北、辽宁排在第一等级,新疆、西藏
列第四等级(图 1-2)。

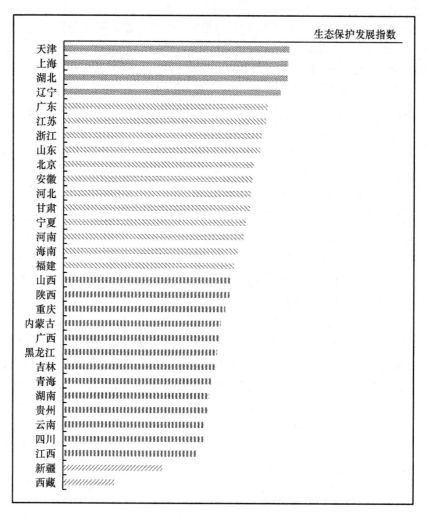

图 1-2　2014 年各地区生态保护发展指数排名

2014 年度,由于恰逢森林资源清查数据更新,全国整体森林面积显著增加,森
林质量明显提高①,城市生态建设稳步推进,但生物多样性保护遭遇严峻挑战,自
然保护区面积小幅缩水,湿地资源保护也存在面积减少、功能减退等问题。

---

①　森林覆盖率、森林蓄积量数据来源于第八次全国森林资源清查结果,其增长为 2009—2013 年整个
统计周期内所取得。

天津和上海,随着经济实力的增强,不断加大生态保护与建设力度,在森林面积增长和森林质量提升的强力驱动下,生态保护取得大幅进步,但它们的生态基础薄弱,目前仍处于较低水平。湖北和辽宁在生态保护方面快速发展,主要得益于自然保护区面积的大幅增加。新疆、西藏受地理、气候等自然因素制约,生态保护与建设推进艰难,生态系统较脆弱。

森林是地球上最大的陆地生态系统,被誉为"地球之肺",具有重要的生态功能。影响森林生态效益发挥的主要因素是森林的面积与质量,因此根据数据可得性,选择了森林覆盖率反映森林面积,单位森林面积蓄积量体现森林质量。森林面积和质量与各自发展速度的相关性分析显示(表1-3),森林覆盖率与森林面积增长率显著负相关,这表明森林生态系统保护与建设,起点越高,推进越难;森林面积增长率与单位森林面积蓄积量呈显著负相关,反映了现阶段中国森林生态系统保护与建设仍以人工修复为主,依靠实施生态建设工程来实现,森林面积扩张相对较快,而自然恢复贡献较少,森林质量提升相对缓慢。

表1-3 森林面积和质量与其增长率相关性

	森林面积增长率	单位森林面积蓄积量增长率	森林覆盖率	单位森林面积蓄积量
森林面积增长率	1	0.094	−0.376*	−0.402*
单位森林面积蓄积量增长率	0.094	1	−0.240	−0.251
森林覆盖率	−0.376*	−0.240	1	0.154
单位森林面积蓄积量	−0.402*	−0.251	0.154	1

*. 相关性在0.05水平上是显著的(双尾检验)。

自然保护区是生物多样性保护的重要载体。由于中国人口急剧增长和经济社会的快速发展,对土地资源刚性需求上升,部分自然保护区的试验区、缓冲区正被资源开发、农业生产或城市建设各方所蚕食,自然保护区面积占辖区面积比重降低0.94%,有必要引起社会高度警觉。

建成区绿化覆盖率是衡量城市人居生态环境和居民福利水平的主要指标之一。随着中国城镇化的发展,城市生态建设稳步推进,建成区绿化覆盖率达39.7%,但离国际公认良好城市环境的标准(50%)还有一定差距。

湿地被称为"地球之肾",具有不可替代的重要作用,也是重要的生态资源。由于湿地资源调查统计周期较长,其年度变化缺乏数据支撑,因此暂未纳入生态文明发展指数评价体系。据最新发布的第二次湿地资源调查数据显示,中国湿地总面积5360.26万公顷,占国土面积比重5.56%,与第一次调查同口径比较减少8.82%,其中自然湿地面积减少了9.33%,国内湿地资源分布不均衡,青海、西藏、内蒙古、黑龙江 4 个地区的湿地面积占全国湿地总面积近一半,同时还存在功能减退等诸多问题。湿地生态保护与经济社会发展矛盾突出,保护形势严峻。

2. 环境质量未见明显改善

环境改善主要考察大气、地表水体和土地环境的变化情况。具体选取了空气质量改善、地表水体质量改善、化肥施用合理化、农药施用合理化、城市生活垃圾无害化提高率和农村卫生厕所普及提高率等 6 个三级指标。环境改善发展指数排行榜显示,宁夏、贵州、湖北和辽宁改善较快,属于第一等级,西藏、天津、北京和内蒙古位居第四等级(图 1-3)。

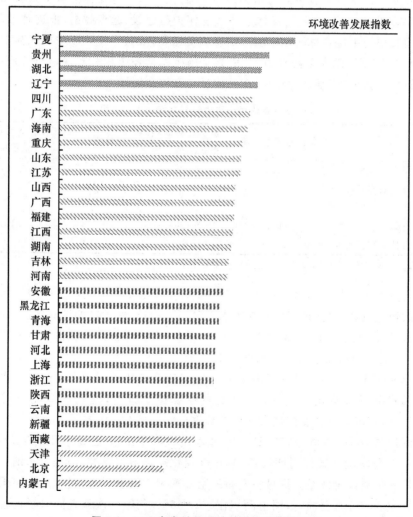

图 1-3 2014 年各地区环境改善发展指数排名

2014年度,全国整体环境质量不容乐观。大气环境污染严重,雾霾天气呈普遍、频发态势;水体环境中主要河流水质有所好转,但地表水质总体仍为轻度污染,地下水质有恶化趋势;土地环境质量尤为严峻,农业面源污染持续加剧。

环境改善较快的地区中,贵州环境状况相对良好,2014年度在主要河流水质提升、农业面源污染控制和农村环境污染防治等方面表现突出,推动环境质量继续向好,农村环境治理仍是其未来工作的重点;宁夏、湖北、辽宁则分别得益于地表水体中主要河流水质好转、城市生活垃圾无害化比例上升、农村卫生厕所普及提速,但它们的总体环境质量状况依然有较大改善空间,环境污染防治还大有可为。

环境改善发展指数排名靠后的地区,西藏环境状况优良,各指标全面领先,空气质量、地表水体质量等指标数据已接近"天花板"值,进步空间有限,但化肥施用强度快速上升,需防范农业面源污染风险;天津、北京和内蒙古环境状况堪忧,本年度各指标全面跌落,环境质量不断恶化。

良好的环境是最公平的公共产品,是最普惠的民生福祉。随着经济社会的发展,人民群众对清新的空气、干净的水、安全的食品以及优美宜居环境的要求越来越高。各地不断健全环境治理体系,提升环境治理能力,对大气、水、土地污染的监控、防治力度持续增强。

2012年中国颁布实施纳入了PM 2.5、臭氧浓度等指标的新的《环境空气质量标准》,首批对京津冀、长三角、珠三角区域及直辖市、省会城市和计划单列市等74个城市空气质量进行监测。其最新结果显示,各地空气质量达到及好于二级的天数全面下降,其中1/3的省会城市空气质量达标天数未过半。雾霾问题已成为重大民生问题。由于涉及监测标准的变更,各省会城市空气质量达到及好于二级的天数占全年比例与上年度数据可比性欠佳,因此,本年度环境改善发展指数测算时,空气质量改善指标均按默认值处理,视为没有变化。

中国地表水总体为轻度污染。地表水体包括河流、湖泊、水库、沼泽等,但由于相关部门未以省级行政区为单位发布湖泊、水库、沼泽等水体的水质数据,评价体系中仅以主要河流Ⅰ~Ⅲ类水质河长比例变化,代表地表水体质量改善。地下水质状况更为不济,水质为差的监测点比例达59.6%,且有继续恶化的趋势(图1-4,图1-5)。[①]

土地环境质量方面,环境保护部、国土资源部的联合调查显示,中国土壤污染总超标率为16.1%,尤其耕地的土壤污染更加严重,点位超标率高达19.4%;农业部最新发布的《全国耕地质量等级情况公报》也指出,中国耕地质量退化、污染面

---

① 中华人民共和国环境保护部.2013年中国环境状况公报[EB/OL]. http://jcs.mep.gov.cn/hjz/zkgb/2013zkgb.

积大。化肥、农药的过量不合理施用是导致土地质量退化、污染加剧的重要原因。目前,中国单位播种面积化肥施用量已远高于国际公认安全使用上限(225 千克/公顷),农药施用量也达国际平均水平的 2.5 倍,并有连年攀升之势(图 1-6,图 1-7)。土地环境污染防治,下一步需重点控制农业面源污染。

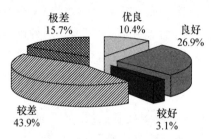

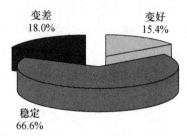

图 1-4　2013 年地下水监测点水质状况　　　　图 1-5　2013 年地下水水质年际变化

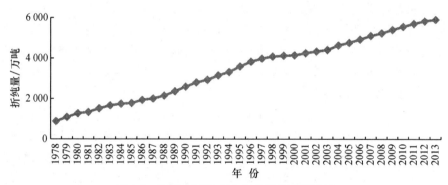

图 1-6　1978—2013 年全国化肥施用折纯量

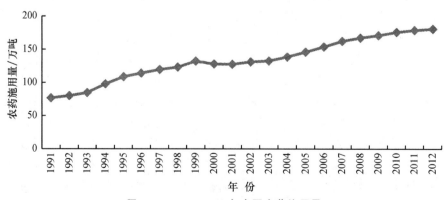

图 1-7　1991—2012 年全国农药施用量

3. 资源利用效率显著提高

资源节约方面,选取万元地区生产总值能源消耗降低率、万元地区生产总值用水消耗降低率、工业固体废物综合利用提高率、城市水资源重复利用提高率等 4 个三级指标,重点考察资源能源的节约、综合利用和使用效率提高情况。资源节约发展指数排行榜显示,内蒙古、吉林、北京、江西领衔第一等级,黑龙江、青海、福建、贵州和新疆位列第四等级(图 1-8)。

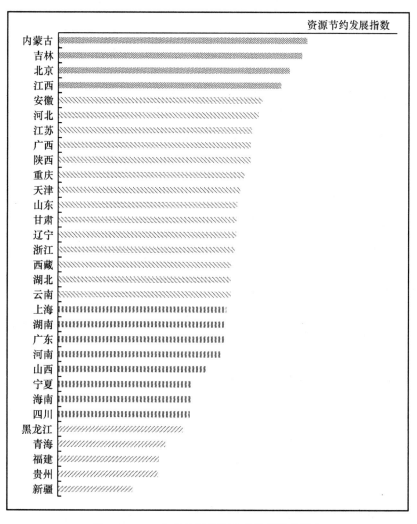

图 1-8   2014 年各地区资源节约发展指数排名

2014 年,全国单位国内生产总值资源、能源消耗量明显下降,循环经济有序发展,资源、能源利用效率不断提高,但资源、能源消费总量仍持续增长。

　　资源节约推进较快的地区,内蒙古、吉林和江西分别在节约利用资源、能源,提高资源使用效率的部分领域有所突破,但它们的单位地区生产总值资源、能源消耗量依然偏高,资源利用效率偏低,还有较大改善空间。北京整体资源、能源利用效率较高,本年度继续全面发力,促进资源节约水平再上新台阶。北京作为水资源极度匮乏的地区,水资源短缺已成为经济社会发展的制约因素,而与之形成强烈反差的却是水资源重复利用率较低,这也与其现代化国际大都市的身份不符。固然南水北调工程竣工后,江水进京能够在一定程度上缓解北京水资源紧张的局面,但进一步扩大利用再生水,作为"第二水源",仍是未来不容忽视的努力方向。

　　资源节约进展缓慢的地区,青海和新疆当前单位地区生产总值资源能源消耗量已然过高,资源综合重复利用能力较低,纵使在当前全国单位国内生产总值能源消耗普遍降低的形势下,也依然逆势上涨;黑龙江、福建、贵州的单位地区生产总值资源能源消耗水平居高不下,即便降低也幅度有限,甚至个别地区部分指标有上升的苗头,尤其资源、能源的综合利用水平全面下滑,需引起重视。

　　"十一五"时期正式提出节能减排以来,中国从生产到消费的各个环节不断降低资源、能源消耗,减少损失,防止浪费,合理、有效地利用资源、能源,取得显著成效。单位国内生产总值资源、能源消耗量大幅降低,资源利用效率明显提高,但全国资源、能源消费总量仍不断攀升,且能源消费结构还以煤炭为主,对生态恢复、环境改善形成严重威胁(图 1-9～图 1-11)。当前应加强协同治理,进一步推进资源、能源的节约利用,不断优化能源消费结构,以期尽早通过资源、能源消耗总量上升的拐点。

图 1-9　2000—2013 年全国用水总量

4. 排放效应优化任重道远

　　污染物排放的环境影响效应优化,主要从水体和大气两个方面,考察污染物排放与生态环境承载能力之间关系的走向。水体污染物排放对环境的影响效应优化,具体选取化学需氧量排放效应优化和氨氮排放效应优化,大气污染物排放

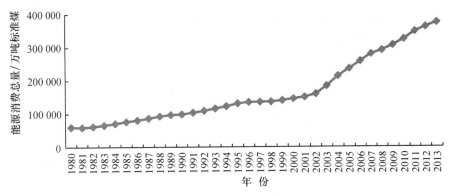

图 1-10　1980—2013 年全国能源消费总量

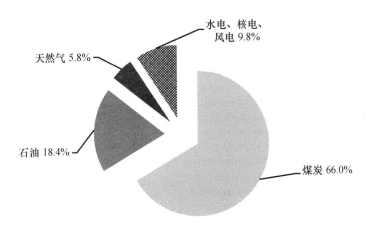

图 1-11　2013 年全国能源消费结构

效应优化则采用 SO_2 排放效应优化和氮氧化物排放效应优化,共 4 个三级指标。由于目前国家未发布反映各省土地质量变化的数据,因此,土地污染物排放效应优化方面暂未涉及。排放优化发展指数榜单显示,山西、浙江和宁夏污染物排放对环境的影响效应优化提高明显,排名第一等级,上海和天津沦为末等(图 1-12)。

　　2014 年度,中国单位国内生产总值主要污染物排放量与污染物排放总量,均已通过增长的拐点,实现双双下降,但污染物排放绝对量仍然巨大,并且由于历史累积原因,中国经济社会发展所付出生态、环境代价的负效应日益显现,空气质量和水体质量改善举步维艰,污染物排放的环境影响效应优化任重道远。

　　山西、浙江、宁夏的生态、环境承载负荷较重,它们的排放效应优化显著提升,主要得益于这些地区水体质量大幅好转,而它们主要污染物排放的削减速度与其他省份并无明显差异。排放效应优化进步缓慢的上海和天津,作为中国的先发地区,过去在传统经济发展模式下,污染物排放早已超出了当地的生态、环境容量,

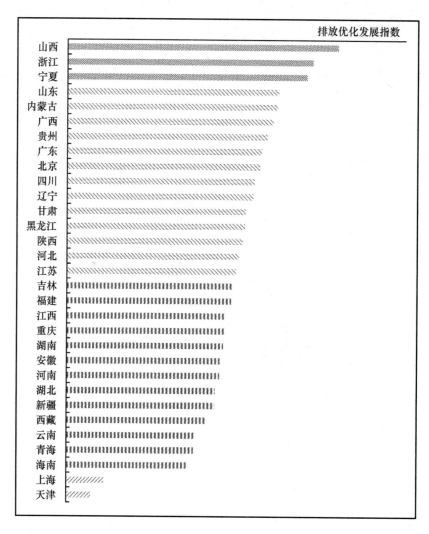

图1-12　2014年各地区排放优化发展指数排名

即便本年度水体污染物排放量有所降低,水体环境依然在持续恶化,需进一步加大排放效应优化推进力度。

　　经济社会发展是生态文明建设的应有之意。生态文明建设并不否定发展,而发展就必然涉及资源能源的消耗和污染物的排放。因此,排放效应优化的政策导向,既不是鼓励"滥排滥放",也并非一味追求"零排放",而是促进合理利用资源、能源,提升环境污染治理水平,在生态、环境承载能力范围内有条件排放。生态、环境都有一定的自我调节、修复功能,资源、能源消耗所产生的污染物排放不导致

环境恶化,即是排放效应优化的目标。

二、生态文明发展类型分析

各省级行政区生态文明水平不同,发展速度差异显著,但整体生态文明建设基础薄弱,均有较大提升空间。为帮助各地区找到生态文明建设情况相近的兄弟省份,明确各类地区的优势与不足,以及未来生态文明建设的重点与方向,课题组根据各地区生态文明水平的相对高低和发展速度的快慢,将全国 31 个省级行政区,特征相对鲜明的地区,划分为领跑型、追赶型、前滞型、后滞型四种类型,其余地区生态文明水平或发展速度接近平均水平,难言高低或快慢,为中间型(具体分类见表 1-4)。

表 1-4 各地区生态文明建设类型

领跑型 (生态文明水平 相对较高,发展 速度较快)	追赶型 (生态文明水平 相对偏低,发展 速度较快)	前滞型 (生态文明水平 相对较高,发展 速度偏慢)	后滞型 (生态文明水平 相对偏低,发展 速度偏慢)	中间型 (生态文明水平 或速度接近于 平均值)
广东、广西、江西、辽宁、浙江	甘肃、江苏、宁夏、山东、山西	福建、海南、黑龙江、湖南、四川、西藏、云南	上海、天津	安徽、河北、河南、湖北、吉林、青海、陕西、北京、内蒙古、贵州、重庆、新疆

三、生态文明发展态势分析

由于相对评价的算法,各省级行政区 ECPI 2014 得分及排名,只是对生态文明发展速度相对快慢的比较。根据各指标 2012—2014 年原始数据[①],计算生态文明发展速度的进步率,反映发展速度的变化情况,能更好地检验中国“十二五”以来的生态文明建设成效,有利于探寻生态文明发展趋势,发现推动生态文明建设的主要影响因素。

(一) 中国生态文明发展速度小幅回落

近年来,中国把生态文明建设放在全面建设小康社会的突出地位,生态、环境治理体系不断完善,治理能力日益增强,全国整体生态文明水平保持连年上升,但进步速度有下降趋势。由 2013 年度和 2014 年度全国生态文明发展速度进步率分

---

① 根据中国现行统计年鉴发布规律,当年《中国统计年鉴》《环境统计年鉴》等各类年鉴,所报告数据为中国上年底的各项指标情况。如,2012 年《中国统计年鉴》所发布数据,反映的是中国 2011 年在各领域的情况。

析显示,ECPI 退步 0.4 个百分点。具体从各二级指标发展速度进步率的数据看,仅环境改善发展速度略有上升,生态保护、资源节约、排放效应优化发展速度均在回落(图 1-13)。

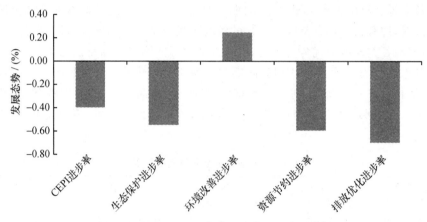

图 1-13　2012—2014 年全国生态文明发展态势

　　生态保护方面,全国整体生态系统活力不断增强,但提高速度放缓。与上一个森林资源清查周期数据比较,森林面积扩张速度回落是生态保护推进速度降低的主要原因,所幸单位森林面积蓄积量在加速增长,表明中国的生态保护与建设,开始有了从以人工干预、实施工程为主向并重自然恢复的转变。城市生态建设稳步发展,速度有所下降。自然保护区面积的缩水尤其值得重视,出于发展经济目的而进行自然保护区范围调整,终将会对自然保护区功能和质量产生消极影响,以致威胁生物多样性保护的初衷。因此,有关自然保护区的区划调整,需切实以生物多样性有效保护为原则,务必要经过科学、系统的论证,切忌一味盲目地迎合经济开发之诉求。

　　环境质量改善的速度加快实乃假象。深入分析发现,环境改善速度的小幅上升,得益于单位农作物播种面积上农药、化肥施用量的增加速度放缓。当前中国农业面源污染形势异常严峻,土地质量退化、污染加剧,化肥、农药的过量不合理施用则是其元凶,化肥、农药的施用强度早已突破国际公认的安全线。现在化肥、农药的施用强度增速略有回落,只是污染加剧速度放缓罢了,尚未真正实现化肥、农药施用强度的下降,连污染减轻都无从谈起,又何来环境改善之说。其他方面,除农村环境污染防治的步伐加快以外,地表水体质量、城市生活垃圾无害化处理的比例提高速度变慢。空气质量问题仍为制约民生改善的突出环境问题,由于中国执行了更为严格的《环境空气质量标准》,最新发布数据与往年比较,各地空气质量达到及好于二级的天数普遍大幅降低,雾霾天气呈广泛、频发态势,没有任何缓解的迹象,大气污染防治任务艰巨。因此,目前中国还未真正实现环境改善。

　　资源节约领域成效显著。资源节约推进速度变慢,是由于城市水资源的循环综合利用遭遇瓶颈,重复利用率有所下滑导致。中国作为世界上人均水资源最贫乏的国家之一,水资源的时空分布不均衡。南水北调等重大水利工程的建设,虽然能够在一定程度上缓解部分地区的缺水形势,但这并非化解中国整体水资源紧缺难题的灵丹妙药。随着国内循环经济发展氛围的日趋成熟,中国资源、能源循环利用比例加速提升。单位国内生产总值资源、能源消耗量加速下降,而全国资源、能源消费总量却依然居高不下,使生态、环境不堪重负。为今之计,唯有开源节流,积极开发新型资源能源,加强资源综合重复利用,提高资源、能源利用效率,方是实现资源可永续利用目标的万全之法。

　　排放效应优化反映污染物排放与环境质量变化间的关系,其发展速度下跌幅度最大,是由于污染物排放削减速度稳定,而环境质量改善速度放缓,这表明目前中国的污染物排放已超出了环境容量,虽然污染物排放量得到初步控制,但离环境的改善还有一定差距。整体而言,中国污染物排放量持续走低,地表水体质量部分改善,但污染物排放总量依然巨大。在当前乃至今后相当长一段时期内,空气污染问题仍是影响民生改善的突出环境难题。这些问题之所以"久治不愈",与现阶段国内资源、能源利用方式以及能源消费结构不合理,有着莫大的关系。因此,排放效应优化的剑锋所指,是要促进资源能源的合理利用,优化能源消费结构,增强环境污染治理能力,实现在生态、环境承载能力范围内排放,最终完成环境改善的目标。

　　基于各地区 2013 年和 2014 年原始数据,对省域生态文明发展速度进步情况分析显示(表 1-5),全国生态文明加速发展的地区不足一半,仅有 12 个。速度增幅在 5％以上的 7 个省份中,宁夏、山西、浙江得益于水体污染物排放对环境的影响效应优化和主要河流水体质量改善的加快;内蒙古和江西则源于资源综合重复利用步伐的提速和水体污染物排放对环境的影响效应优化;而海南和天津的加速仅为出于年度间数值比较而言的假象,只是水体污染物排放效应下降速度变慢的结果,并非生态文明发展速度真有提高。黑龙江、湖南、云南、上海在生态保护、环境改善、资源节约和排放优化各领域发展速度全面回落,导致整体生态文明发展速度下滑幅度较大。

(二) 排放优化:当前中国生态文明发展的首要驱动因素

　　为探寻影响生态文明建设推进速度的主要因素,依据各地区 ECPI 进步率、二级指标发展速度进步率和三级指标发展进步率,开展相关性分析。结果显示(表1-6),排放优化与生态文明发展速度高度正相关,环境改善次之,资源节约也有显著影响,生态保护由于其见效周期较长,与整体生态文明推进速度关系不显著。

表 1-5　2012—2014 年各地区生态文明发展态势　　　　单位:%

排名	地区	ECPI 进步率	生态保护进步率	环境改善进步率	资源节约进步率	排放优化进步率
1	宁夏	41.70	−6.93	21.90	−2.61	154.45
2	内蒙古	22.87	0.37	−10.68	86.77	15.01
3	海南	11.58	5.35	0.35	−3.26	43.87
4	江西	8.22	−5.57	−0.30	31.67	7.09
5	山西	7.02	0.52	11.30	−5.18	21.44
6	天津	6.78	6.68	1.47	−0.69	19.67
7	浙江	5.65	−4.14	2.26	−0.79	25.26
8	辽宁	3.77	4.64	10.68	−4.08	3.84
9	安徽	2.54	1.45	2.82	−0.30	6.19
10	广东	2.39	4.38	2.78	0.42	1.96
11	新疆	1.51	−2.58	−2.64	−6.73	17.98
12	江苏	1.16	3.73	−1.01	−0.10	2.03
13	甘肃	0.12	−3.39	12.26	−3.82	−4.56
14	吉林	−0.41	0.31	3.51	1.84	−7.31
15	四川	−1.75	−1.06	2.54	−6.34	−2.12
15	湖北	−1.75	1.40	0.49	−0.74	−8.16
17	贵州	−2.42	−3.36	5.98	−19.58	7.26
18	广西	−2.51	−4.08	1.52	−5.72	−1.75
19	河北	−2.58	−3.55	−4.34	3.69	−6.14
20	北京	−2.95	−0.71	−1.99	−10.88	1.80
21	河南	−3.05	−3.43	2.70	−3.43	−8.04
22	山东	−3.32	−8.21	1.11	−1.02	−5.16
23	西藏	−4.05	−22.27	−3.67	7.76	1.97
24	陕西	−4.16	0.44	−0.78	−0.76	−15.54
25	福建	−4.71	1.85	1.43	−28.53	6.42
26	青海	−4.89	−1.69	1.33	0.79	−20.00
27	重庆	−5.03	−6.02	4.28	−41.89	23.50
28	黑龙江	−7.02	−0.59	−2.24	−20.60	−4.67
29	湖南	−7.31	−7.65	−3.59	−12.29	−5.71
30	云南	−10.23	−0.79	−3.53	−21.36	−15.23
31	上海	−27.51	−25.16	−17.64	−4.31	−62.95

表 1-6　　各地区 ECPI 进步率与二级指标发展速度进步率相关性

	生态保护	环境改善	资源节约	排放优化
ECPI	0.347	0.586**	0.438*	0.887**
生态保护	1	0.340	0.011	0.186
环境改善		1	−0.277	0.686**
资源节约			1	0.028
排放优化				1

　　排放优化是现阶段生态文明发展的首要驱动力。它将生态文明建设中合理利用资源能源、控制污染物排放以及环境污染治理等几类重要工作衔接起来。只有不断调整优化资源、能源利用方式及消费结构,削减污染物排放,提升环境治理能力,才能降低污染物排放对环境的影响。这揭示了促进生态文明发展能够取得立竿见影效果的着力点之所在。

　　环境改善是生态文明进步的直接体现。环境支撑维系着人类的生存与发展,与民生息息相关,环境问题也成为公众关注的焦点话题。环境质量要实现根本改善,必须坚持多管齐下,既加强对已有环境污染的治理,又削减污染物排放,防止新污染的产生。当然尤其还需要加强生态保护与建设,生态承载能力的增强就是环境容量的扩充。

　　资源节约也是生态文明建设的应有之意。资源取之于生态系统,其消耗是环境污染物产生之源。资源节约一方面能够减轻生态系统的负担,另一方面也能从源头上控制污染物的产生,缓解环境压力。因此,资源利用效率的提高,节约步伐的迈进,对生态文明发展速度有明显影响。

　　生态保护与建设是生态文明建设的基础和根本。生态保护与建设的努力推进到生态效益显现,需较长时间周期。短期来看,似乎对生态文明发展速度没有显著影响,但这并不能动摇其在生态文明建设中的重要地位。因为,生态系统活力的增强,不仅能够实现资源增量,缓解资源约束,还能促进环境扩容,推动环境改善。

　　排放优化与环境改善也显著正相关,是由于排放优化本身也兼顾考察了环境质量的变化情况,以环境质量的变化趋势作为污染物排放合理与否的标尺,同时也反映了污染物减排对于中国环境改善所起的积极作用。

　　具体分析三级指标与生态文明发展速度的关系发现(表 1-7),由于资源具有连接生态系统和环境的纽带作用,资源、能源的循环重复利用水平及使用效率与生态文明发展速度密切相关。水体污染物排放对水体环境影响效应优化,表现为污染物排放量削减,主要河流水质好转,也是当前驱动生态文明快速发展的主要因素。中国大气污染物排放量虽然也在持续降低,但排放绝对量仍然巨大,大部分区域都已超出生态、环境容量,空气环境污染积重难返,导致全国雾霾天气呈现普遍、频发态势。所幸"APEC 蓝"已向我们证明,管住排放,还能迎回一片蓝天,解决大气污染物排放效应优化的问题已时不我待。

表 1-7 各地区 ECPI 进步率与三级指标发展进步率相关性

二级指标	三级指标	ECPI
生态保护	森林面积增长率	0.213
	森林质量提高率	0.015
	自然保护区面积增加率	0.080
	建成区绿化覆盖增加率	0.105
环境改善	空气质量改善	—
	地表水体质量改善	0.260*
	化肥施用合理化	−0.114
	农药施用合理化	0.045
	城市生活垃圾无害化提高率	0.159
	农村卫生厕所普及提高率	0.045
资源节约	万元地区生产总值能源消耗降低率	—
	万元地区生产总值用水消耗降低率	0.114
	工业固体废物综合利用提高率	−0.058
	城市水资源重复利用提高率	0.576**
排放优化	化学需氧量排放效应优化	0.540**
	氨氮排放效应优化	0.523**
	SO_2 排放效应优化	0.127
	氮氧化物排放效应优化	0.200

总之,生态文明发展速度对排放效应优化反应最为敏感,合理利用资源、能源,降低污染物排放,加强环境治理,是当前推动生态文明建设快速见效的良方。而长远看来,加强生态保护与建设,提升生态承载能力,扩充环境容量,增加资源丰度,才是生态文明建设的根本之策。

第二章　ECPI 评价设计与算法

在生态文明建设中,社会越来越重视考核和评价的作用,但往往存在将考核与评价混淆的问题。其实,这两者虽有相似之处,却有着本质的区别。考核一般用于上级核查下级完成任务的情况,具有强制性的特点;评价则一般是学界对事件或进程客观绩效的评估,不具有强制性。由于学界处在完成某项工作的上下级之外,所以评价又被称为"第三方评价"。对于有效推进工作而言,考核和评价各有侧重,不可偏废。离开考核,下级就失去了工作目标和动力;没有评价,则难以科学评估工作的实际绩效。考核和评价理应相辅相成,相互促进。

当然,因为评价是学界做出的,不同的学者,其学术视角、评价方法和采用数据不尽相同,评价的结果也就不具唯一性,这又与考核不同。不言而喻,我们的评价属于第三方评价,而评价的科学性由学理、方法和数据三者决定。本章的任务就是尽可能详尽地梳理我们的评价思路、评价方法和数据来源。

一、生态文明发展评价思路

中国生态文明建设战略的目标,是要实现生态健康、环境良好和资源永续利用。生态系统、环境、资源三者之间既相互联系,又各有区别。生态系统是各种生命支撑系统以及各种生物之间物质循环、能量流动和信息交流形成的统一整体,人类社会及其活动只是生态系统的一个有机组成部分。对于人类而言,环境是指直接支撑人类生存的物质条件,资源则是取之于生态系统,支撑人类生产、生活的能源和材料等。与环境不同,资源的种类和数量都受制于人类所掌握并能加以利用的技术条件。

生态系统与环境、资源具有"一体两用"的关系。生态系统是"体",环境和资源是人类出于生存和发展需要对生态的两种用途(生态、环境、资源与人类社会的关系见图 2-1)。表面看来,良好的环境和可持续利用的资源在直接维系着人类的生存与发展,因此,环境危机、资源危机更容易引起人们的关注和重视,且环境污染的治理相对容易。目前全球范围内都存在局部环境质量改善而整体生态保护形势严峻的现象。其实,生态系统具有更基础、更重要的地位和作用,环境和资源都依赖于生态系统的支撑,离开了生态,环境和资源都必然成为无源之水、无本之木。

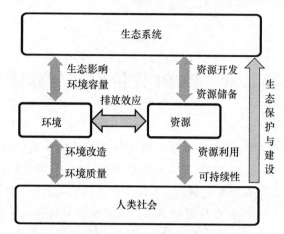

图 2-1   生态、环境、资源与人类社会的关系

导致目前生态、环境、资源问题日益严峻的根本原因,在于传统的工业化发展模式对资源的不合理开发与利用。一方面,资源利用效率不高,必然要求不断从生态系统中大量攫取自然资源,以致超负荷过度开发,造成生态系统退化、环境被破坏;另一方面,资源的利用方式不合理,线性使用使资源过早沦为废料,产生大量污染物,导致生态、环境被污染。

生态文明建设的关键在于"强体善用"。"强体"指强生态系统之"体",加强生态保护与建设,从而提升生态承载能力,以期扩充环境容量,为环境改善提供重要保障,同时还能提高资源丰度,实现资源增量,缓解资源约束。"善用"则是合理而可持续地使用生态系统所提供的环境容量和资源储量,通过资源节约和排放效应优化,积极开发新型资源,节约、合理利用现有资源,优化能源消费结构,控制环境污染物的产生及排放,并加大环境污染治理力度,降低资源、能源消耗所产生污染物排放对生态、环境的影响。

因此,课题组从生态、环境、资源三个维度,分生态保护、环境改善、资源节约、排放优化四个方面,选择具体指标,测评各地区生态文明建设发展状况。

二、ECPI 框架体系

生态文明建设是一场涉及生产方式、生活方式、思维方式、制度设计和价值观念等各个层面的根本性变革。对生态文明建设的进展情况进行量化评价,尤其是在制度和观念层面,由于缺乏权威数据支撑,难度较大,不过观念和制度建设的成效,最终都要反映到器物和行为层面上来。因此,我们选择生态保护、环境改善、资源节约、排放优化四个器物和行为层面的具体指标,构建生态文明发展指数评价指标体系(表 2-1),对各地区生态文明发展状况进行综合评价。

表 2-1　生态文明发展指数评价指标体系

一级指标	二级指标	三级指标	指标解释	指标性质
生态文明发展指数	生态保护	森林面积增长率	评价森林覆盖率年度增长率	正指标
		森林质量提高率	考察单位森林面积蓄积量年度增加率	正指标
		自然保护区面积增加率	行政区域内自然保护区面积占行政区土地总面积比重的年度提高率	正指标
		建成区绿化覆盖增加率	行政区域内,在城市建成区中乔木、灌木、草坪等所有植被的垂直投影面积占建成区总面积比例的年度增加率	正指标
	环境改善	空气质量改善	评估省会城市空气质量达到及好于二级的天数增长率	正指标
		地表水体质量改善	考察主要河流Ⅰ~Ⅲ类水质河长比例提高率	正指标
		化肥施用合理化	单位农作物播种面积的化肥施用量降低率	正指标
		农药施用合理化	关注单位农作物播种面积农药施用量降低率	正指标
		城市生活垃圾无害化提高率	行政区域内,生活垃圾无害化处理量占生活垃圾产生量比例的年度增长率	正指标
		农村卫生厕所普及提高率	考察行政区域内使用卫生厕所的农村人口数量占辖区内农村人口总数比例的年度提高率	正指标
	资源节约	万元地区生产总值能源消耗降低率	一定时期,该行政区域内每生产1万元国内生产总值所消耗能源的降低率	正指标
		万元地区生产总值用水消耗降低率	行政区域内,每生产1万元国内生产总值所消耗水资源量的降低率	正指标
		工业固体废物综合利用提高率	行政区域内,企业通过回收、加工、循环、交换等方式,从固体废物中提取或者使其转化为可以利用的资源、能源和其他原材料的固体废物量,占固体废物产生量比例的年度提高率	正指标
		城市水资源重复利用提高率	行政区域内,城市水资源重复利用比例的年度提高率	正指标
	排放优化	化学需氧量排放效应优化	行政区域内,化学需氧量排放量与辖区内Ⅰ~Ⅲ类水质河流长度比值的年度下降率	正指标
		氨氮排放效应优化	行政区域内,氨氮排放量与辖区内Ⅰ~Ⅲ类水质河流长度比值的年度降低率	正指标
		SO_2排放效应优化	行政区域内,SO_2排放量与辖区面积和空气质量达到及好于二级天数比例的比值年度下降率	正指标
		氮氧化物排放效应优化	行政区域内,氮氧化物排放量与辖区面积和空气质量达到及好于二级天数比例的比值年度下降率	正指标

　　生态保护领域主要考察生态系统保护与建设的进展,具有基础性的地位和作用;环境改善方面评价大气、地表水体和土地环境改善成效,是最普惠的民生福祉;资源节约评估资源能源的节约、重复综合利用和使用效率提高情况,以指导缓解生态系统压力;排放优化则关注当前环境治理能力条件下,资源、能源消耗所产生的污染物排放对生态、环境的影响,以促进各方面协调发展。

　　与现有评价生态文明水平的各类指标体系不同,生态文明发展指数评价指标体系专注于生态文明发展的速度,是对发展动态的评价,所选取具体指标的原始数据,均反映该指标的年度变化情况。

　　1. 生态保护二级指标

　　生态保护领域,主要从森林生态系统保护、生物多样性保护、城市生态改善三个方面,考察中国生态保护与建设的推进成效。鉴于数据可得性,选择了森林面积增长率、森林质量提高率、自然保护区面积增加率和建成区绿化覆盖增加率等4个三级指标。

　　森林作为地球上最大的陆地生态系统,被誉为"地球之肺""绿色水库",具有涵养水源、保持水土、净化空气、调节气候、维系生态平衡等重要功能和作用。森林生态效益的发挥,主要受到其面积大小和质量高低的影响。由于现行的森林资源清查,未发布林分结构、密度等方面数据,而在已公开数据中,森林蓄积量反映了森林资源丰富程度,可作为衡量森林质量优劣的依据,森林覆盖率能体现森林的面积规模,因此,森林面积增长率、森林质量提高率两个指标分别采用森林覆盖率增长率、单位森林面积蓄积量增加率数据。

　　自然保护区是生物多样性保护的重要载体,对于维护生物基因库完整性、保障生态安全具有重要作用。目前,没有反映自然保护区质量的监测数据,所以只考察了年度自然保护区面积增加率。

　　城市生态建设是当前民生改善的重要内容。其中,建成区绿化覆盖率已成为衡量城市人居生态环境和居民福利水平的主要指标之一。因此,选取建成区绿化覆盖增加率表现城市生态建设推进情况。

　　湿地被称为"地球之肾",具有净化水质等不可替代的重要作用,是淡水安全的生态保障,且目前湿地生态保护与经济社会发展的矛盾突出,存在面积减少、功能减退等诸多问题,但湿地资源调查统计周期较长,数据时效性难以保障,因此暂未纳入评价体系。

　　2. 环境改善二级指标

　　环境改善方面,主要评价大气、地表水体和土地环境的变化情况。具体选取了空气质量改善、地表水体质量改善、化肥施用合理化、农药施用合理化、城市生活垃圾无害化提高率和农村卫生厕所普及提高率等6个三级指标。

良好的环境是最公平的公共产品,是最普惠的民生福祉。随着经济社会的发展,人民群众对清新的空气、干净的水、安全的食品以及优美宜居环境的要求越来越高。

　　近年来,由于大气环境污染严重,雾霾天气呈普遍、频发态势,大气污染问题已成为制约民生改善的突出环境问题。根据最新的《环境空气质量标准》,目前只对京津冀、长三角、珠三角区域及直辖市、省会城市和计划单列市等74个城市空气质量进行监测,暂时没有反映各省级行政区整体空气质量的数据。评价中只能以点带面,用省会城市空气质量数据代表全省情况,准确性有所欠缺,但现阶段大气环境污染的高发地区主要集中在城市,此举有助于揭露生态文明建设的短板,也有合理之处。因此,各省空气质量改善指标采用省会城市空气质量达到及好于二级的天数年度增加率数据。

　　水体环境质量包括地表水体质量和地下水体质量。地表水体又分为河流、湖泊、水库等几类。湖泊、水库等重要地表水体的水质和地下水体水质情况,目前还没有按省级行政区统计发布的数据,对各省水体质量的评价,只考虑了地表水体中主要河流的水质。以主要河流Ⅰ～Ⅲ类水质河长比例年度提高率,来表示地表水体质量改善。如此指标设置,虽然反映情况不够全面,但也有一定说服力,毕竟地表水质没有改善,整体的水体环境也难以好转。

　　现阶段,国家尚未直接发布关于各省土地质量状况的数据,只能暂时以土地环境污染物排放情况来间接表现。农业面源污染已成为中国主要环境污染源之一,化肥、农药的过量不合理施用是导致土地质量退化、污染加剧的重要原因。随着经济社会的日益繁荣,居民可支配收入快速增长,全社会刚性消费需求旺盛,以及城镇化稳步推进,城市人口规模持续扩张,导致生活垃圾产生量不断上升,部分地区甚至面临"垃圾围城"的窘境。农村环境则选取了农村改厕情况来反映。因此,设置化肥施用合理化、农药施用合理化、城市生活垃圾无害化提高率和农村卫生厕所普及提高率指标,反映土地环境质量变化情况。

　　3. 资源节约二级指标

　　资源节约维度,选取万元地区生产总值能源消耗降低率、万元地区生产总值用水消耗降低率、工业固体废物综合利用提高率、城市水资源重复利用提高率等4个三级指标,重点评价资源、能源的节约使用和利用效率提高情况。

　　支撑着人类生存、发展的主要资源、能源均取之于生态系统中,大量攫取,浪费性的使用,不仅使生态系统不堪重负,不可再生资源有限的储量也将难以为继。中国经济社会发展对资源能源的依赖较强,单位国内生产总值资源、能源消耗量较高,且资源、能源消费总量不断攀升,节约利用资源、能源刻不容缓。国家"十二五"规划明确强调,要推进节能降耗,加强水资源节约。因此,设置了万元地区生产总值能源消耗降低率和万元地区生产总值用水消耗年度降低率指标。

　　要实现资源、能源节约使用的目标,提高其利用产出效率是方法之一,提升资源、能源的重复再利用水平也是重要途径。没有绝对的废弃物,只有放错地方的资源。"十二五"规划已提出,要推行循环型生产,完善资源循环利用回收体系。所以,选取了工业固体废物综合利用提高率和城市水资源重复利用提高率指标。

　　4. 排放优化二级指标

　　排放优化考察当前环境治理能力条件下,资源消耗所产生的污染物排放对生态环境的影响。此维度共 4 个三级指标,主要从水体和大气两个方面评估污染物排放与生态环境承载能力之间关系的走向,检验污染物排放是否已超出环境容量。其中,水体污染物排放优化具体选取化学需氧量排放效应优化和氨氮排放效应优化,大气污染物排放优化则采用 SO_2 排放效应优化和氮氧化物排放效应优化。由于国家未发布反映各省土地质量变化的数据,土地污染物排放优化方面暂未能涉及。

　　化学需氧量、氨氮是中国当前最主要的水体污染物,也是国家"十二五"规划中明确提出需重点控制的约束性指标。全国多数省份的化学需氧量和氨氮排放量都得到初步控制,逐年削减,但其排放绝对量依然巨大,对水体环境改善形成威胁。化学需氧量排放效应优化和氨氮排放效应优化指标,分别使用化学需氧量排放量、氨氮排放量与主要河流中Ⅰ～Ⅲ类水质河长比值的年度降低率数据,体现以生态环境对水体污染物排放的承载能力为依据,合理降低化学需氧量、氨氮排放量,改善水体质量的政策导向。

　　SO_2、氮氧化物作为中国"十二五"时期要重点控制的大气污染物约束性指标。其排放总量不断下降,但排放绝对量仍然巨大,大部分区域都已超出生态环境容量,空气环境污染积重难返,导致全国雾霾天气呈现普遍、频发态势。因此,设置 SO_2 排放效应优化和氮氧化物排放效应优化指标,体现合理利用资源能源,优化能源消费结构,以生态环境对大气污染物排放承载能力为依据,降低空气污染物排放,改善空气质量的政策导向。

三、指标解释与数据来源

　　最终形成的生态文明发展指数评价体系,共包括 4 个二级指标、18 个三级指标,各三级指标的具体含义、计算公式与数据来源如下。

　　1. 生态保护考察领域

　　① 森林面积增长率:评价森林覆盖率年度增长率。森林覆盖率是指以行政区域为单位的森林面积占土地总面积比例。国家"十二五"规划提出要积极应对气候变化,推进植树造林,森林覆盖率提高到 21.66%。

$$森林面积增长率 = \left(\frac{本年森林覆盖率}{上年森林覆盖率} - 1\right) \times 100\%$$

数据来源:国家林业局《第八次全国森林资源清查资料(2009—2013)》,国家统计局《中国统计年鉴》。

② 森林质量提高率:考察单位森林面积蓄积量年度增加率。单位森林面积的蓄积量指行政区域内单位森林面积上存在着的林木树干部分的总材积,它是反映一个地区森林资源的丰富程度,衡量森林生态环境优劣的重要依据。国家"十二五"规划提出需要重点落实的约束性指标,森林蓄积量增加6亿立方米。

$$森林质量提高率 = \left(\frac{本年森林蓄积量/本年森林面积}{上年森林蓄积量/上年森林面积} - 1\right) \times 100\%$$

数据来源:国家林业局《第八次全国森林资源清查资料(2009—2013)》,国家统计局《中国统计年鉴》。

③ 自然保护区面积增加率:指行政区域内自然保护区面积占行政区域土地总面积比重的年度提高率。自然保护区是为保护自然环境和自然资源,促进国民经济的持续发展,经各级人民政府批准,划分出来进行特殊保护和管理的陆地或水体区域。

$$自然保护区面积增加率 = \left(\frac{本年自然保护区面积占辖区面积比重}{上年自然保护区面积占辖区面积比重} - 1\right) \times 100\%$$

数据来源:国家统计局《中国统计年鉴》。

④ 建成区绿化覆盖增加率:指行政区域内,在城市建成区中乔木、灌木、草坪等所有植被的垂直投影面积占建成区总面积比例的年度增加率。

$$建成区绿化覆盖增加率 = \left(\frac{本年建成区绿化覆盖率}{上年建成区绿化覆盖率} - 1\right) \times 100\%$$

数据来源:住房和城乡建设部《中国城市建设统计年鉴》,国家统计局《中国统计年鉴》。

2. 环境改善考察领域

① 空气质量改善:评估省会城市空气质量达到及好于二级的天数增长率。最新的《环境空气质量标准》综合考虑了 SO_2、NO_2、PM 10、PM 2.5、CO、O_3 等 6 项污染物的污染程度,自 2013 年开始,国家对京津冀、长三角、珠三角区域及直辖市、省会城市和计划单列市等 74 个城市的环境空气质量进行监测,并发布各城市空气质量达到及好于二级的天数。本指标能够反映城市环境空气质量综合状况,但由于新标准的监测尚未覆盖全国所有地级以上城市,也没有各省整体空气质量的数据,因此,本指标暂时使用省会城市空气质量达到及好于二级的天数代表全省的状况。

$$空气质量改善 = \left(\frac{本年省会空气质量达到及好于二级的天数}{上年省会空气质量达到及好于二级的天数} - 1\right) \times 100\%$$

数据来源:国家统计局《中国统计年鉴》。

② 地表水体质量改善:考察主要河流Ⅰ～Ⅲ类水质河长比例提高率。当前,湖泊、水库等重要水体的水质和地下水质情况,还没有按省级行政区统计发布的数据。因此,本指标暂时采用行政区域内Ⅰ～Ⅲ类水质的河流长度占评价总河长的比例来代替。

$$地表水体质量改善=\left(\frac{本年主要河流Ⅰ～Ⅲ类水质河长比例}{上年主要河流Ⅰ～Ⅲ类水质河长比例}-1\right)\times100\%$$

数据来源:水利部《中国水资源公报》。

③ 化肥施用合理化:指单位农作物播种面积的化肥施用量降低率。目前,中国整体单位农作物播种面积的化肥施用量已远超过国际公认安全使用量上限(225 千克/公顷)。国家"十二五"规划需要重点落实的约束性指标,提出了耕地保有量维持在 18.18 亿亩,但对于化肥、农药过量不合理施用所导致的土壤板结、酸化等耕地质量退化、污染问题尚未引起足够警觉。

$$化肥施用合理化=\left(1-\frac{本年化肥施用量/本年农作物总播种面积}{上年化肥施用量/上年农作物总播种面积}\right)\times100\%$$

数据来源:国家统计局《中国统计年鉴》,环境保护部《中国环境统计年鉴》。

④ 农药施用合理化:关注单位农作物播种面积农药施用量降低率。现阶段,由于农药过量不合理使用所导致的土地污染和农产品质量安全隐患有愈演愈烈之势,值得全社会高度重视。

$$农药施用合理化=\left(1-\frac{本年农药施用量/本年农作物总播种面积}{上年农药施用量/上年农作物总播种面积}\right)\times100\%$$

数据来源:国家统计局《中国统计年鉴》,环境保护部《中国环境统计年鉴》。

⑤ 城市生活垃圾无害化提高率:指行政区域内,生活垃圾无害化处理量占生活垃圾产生量比例的年度增长率。由于统计中生活垃圾产生量不易取得,可用清运量代替。国家"十二五"规划提出,要提高城镇生活垃圾处理能力,城市生活垃圾无害化处理率达到 80%。

$$城市生活垃圾无害化提高率=\left(\frac{本年生活垃圾无害化处理率}{上年生活垃圾无害化处理率}-1\right)\times100\%$$

数据来源:国家统计局《中国统计年鉴》。

⑥ 农村卫生厕所普及提高率:考察行政区域内使用卫生厕所的农村人口数量占辖区内农村人口总数比例的年度提高率。卫生厕所指由完整下水道系统的水冲式、三格化粪池式、净化沼气池式、多瓮漏斗式公厕以及粪便及时清理并进行高温堆肥无害化处理的非水冲式公厕。

$$农村卫生厕所普及提高率=\left(\frac{本年农村卫生厕所普及率}{上年农村卫生厕所普及率}-1\right)\times100\%$$

数据来源:国家卫生和计划生育委员会,环境保护部《中国环境统计年鉴》。

3. 资源节约考察领域

① 万元地区生产总值能源消耗降低率:指一定时期,该行政区域内每生产10000 元国内生产总值所消耗能源的降低率。国家"十二五"规划提出,要大力推行节能降耗,作为重点控制的约束性指标,单位国内生产总值能源消耗须降低 16%。

$$万元地区生产总值能源消耗降低率 = 万元地区生产总值能耗降低率$$

数据来源:国家统计局《中国统计年鉴》。

② 万元地区生产总值用水消耗降低率:指行政区域内,每生产 10000 元国内生产总值所消耗水资源量的降低率。国家"十二五"规划提出,要加强资源节约和管理,作为规划的约束性指标,单位工业增加值用水量须降低 30%。

$$万元地区生产总值用水消耗降低率$$
$$= \left(1 - \frac{本年用水消耗量 / 本年地区生产总值}{上年用水消耗量 / 上年地区生产总值}\right) \times 100\%$$

数据来源:环境保护部《中国环境统计年鉴》。

③ 工业固体废物综合利用提高率:指行政区域内,企业通过回收、加工、循环、交换等方式,从固体废物中提取或者使其转化为可以利用的资源、能源和其他原材料的固体废物量,占固体废物产生量比例的年度提高率。国家"十二五"规划提出,要推行循环型生产方式,大力发展循环经济。

工业固体废物综合利用提高率
$$= \left(\frac{本年一般工业固体废物综合利用量 / 本年一般工业固体废物产生量}{上年一般工业固体废物综合利用量 / 上年一般工业固体废物产生量} - 1\right)$$
$$\times 100\%$$

数据来源:国家统计局《中国统计年鉴》。

④ 城市水资源重复利用提高率:指行政区域内,城市水资源重复利用比例的年度提高率。国家"十二五"规划提出,要大幅度提高能源资源利用效率,推进再生水利用。

$$城市水资源重复利用提高率 = \left(\frac{本年城市水资源重复利用率}{上年城市水资源重复利用率} - 1\right) \times 100\%$$

数据来源:环境保护部《中国环境统计年鉴》。

4. 排放优化考察领域

① 化学需氧量排放效应优化:指行政区域内,化学需氧量排放量与辖区内 Ⅰ～Ⅲ 类水质河流长度比值的年度下降率。该指标的设置并不绝对苛求各地无条件削减化学需氧量排放量,而是以水体质量的变化为依据,如未引起水体环境恶化,则表明当前排放在环境容量之内,继续排放就为合理诉求,这体现了降低化学需氧量排放量,改善水体质量,在生态环境承载能力范围内有条件排放的政策导向。国家"十二五"规划提出需要重点控制的约束性指标:化学需氧量排放减少 8%。

化学需氧量排放效应优化

$$= \left(1 - \frac{\text{本年化学需氧量排放量}/\text{本年Ⅰ～Ⅲ类水质河长}}{\text{上年化学需氧量排放量}/\text{上年Ⅰ～Ⅲ类水质河长}}\right) \times 100\%$$

数据来源：水利部《中国水资源公报》，国家统计局《中国统计年鉴》。

② 氨氮排放效应优化：指行政区域内，氨氮排放量与辖区内Ⅰ～Ⅲ类水质河流长度比值的年度降低率。本指标的设立与化学需氧量排放效应优化一样，并不绝对否定各地的氨氮排放，而是以水体质量的变化情况为依据，如未导致水体质量变差，即表明排放量在生态环境容量之内，继续排放则为合理诉求，这体现了降低氨氮排放量，改善水体质量，在生态、环境承载能力范围内有条件排放的政策导向。国家"十二五"规划提出重点控制的约束性指标：氨氮排放需要减少 10%。

$$\text{氨氮排放效应优化} = \left(1 - \frac{\text{本年氨氮排放量}/\text{本年Ⅰ～Ⅲ类水质河长}}{\text{上年氨氮排放量}/\text{上年Ⅰ～Ⅲ类水质河长}}\right) \times 100\%$$

数据来源：水利部《中国水资源公报》，国家统计局《中国统计年鉴》。

③ SO_2 排放效应优化：指行政区域内，SO_2 排放量与辖区面积和空气质量达到及好于二级天数比例的比值年度下降率。本指标并非一味强调减少 SO_2 等大气污染物排放量，而是以空气质量变化情况为依据，如未引起空气质量恶化，则资源消耗导致的 SO_2 等大气污染物排放量正常上升即为合理诉求，这体现合理利用资源能源，优化能源消费结构，改善空气质量，在生态环境承载能力范围内有条件排放的政策导向。国家"十二五"规划提出需要重点落实的约束性指标：单位国内生产总值 CO_2 排放降低 17%，SO_2 排放减少 8%。

$$SO_2 \text{ 排放效应优化} =$$

$$\left(1 - \frac{\text{本年 } SO_2 \text{ 排放量}/\text{辖区面积} \times \text{本年省会空气达到及好于二级的天数比例}}{\text{上年 } SO_2 \text{ 排放量}/\text{辖区面积} \times \text{上年省会空气质量达到及好于二级的天数比例}}\right) \times 100\%$$

数据来源：国家统计局《中国统计年鉴》。

④ 氮氧化物排放效应优化：指行政区域内，氮氧化物排放量与辖区面积和空气质量达到及好于二级天数比例的比值年度下降率。该指标也不是绝对要求各地降低氮氧化物排放量，而是以空气质量变化为依据，如未导致空气质量退化，则表明当前排放的大气污染物在生态环境容量内为合理排放。这反映合理利用资源能源，优化能源消费结构，改善空气质量，在生态环境承载能力范围内有条件排放的政策导向。国家"十二五"规划提出需要重点控制的约束性指标：氮氧化物排放须削减 10%。

$$\text{氮氧化物排放效应优化} =$$

$$\left(1 - \frac{\text{本年氮氧化物排放量}/\text{辖区面积} \times \text{本年省会空气达到及好于二级的天数比例}}{\text{上年氮氧化物排放量}/\text{辖区面积} \times \text{上年省会空气质量达到及好于二级的天数比例}}\right) \times 100\%$$

数据来源：国家统计局《中国统计年鉴》。

四、ECPI 评价及分析方法

由于采用相对评价法,各地区 ECPI 得分及排名,只反映它们生态文明建设速度的相对快慢,并未体现当前生态文明水平。为更全面地展现各地区生态文明建设现状,检验中国"十二五"以来的生态文明建设成效,探寻生态文明发展态势,发现推动生态文明建设的主要影响因素,课题组在 ECPI 基础上,结合前期研究成果,进行了相关性分析、进步率分析和聚类分析。

(一) 相对评价的算法

各地区 ECPI 得分的计算,采用了统一的 Z 分数(标准分数)方式,将三级指标原始数据转换为 Z 分数;然后,根据各指标权重,加权求和,计算出二级指标、一级指标的 Z 分数;最后,将二级指标、一级指标的 Z 分数分别转换为 T 分数,实现对各省域生态文明发展状况的量化评价。

1. 数据标准化

对三级指标数据无量纲化,采用统一的 Z 分数(标准分数)处理方式,避免数据过度离散可能导致的误差。

首先,计算出三级指标原始数据的平均值与标准差。

然后,将距平均数 3 倍标准差之外的数据视为可疑数据,予以剔除。确保最后留下的数据在 3 倍标准差以内($-3 < \Delta < 3$,距平均值 3 倍标准差以内包括了整体数据的 99.73%)。

2. 特殊值处理

在国家权威部门发布的统一数据中,存在个别省份部分年度数据缺失的情况,ECPI 评价中采取赋予平均 Z 分数的办法进行处理。如,2013—2014 年数据,西藏的城市生活垃圾无害化提高率、农村卫生厕所普及提高率、万元地区生产总值能源消耗降低率、城市水资源重复利用提高率和上海的城市水资源重复利用提高率等指标数据缺失,相应指标 Z 分数直接赋予 0 分。

空气质量改善指标,由于 2014 年各省会城市空气质量达到及好于二级的天数是按照新的《环境空气质量标准》监测结果,与上年度数据可比性欠佳,因此本年度各地区该指标均被赋予平均 Z 分数。

部分指标由于个别地区原始数据极大或极小,导致整个指标数据序列离散度较大,由此计算出的标准差和平均值可能出现偏化,为真实表现数据的分布特性,平衡数据整体,数据标准化时直接剔除了这种极端值,将高于平均值 3 倍标准差的情况直接赋予 3 分,低于平均数 3 倍标准差以下的直接赋予 -3 分。

3. 指标体系权重分配

在广泛征求专家意见的基础上,ECPI 二级指标的权重分配为,生态保护、环境改善、资源节约、排放优化各占 25%。

三级指标权重的确定,采用德尔菲法(Delphi Method)。选取了 50 余位生态文明相关研究领域的专家,发放加权咨询表,让专家独立判断各指标重要性,分别赋予 5、4、3、2、1 的权重分,最后经统计整理得出各三级指标的权重分和权重。各级指标权重分配如表 2-2 所示。

表 2-2　生态文明发展指数评价体系指标权重

一级指标	二级指标	二级指标权重/(%)	三级指标	三级指标权重分	三级指标权重/(%)
生态文明发展指数	生态保护	25	森林面积增长率	3	5.36
			森林质量提高率	3	5.36
			自然保护区面积增加率	4	7.14
			建成区绿化覆盖增加率	4	7.14
	环境改善	25	空气质量改善	3	3.75
			地表水体质量改善	3	3.75
			化肥施用合理化	4	5.00
			农药施用合理化	4	5.00
			城市生活垃圾无害化提高率	3	3.75
			农村卫生厕所普及提高率	3	3.75
	资源节约	25	万元地区生产总值能源消耗降低率	6	7.89
			万元地区生产总值用水消耗降低率	4	5.26
			工业固体废物综合利用提高率	5	6.58
			城市水资源重复利用提高率	4	5.26
	排放优化	25	化学需氧量排放效应优化	4	7.14
			氨氮排放效应优化	4	7.14
			SO_2 排放效应优化	3	5.36
			氮氧化物排放效应优化	3	5.36

4. 计算二级指标、一级指标 Z 分数

根据各指标权重,由三级指标 Z 分数加权求和,计算出对应二级指标和一级指标的 Z 分数。

5. 计算 ECPI 及二级指标发展指数得分

将 Z 分数转换为 T 分数,$T=10×Z+50$。最终 T 分数即为相应指标得分。如此处理,能够消除负数,同时将各地区得分的差异放大,方便后续的分析、理解。

(二) ECPI 分析方法

为克服相对评价算法的不足,课题组根据各地区 2012—2014 年三级指标原始数据和评价结果,分别进行了进步率分析、相关性分析和聚类分析等。

1. 进步率分析

各地区 ECPI 得分及排名,只是对生态文明发展速度相对快慢的比较。根据各指标原始数据,计算生态文明发展指数进步率,能够反映年度间发展速度的变化情况,更有利于探寻生态文明发展态势,发现推动生态文明建设的主要影响因素。

由于各三级指标原始数据已经为年度变化率,反映年度变化情况,因此各三级指标进步率的计算方法,直接采用后一年度的变化率减去前一年度的变化率。二级指标的进步率由各三级指标进步率加权求和得出。最终,由二级指标进步率加权求和算出 ECPI 进步率。

进步率为正值,表明后一年度的变化趋势比前一年度更好,生态文明在加速发展;进步率为负值,则表示发展速度在回落。

2. 相关性分析

ECPI 采用了多指标综合评价法,指标间相互影响、联系密切。为探寻促进生态文明建设的主要驱动因素和下一步生态文明建设的重点,课题组采用皮尔逊(Pearson)积差相关,并且选择可信度较高的双尾(Two-tailed)检验方法,利用 SPSS 软件对有关数据进行了相关性分析。

3. 聚类分析

各省域生态文明水平的相对高低和发展速度的快慢是发展类型划分的主要依据。生态文明水平主要使用绿色生态文明指数(GECI 2014)来衡量[①],生态文明发展速度则直接由三级指标原始数据加权求和算出(所有三级指标均为年度变化率)。

根据各地区 GECI 2014 得分和生态文明发展速度的平均值及相应标准差来划分类型。其中,生态文明水平与发展速度均超过平均值 0.2 倍标准差的地区为领跑型;水平高于平均值 0.2 倍标准差,但速度低于平均数 0.2 倍标准差的为前滞型;追赶型的生态文明水平低于平均值 0.2 倍标准差,但发展速度高于平均值 0.2 倍标准差;水平与发展速度都低于平均数 0.2 倍标准差的为后滞型;其余地区生态文明水平或发展速度接近平均值,与平均水平相差在 0.2 倍标准差之内,特征不够鲜明,难言高低或快慢,因此为中间型。

① 2014 年各地区绿色生态文明指数(GECI 2014)数据来源:严耕,等.中国省域生态文明建设评价报告(ECI 2014)[M].北京:社会科学文献出版社,2014.

第三章　各省域生态文明建设发展
的类型分析

　　本章讨论的是各省域生态文明发展的具体情况。为了使讨论深入，我们采用近似聚类的方法，把 31 个省域划分为五种发展类型，并分别加以直言不讳的点评。限于得到的数据时间序列较短，也囿于我们对各省域的实际情形所知有限，难免存在定型不准和失之偏颇的问题。对此，我们是有自知之明的。我们的目的不是提供毋庸置疑的定论，而是希望能够对各省域的生态文明建设有所启发，或者有所帮助。

一、省域生态文明建设发展的五种类型

　　动起于静。一般而言，静与动，或曰水平与进步是事物的两个方面，宋代思想家朱熹说过："若不与动对，则不名为静；不与静对，则亦不名为动矣。"具体到我们对各省域生态文明建设发展类型的划分，进步总是受制于目前的水平，离开生态文明建设的水平来谈生态文明的进展，有脱离实际、就事论事之嫌。

　　出于这种考虑，我们按照生态文明建设水平的高低和进步的快慢，将 31 个省级行政区分成了领跑型、追赶型、前滞型、后滞型和中间型五个类型。在五种类型的框架中，探讨各个省份生态文明建设各领域及各指标的特点。相信这样的分析更有针对性，建议也可能更加有效。

　　对各省域生态文明建设的水平，我们依据的是《中国省域生态文明建设评价报告（ECI 2014）》[①]，这是我们新近出版的研究成果，其中的绿色生态文明指数[②]（GECI），评价了各省域生态文明建设的水平，恰好与本书所关注的进步，构成了水平与进步、静态与动态两个相互映照的方面。

　　如此一来，根据 31 个省域生态文明的建设水平和发展速度，我们将其分为五种类型。具体分类和命名过程如下：

---

　　①　严耕，等. 中国省域生态文明建设评价报告（ECI 2014）[M]. 北京：社会科学文献出版社，2014.
　　②　绿色生态文明指数（GECI）包括生态活力、环境质量和协调程度三个领域，表示的是某地区某一年的生态文明建设水平，这是下一年建设的基础。GECI 的具体算法和解释参见《中国省域生态文明建设评价报告（ECI 2014）》，43—46。

（1）计算分类所需的基础值

计算各省域的 GECI、总体进步率以及各自的平均值和标准差。

（2）确立分界线和划分等级

将各省域生态文明的建设水平（GECI）和发展速度（总体进步率）的得分，按照"平均值±0.2 个标准差"的方法（平均值＋0.2 个标准差为上分界线，平均值－0.2 个标准差为下分界线），划分为从高到低的 3 个等级，即指标得分大于平均值＋0.2 个标准差的地区为第一等级，赋等级分为 3 分，得分介于"平均值－0.2 个标准差"到"平均值＋0.2 个标准差"之间的地区为第二等级，赋等级分为 2 分，得分在"平均值－0.2 个标准差"以下的地区为第三等级，赋等级分为 1 分。由此，在建设水平和发展速度两维度上均可将各省级行政区分为三个等级并赋予等级分（表 3-1）。

（3）分类和命名

① 若某地区的 GECI 得分和总体进步率均高于各自的上分界线，即建设水平和发展速度等级分均为 3，那么它的生态文明建设水平相对较好，发展相对较快，被命名为领跑型省份。

② 若某地区的 GECI 得分低于建设水平下分界线，但总进步率高于发展速度上分界线，即建设水平等级分为 1，发展速度等级分为 3，则该地区的生态文明的建设水平相对较弱，但进步相对较快，被命名为追赶型省份。

③ 如果某地区的 GECI 得分大于建设水平上分界线，但总进步率小于发展速度下分界线，即建设水平等级分为 3，发展速度等级分为 1，那么该地区的生态文明的建设水平相对较好，进步不太显著，被命名为前滞型省份。

④ 若某地区的 GECI 得分和总体进步率均小于建设水平下分界线，即建设水平和发展速度的等级分均为 1，那么它生态文明建设的建设水平相对较低，发展相对较慢，被命名为后滞型省份。

⑤ 还有一部分省地区的生态文明建设水平处于上、下分界线之间，或者发展速度位于上、下分界线中间，或者两者同时处于上、下分界线之间。也就是说，只要建设水平或发展速度的其中一个的等级为 2 即可。这类地区的特征不太明确，但至少有一个方面比较接近平均值，将之命名为中间型省份。

从表 3-1 和图 3-1 可知，领跑型的地区包括广东、广西、江西、辽宁和浙江等 5 个省、自治区；追赶型有甘肃、江苏、宁夏、山东和山西等 5 个省、自治区；前滞型下属福建、海南、黑龙江、湖南、四川、西藏、云南等 7 个省、自治区；后滞型涵盖上海和天津两市；中间型下辖安徽、北京、贵州、河北、河南、湖北、吉林、内蒙古、青海、陕西、新疆、重庆等 12 个省、自治区、直辖市。

表 3-1　各省级行政区生态文明建设的建设水平和发展速度得分、等级和类型

地　区	建设水平	建设水平等级分	发展速度	发展速度等级分	等级分组合	类型
广东	70.92	3	6.43	3	33	领跑型
广西	75.70	3	6.23	3	33	领跑型
江西	78.68	3	8.16	3	33	领跑型
辽宁	75.55	3	8.82	3	33	领跑型
浙江	74.10	3	10.05	3	33	领跑型
甘肃	66.03	1	5.89	3	13	追赶型
江苏	62.50	1	5.76	3	13	追赶型
宁夏	56.65	1	13.08	3	13	追赶型
山东	61.62	1	7.57	3	13	追赶型
山西	65.23	1	13.20	3	13	追赶型
福建	72.12	3	0.66	1	31	前滞型
海南	80.54	3	0.19	1	31	前滞型
黑龙江	76.10	3	1.41	1	31	前滞型
湖南	74.71	3	1.39	1	31	前滞型
四川	76.05	3	2.62	1	31	前滞型
西藏	77.00	3	−0.57	1	31	前滞型
云南	73.39	3	−3.74	1	31	前滞型
上海	63.39	1	−7.74	1	11	后滞型
天津	61.29	1	−7.37	1	11	后滞型
安徽	65.14	1	3.54	2	12	中间型
北京	72.06	3	4.69	2	32	中间型
贵州	70.26	2	5.05	2	22	中间型
河北	55.71	1	4.36	2	12	中间型
河南	62.25	1	4.22	2	12	中间型
湖北	62.73	1	3.86	2	12	中间型
吉林	67.97	2	3.00	1	21	中间型
内蒙古	69.50	2	22.78	3	23	中间型
青海	68.37	2	2.39	1	21	中间型
陕西	64.05	1	3.35	2	12	中间型
新疆	66.02	1	3.97	2	12	中间型
重庆	76.31	3	3.29	2	32	中间型

注:水平的上下分界线分别为 70.42 和 67.77;进步率的上下分界线分别为 5.57 和 3.24。

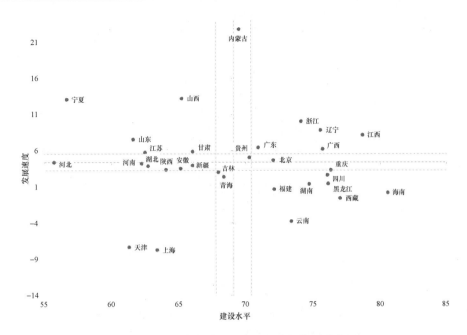

图 3-1　2014 年各地区生态文明发展类型分布图

二、领跑型省份的生态文明进展

　　广东、广西、江西、辽宁和浙江等 5 个地区的生态文明建设水平和总体发展速度均分别明显大于相应的全国平均值(实际是大于速度的上分界线)。这些地区生态文明的基础相对较好,发展较快,属于领跑型省份(表 3-2)。

表 3-2　2014 年领跑型地区生态文明发展的基本状况

地区	生态保护	环境改善	资源节约	排放优化	总体发展速度	建设水平
广东	5.98	3.22	5.14	11.37	6.43	70.92
广西	2.09	4.86	5.00	12.97	6.23	75.70
江西	−0.01	1.65	23.96	7.06	8.16	78.68
辽宁	7.19	11.51	4.18	12.42	8.82	75.55
浙江	7.03	1.65	4.24	27.27	10.05	74.10
类型平均值	4.46	4.58	8.50	14.22	7.94	74.99
全国平均值	5.01	1.74	5.03	5.84	4.40	69.09

　　注:各二级指标和总体发展速度均用 2013—2014 年的进步率(%)表示,建设水平用绿色生态文明指数(GECI 2014)表示,下表类似。

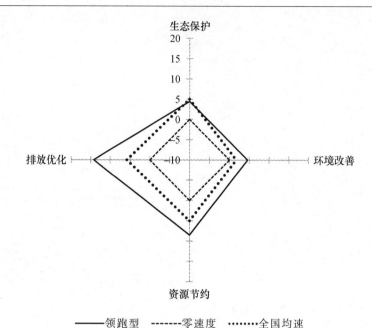

图 3-2　2014 年领跑型地区生态文明发展的雷达图

　　分析生态文明进展的各二级领域发现,本类型各地区的环境改善、资源节约和排放优化领域的平均速度高于全国平均速度,尤其是资源节约和排放优化方面远超过全国平均值,但生态保护方面的进展比全国平均情况略差(图 3-2 和表 3-2)。下面分析本类型各地区的具体情况(表 3-3)。

　　整体而言,广东的 4 个发展方面无明显短板。其中,生态保护、环境改善和排放优化的情况明显好于全国水平,资源节约提升状况与全国水平接近。资源节约的三级指标中,工业固废综合利用率下降 2.48%,排在全国第 26 位,而 2013 年广东的工业固废综合利用率为 87.14%,排在全国第 7 位。这显示出广东固体资源重复利用程度的绝对数值不高,还有一定上升空间。广东是经济大省,资源耗用量大,也的确更需要在资源节约和重复利用上进一步发力,以真正达到四个领域的协调发展。

　　广西的 4 个二级领域的表现参差不齐。排放优化和环境改善领域是其亮点,明显高于全国均速。资源节约领域接近全国平均速度,但生态保护明显低于全国均值。生态保护的三级指标中,森林质量提高率只有 1.36%,排在全国第 26 位,较为靠后。2013 年的单位森林面积蓄积量(即森林质量)为 37.43 立方米/公顷,排在全国第 18 位。广西的自然保护区面积增加率和建成区绿化覆盖增加率及其建设水平的数据排名只处于中下游水平。这也表明,广西的生态活力建设还有一定提升空间,应向生物多样性保护继续投入,持续营造生物基因库完整性。城市生态系统建设的发展较慢,还有待加强,争取早日实现由生态大省向生态强省的转变。

江西的二级领域的表现并不一致。资源节约和优化排放领域高于全国平均速度,尤其是资源节约方面有明显进展。环境改善速度略低于平均值,而生态保护进步率只有−0.01%,速度远低于全国平均值。生态保护领域的 4 个三级指标均不太理想:森林面积增长率为 2.9%(全国排名第 26 位);森林质量提高率为 0.41%(全国排名第 27 位);自然保护区面积增加率为−0.66%(全国排名第 26 位);建成区绿化覆盖增加率为−1.85%(全国排名第 25 位)。森林面积增长率虽然较低且全国排名靠后,但由于其森林覆盖率已超过 60%,位居全国第二,继续大幅上升有一定难度。实际上,森林质量(单位面积蓄积量为 40.60 立方米/公顷,全国排名第 13 位)还有不小的增长空间。江西下一步的工作重点应该是在现有森林生态系统的基础上,努力全面提升森林质量,维护好当地的物种多样性。同时在推行城镇化时,注意跟进城市生态系统的建设。

辽宁的整体发展速度明显高于全国平均水平,尤其是排放优化和环境改善方面表现抢眼,生态保护的发展也居于中上水平,但资源节约方面略低于全国整体水平。就具体三级指标而言,化肥施用合理化、农药施用合理化、城市生活垃圾无害化提高率和 SO_2 排放效应优化的进步率或为负值或者其值很小,分别只有−3.38%、−2.79%、0.46% 和 2.99%,只分别排在全国第 25、21、22 和 21 位。辽宁在保持目前发展势头的前提下,需要着力解决三个问题:减轻农业生产对环境的负面影响、切实降低城市固体污染物排放和提高废弃物处理能力以及严控大气污染。

总体说来,浙江生态文明整体发展势头较快,但四个二级领域的速度有一定差异。优化排放和生态保护明显好于全国平均水平,资源节约和环境改善的速度稍低于全国平均值。浙江省的环境改善领域中的农药使用合理化、城市生活垃圾无害化提高率和农村卫生厕所普及提高率都相当靠后,分别排在全国的第 25、23 和 25 位。基础数据中,城市生活垃圾无害化率、农村卫生厕所普及率排名靠前,分列全国第 4 位和第 5 位。农药施用强度为 25.93 千克/公顷,排名全国第 30 位。这些数据表明,浙江的环境承载负荷较重,环境保护的压力较大,尤其是农业生产对环境的负面影响明显。资源节约下辖的万元地区生产总值能耗降低率和水耗降低率不太明显,分别为 3.07% 和 8.52%,分列全国第 24 和 23 位。浙江的经济总量较大,经济发展水平高,注重节约资源就显得非常重要,这方面很小的进展会在总量上体现出很大的变化。因此,浙江的资源消耗还需进一步控制和降低。

表 3-3　　2014 年领跑型省份生态文明发展的三级指标评价结果

单位:(%)/名次

二级指标	三级指标	广东	广西	江西	辽宁	浙江
生态保护	森林面积增长率	3.68/25	7.21/14	2.9/26	8.85/12	2.89/27
	森林质量提高率	14.03/13	1.36/26	0.41/27	13.76/14	22.33/8
	自然保护区面积增加率	6.98/3	0.33/16	−0.66/26	8.15/1	4.58/5
	建成区绿化覆盖增加率	0.65/13	0.53/16	−1.85/25	0.07/20	1.1/12
环境改善	空气质量改善	—	—	—	—	—
	地表水体质量改善	7.77/9	23.96/3	2.28/15	16.63/5	15.94/6
	化肥施用合理化	2.05/2	−1.76/21	0.26/10	−3.38/25	−0.8/14
	农药施用合理化	1.42/11	−0.9/19	−0.18/16	−2.79/21	−4.33/25
	城市生活垃圾无害化提高率	6.95/10	−1.63/29	4.71/13	0.46/22	0.4/23
	农村卫生厕所普及提高率	2.13/21	13.64/3	3.88/13	67.84/1	1.49/25
资源节约	万元地区生产总值能耗降低率	3.78/8	3.36/20	3.08/23	3.4/19	3.07/24
	万元地区生产总值水耗降低率	9.48/19	12.44/8	17.92/3	11.61/11	8.52/23
	工业固废综合利用提高率	−2.48/26	4.83/9	2.39/15	0.92/17	3.98/10
	城市水资源重复利用提高率	12.35/4	0.24/19	88.26/2	1.99/13	2.03/12
优化排放	化学需氧量排放效应优化	15.47/11	21.08/7	10.97/14	17.75/10	43.11/2
	氨氮排放效应优化	15.13/11	20.44/7	11.53/14	17.61/10	43.29/2
	SO_2 排放效应优化	4.67/12	6.37/2	1.76/25	2.99/21	5.18/8
	氮氧化物排放效应优化	7.61/4	−1.2/29	1.16/26	7.81/3	6.9/5

注:① 由于 2013 年和 2014 年的统计口径变化,不能确认好于二级天气天数比例增加率,因此空气质量改善为空值。

② 参与实际运算时,按照"不变"计算,后表同。

三、追赶型省份的生态文明进展

甘肃、江苏、宁夏、山东和山西等 5 个地区的生态文明建设水平明显低于全国平均水平(实际小于建设水平的下分界线),但发展速度高于全国平均水平(实际大于发展速度的上分界线)。这 5 个地区生态文明建设的基础较为薄弱,但是发展速度相对较快,称为追赶型省份。

从生态文明进展的二级领域来看,本类型各地区的生态保护、环境改善和排放优化的总体状况好于全国平均状况,尤其是排放优化方面远超过全国平均值,但资源节约的进展比全国整体情况略差(见表 3-4 和图 3-3)。下面分析本类型各地区的具体情况(表 3-5)。

表 3-4　2014 年追赶型省份生态文明发展的基本状况

地区	生态保护	环境改善	资源节约	排放优化	总体发展速度	建设水平
甘肃	4.66	2.19	4.12	12.60	5.89	66.03
江苏	14.47	1.23	5.62	1.71	5.76	62.50
宁夏	6.80	14.70	2.62	28.23	13.08	56.65
山东	9.59	2.39	3.67	14.64	7.57	61.62
山西	5.61	6.84	1.84	38.51	13.20	65.23
类型平均值	8.23	5.47	3.57	19.14	9.10	62.41
全国平均值	5.01	1.74	5.03	5.84	4.40	69.09

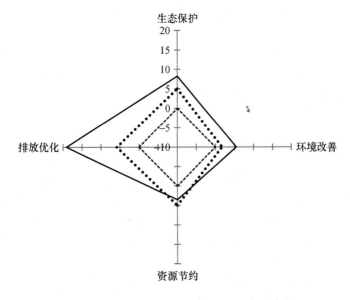

——追赶型　-------零速度　·······全国均速

图 3-3　2014 年追赶型省份生态文明发展的雷达图

　　甘肃的 4 个二级领域表现不一。排放优化和环境改善进展比全国平均速度要快,生态保护和资源节约领域的进步率低于全国均速。生态保护下辖的三级指标中,森林面积增长率为 8.25%(全国第 13 位),但森林质量提高率只有 2.35%(全国第 25 位),这表明甘肃的森林生态系统较为脆弱,森林质量需要进一步提升,这也可能与新种植的人工林拉低了森林单位面积蓄积量有关。资源节约的三级指标中,万元地区生产总值能耗降低率和城市水资源重复利用提高率分别为2.51%(全国并列排名 25)和 0.12%(全国排名 21),显示甘肃的单位产值资源消耗较大,新技术和能源的应用有待提高,需要进一步调整能源和产业结构。尤其是本地区生态脆弱,水资源短缺,更需要对相关资源合理规划,有效配置,对生态环境的利用更应提倡休养生息。

总体而言,江苏的 4 个二级指标表现参差不齐。生态保护是亮点,进步率远高于全国平均速度,森林生态系统建设有不俗的表现,森林面积的增加和质量改善速度均排在全国前列。资源节约的发展状况也略高于全国均值,环境改善和排放优化领域的进展不如全国整体情况。三级指标中,地表水体质量改善、化学需氧量排放效应优化和氨氮排放效应优化分别为−3.8%、−2.36% 和 −2.65%,分列(或并列)全国第 23、25 和 25 位,对应的建设水平数据也是类似表现,地表水体质量、化学需氧量和氨氮排放效应分列全国第 24、13 和 16 位,总体看来,江苏的经济快速发展对环境的负面影响愈发明显,水体质量受影响较大,主要污染物减排任重道远。

宁夏的 4 个 2 级领域的表现各有差异。其中,环境改善、优化排放以及生态保护领域明显好于全国平均速度,但资源节约领域落后于全国均速。宁夏资源节约和重复利用的速度较低,主要是受万元地区生产总值能耗降低率(−4.6%,全国排名第 28 位)大幅下降的拖累。宁夏的资源相对短缺,而单位产值又耗能过多,这是该地区可持续发展的主要的消极影响因素,宁夏的节能降耗还有许多工作要做。

山东的 4 个二级指标进展状况较好,发展相对均衡。生态保护、排放优化和环境改善领域的速度好于全国平均值,但资源节约的速度低于全国平均值。资源节约的提升速度不佳主要受到城市水资源重复利用率负增长的影响(−0.69%,排名全国第 22 位)。山东在资源节约方面应及时调整战略,尤其需要合理规划利用水资源,加强循环经济建设,进而也达到涵养生态的作用。

山西的四个二级领域表现差异较大。排放优化的进展远高于全国平均水平,生态保护和环境改善也较全国均值为强,资源节约的速度却低于全国平均速度。资源节约领域的落后主要是工业固体废物综合利用提高率(−6.86%,全国排名第 28 位)的下降所致,工业固体废物综合利用率从 69.7% 下降为 64.9%。这显示出山西的固体资源的重复利用率较低,循环经济发展水平有待提升。另外也应该看到,虽然山西的排放优化方面的进步很大,但 2013 年山西各项主要污染物的基础值都非常高,四项污染物的排放效应分别排在全国的第 4、第 4、第 5 和第 9 位。未来减排的任务依然十分艰巨。

表 3-5　2014 年追赶型省份生态文明发展的三级指标评价结果

单位:(%)/名次

二级指标	三级指标	甘肃	江苏	宁夏	山东	山西
生态保护	森林面积增长率	8.25/13	50.76/1	20.83/5	0.06/31	27.69/2
	森林质量提高率	2.35/25	22.54/6	10.94/16	40.65/3	−0.24/29
	自然保护区面积增加率	1.42/8	−4.88/29	−0.39/25	1.91/7	−4.57/28
	建成区绿化覆盖增加率	6.93/1	0.55/14	0.34/17	1.14/11	3.63/3
环境改善	空气质量改善	—	—	—	—	—
	地表水体质量改善	10.55/8	−3.8/23	70.59/1	6.76/11	43.35/2
	化肥施用合理化	−1.4/19	1.67/5	−0.53/12*	1.74/4	−3/24
	农药施用合理化	−7.66/28	3.12/8	−3.36/24	1.75/10	−4.74/26
	城市生活垃圾无害化提高率	1.44/19	1.56/18	31.02/2	1.43/20	9.46/5
	农村卫生厕所普及提高率	14.73/2	4.04/12	1.55/24	3.11/17	3.08/18
资源节约	万元地区生产总值能耗降低率	2.51/25*	3.52/16	−4.6/28	3.77/9	3.55/15
	万元地区生产总值水耗降低率	11.04/13	11.02/14	10.78/18	10.85/16	9.33/20
	工业固废综合利用提高率	3.7/11	5.88/8	6.01/5	1.3/16	−6.86/28
	城市水资源重复利用提高率	0.12/21	3.06/9	1.05/14	−0.69/22	2.67/10
优化排放	化学需氧量排放效应优化	18.19/9	−2.36/25	46.55/1	21.39/6	33.46/5
	氨氮排放效应优化	19.69/9	−2.65/25*	46.17/1	21.61/6	33.16/5
	SO$_2$ 排放效应优化	1.83/24	5.07/9	4.16/15	5.94/3	3.56/17
	氮氧化物排放效应优化	6.44/7	9.57/2	3.95/18	5.04/16	6.93/4

注:* 表示并列名次,后表同。

四、前滞型省份的生态文明进展

福建、海南、黑龙江、湖南、四川、西藏和云南等 7 个地区的生态文明建设水平明显大于全国平均值(实际大于建设水平的上分界线),发展速度明显小于全国平均速度(实际小于发展速度的下分界线)。这 7 个地区生态文明建设基础相对较好,发展相对较慢,称为前滞型省份。

从生态文明进展的各二级领域来看,本类型各地区的环境改善进步率略低于全国均速,生态保护、资源节约和排放优化方面的进展速度比全国平均速度要低,甚至资源节约的发展速度为负值(表 3-6,图 3-4)。下面分析本类型各地区的具体情况(表 3-7)。

表 3-6   2014 年度前滞型省份生态文明发展的基本状况

地区	生态保护	环境改善	资源节约	排放优化	总体发展速度	建设水平
福建	5.71	1.62	−10.60	5.90	0.66	72.12
海南	5.35	2.90	5.60	−13.09	0.19	80.54
黑龙江	2.02	0.26	−2.73	6.10	1.41	76.10
湖南	−0.35	1.11	−4.05	8.86	1.39	74.71
四川	0.84	2.84	−0.74	7.55	2.62	76.05
西藏	−12.47	0.21	5.10	4.88	−0.57	77.00
云南	0.99	0.54	−14.34	−2.16	−3.74	73.39
类型平均值	0.30	1.35	−3.11	2.58	0.28	75.70
全国平均值	5.01	1.74	5.03	5.84	4.40	69.09

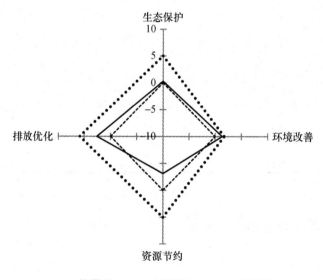

————前滞型   ------零速度   ……全国均速

图 3-4   2014 年前滞型省份生态文明发展的雷达图

福建的 4 个二级领域的进展各有特点。生态保护和排放优化的进步率略高于全国平均速度,环境改善的速度略低于全国均速,资源节约领域的进步率只有−10.60%,远小于全国平均值。资源节约所属的三级指标中,万元地区生产总值能耗降低率、万元地区生产总值水耗降低率、工业固废综合利用提高率和城市水资源重复利用提高率分别为 3.29%、−14.87%、−0.94% 和 −39.27%,分列全国第 21、31、24 和 30 位。福建的资源节约,尤其是水资源的重复利用有待加强,循环经济发展较慢。虽然福建自身水资源较丰富,但这并不表示可以随意浪费,也不利于可持续发展。目前生态文明建设中,资源节约和排放优化是建设的重要手段。在环境承载负荷过重的情况下,不能只靠污染物减排来增加环境容量,也应该从资源节约方面去提升环境容量,福建在这方面的工作还需要进一步增强。

表 3-7 2014 年前滞型省份生态文明发展的三级指标评价结果

单位:(%)/名次

二级指标	三级指标	福建	海南	黑龙江	湖南	四川	西藏	云南
生态保护	森林面积增长率	4.52/23	6.54/17	1.82/29	6.72/15	2.65/28	0.59/30	5.33/20
	森林质量提高率	20.09/10	14.9/12	6.2/19	−11.15/31	2.55/24	0.13/28	3.47/23
	自然保护区面积增加率	−0.32/22	0.43/14	1.01/10	0.49/13	−0.22/21	−0.03/19	0.67/12
	建成区绿化覆盖增加率	1.83/8	2.21/5	0.06/22	1.59/9	−0.75/24	−44.15/31	−3.82/28
环境改善	空气质量改善	—	—	—	—	—	—	—
	地表水体质量改善	3.79/13	0/21*	−6.2/27	2.23/16	0.12/19	0.1/20	7.75/10
	化肥施用合理化	1.49/6	−5.34/28	−2.27/22	1.96/3	1.02/8	−12.09/31	−0.86/15
	农药施用合理化	−0.26/17	17.02/1	−3.16/21	−0.8/18	3.5/6	5.15/4	−10.69/30
	城市生活垃圾无害化提高率	1.87/17	0/27	14.29/4	1.05/21	7.59/9	5.26/12	5.93/11
	农村卫生厕所普及提高率	3.5/16	3.76/14	0.84/26	2.55/20	5.18/10	5.3/9	5.35/8
资源节约	万元地区生产总值能耗降低率	3.29/21	−5.23/29	3.5/18	3.68/11	4.23/4	2.35/27	3.22/22
	万元地区生产总值水耗降低率	−14.87/31	10.8/17	3.83/29	11.41/12	6.26/25	19.54/2	14.04/5
	工业固废综合利用提高率	−0.94/24	5.89/7	−7.59/29	0.42/21	−10.08/30	−5.85/27	5.98/6
	城市水资源重复利用提高率	−39.27/30	16.29/3	−12.56/28	−36.69/29	−3.53/25	8.46/5*	−94.46/31
优化排放	化学需氧量排放效应优化	7.32/17	−24.66/29	6.47/18	13.64/12	9.29/15	8.58/16	−6.15/28
	氨氮排放效应优化	6.62/20	−27.22/29	8.43/17	14.61/12	9.06/15	8.51/16	−5.26/28
	SO₂ 排放效应优化	2.77/22	4.99/10	4.9/11	0.57/28	5.52/4	0/29	1.35/27
	氮氧化物排放效应优化	6.19/10	3.09/23	3.72/20	3.13/22	5.27/15	0/28	3.78/19

海南的生态保护、环境改善和资源节约 3 个二级领域的进步率都大于全国平均速度,只有排放优化领域的表现不尽如人意。排放优化领域进步率为负值,主要是化学需氧量排放效应优化(−24.66%,全国排名第 29 位)和氨氮排放效应优化(−27.22%,全国排名第 29 位)下降所致。这两个指标的大幅下降表明海南的

水体污染正在迅速加重。海南的生态良好,近年来当地社会经济发展迅速,到当地居住和旅游的人口越来越多,这对整体环境尤其是水体环境有较大影响。

　　除排放优化领域外,黑龙江的生态保护、环境改善和资源节约三方面的进步率均小于全国平均速度,尤其是资源节约领域的速度仅为-2.73%,有退步的趋势。资源节约的下属指标中,万元地区生产总值能耗降低率、万元地区生产总值水耗降低率、工业固废综合利用提高率和城市水资源重复利用提高率分别为3.5%、3.83%、-7.59%和-12.56%,分列全国第18、29、29和28位。对应的基础数据分列全国第18、28、13和20位。这显示黑龙江的发展模式稍显粗放,在能源和水资源节约以及资源重复利用方面有进一步提升空间,循环经济有待加强。另一方面,黑龙江是生态大省,为全国提供了较多的生态资源,但实际上生态补偿和经济反哺相对不足,影响社会经济发展,容易出现能源结构调整缓慢,资源节约的新技术应用不到位等问题。

　　除排放优化领域的进步率较高外,湖南的生态保护、环境改善和资源节约3个二级领域的发展速度小于对应的全国均速,其中生态保护和资源节约仅为-0.35%和-4.05%,出现减退的趋势。在生态保护包含的三级指标中,森林质量提高率只有-11.15%,排在全国倒数第一。对应的基础数据表明,湖南单位面积森林蓄积量(森林质量)为36.81立方米/公顷,排在全国第19位。由此可以看出,湖南的森林生态系统质量退步较为明显,当然这也可能是新造林的单位面积蓄积量不足拉低数据所致。资源节约下属的三级指标中,工业固废综合利用提高率和城市水资源重复利用提高率分别为0.42%和-36.69%,分列全国第21和29位。对应基础数据分别为63.93%和35.7%,分列全国第18和26位。固体资源和水资源重复利用问题是湖南的短板,循环经济有待加强。

　　四川的环境改善和排放优化领域的表现较好,均高于全国平均速度,但生态保护和资源节约进展情况相对靠后,尤其是资源节约领域的进步率仅为-0.74%,有轻微的倒退趋势。生态保护所属的三级指标中,所有指标排名均不尽如人意,在全国第21~28位之间。基础数据显示,森林质量(单位面积森林蓄积量)和自然保护区面积占辖区比重分别为96.16立方米/公顷和18.5%,均列全国第3位,而森林覆盖率和建成区绿化覆盖率只有34.14%和38.69%,分列全国第14和16位。四川的森林生态系统的培育改善以及城市生态系统建设都需要下大力气狠抓。资源节约所属的三级指标中,万元地区生产总值水耗降低率、工业固废综合利用提高率、城市水资源重复利用提高率分别为6.26%、-10.08%和-3.53%,分列全国第25、30和25位。这些三级指标对应的基础数据分别为53.98%、45.89%、56.7%,分列全国13、27、22位。目前看来,四川对节约工作和循环经济的重视力度不够,这可能和四川的各类资源储量相对丰富有关。资源节约是四川下一步生态文明建设的重点关注领域。

西藏的4个二级领域中,除资源节约领域进步率略高于全国均速外,生态保护、环境改善和优化排放三个领域均较全国平均速度为差,而生态保护方面的进步率仅为-12.47%,似乎正处于倒退之中。生态保护包含的三级指标森林面积增长率、森林质量提高率、自然保护区面积增加率、建成区绿化覆盖增加率分别为0.59%、0.13%、-0.03%和-44.15%,分列全国的第30、28、19和31位。而这四个指标的基础数据分别为11.91%、153.52立方米/公顷、33.9%和32.41%,分列全国第24、1、1、30位。除了森林质量和自然保护区经营的基础较好外,森林面积和建成区绿化覆盖率的建设水平和进展分数都较为落后。在一定程度上,这和西藏的地理位置和社会发展水平有关。但是,西藏的确应该注重森林生态系统的保护和培育,加快建设城市生态系统。环境改善和优化排放的不少指标都存在建设水平较高,进展不明显的现象,出现了所谓的"天花板效应"。实际上,基础较好并非速度低的主要理由,应该看到还有很多方面的绝对水平并不是很高,仍然有进步的空间。

云南的4个二级领域的进展表现较为相似,均落后于全国平均速度。其中,资源节约和排放优化分别为-14.34%和-2.16%。生态保护下属的几个指标中,森林面积增长率、森林质量提高率和建成区绿化覆盖增加率分别为5.33%、3.47%和-3.82%,分列全国第20、23和28位,基础数据显示,对应的三个指标分别为47.5%、85.48%和39.3%,分列全国第7、4和15位。这表明云南在生态活力保持方面的基础相对较好,但进展有些缓慢。环境改善包含的三级指标中,农药施用合理化为-10.69%,排在全国倒数第二位。2014年云南省农业生产对环境破坏程度增加,土地质量可能受到一定影响。

云南的资源节约进步率为负值,主要由于是城市水资源重复利用提高率大幅下降所致,其值仅为-94.46%,这种单一指标引发的重大变化表明资源包括了众多方面,如化石能源、生物资源和水资源等,任何一方面的大量欠缺都是对资源节约和循环经济的严重影响。云南的水资源的重复利用程度低,可能与当地水资源较丰富有关。优化排放下属的几个指标中,化学需氧量、氨氮、SO_2、氮氧化物排放效应优化分别为-6.15%、-5.26%、1.35%和3.78%,分列全国第28、28、27和19位,对应基础数据分列全国第3、3、7位和5位。总体来说,云南的排放效应的基础值相对并不太大,但改善和进展相对缓慢,尤其像化学需氧量和氨氮排放有明显的增幅,使水体质量迅速变差。云南省应该在环境承载范围内合理地利用资源,大幅减排以提升环境容量,最终营造生态活力。

五、后滞型省份的生态文明进展

上海和天津两个地区的生态文明建设水平和总体发展速度均明显小于全国平均值(实际小于建设水平和发展速度的下分界线)。这两个地区的生态文明建设基础相对较低,发展相对较慢,被命名为后滞型省份。

从生态文明进展的各二级指标来看,本类型各地区生态保护的状况明显好于全国整体状况,环境改善、资源节约和排放优化方面的进展比全国平均情况要差,环境改善和排放优化的发展速度远落后于全国均速,且为负值(见表 3-8 和图 3-5)。下面分析本类型各地区的具体情况(表 3-9)。

表 3-8 2014 年后滞型省份生态文明发展的基本状况

地区	生态保护	环境改善	资源节约	排放优化	总体发展速度	建设水平
上海	16.25	−5.18	4.23	−46.24	−7.74	63.39
天津	16.27	−6.99	3.99	−42.74	−7.37	61.29
类型平均值	16.26	−6.09	4.11	−44.49	−7.56	62.34
全国平均值	5.01	1.74	5.03	5.84	4.40	69.09

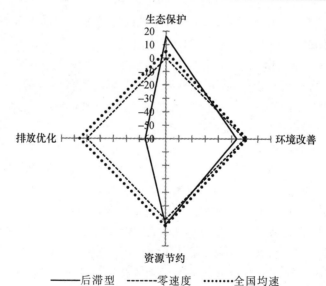

——后滞型 -------零速度 ••••••全国均速

图 3-5 2014 年后滞型省份生态文明发展的雷达图

上海的整体发展空间较大,排放优化领域是发展短板。上海的总体发展速度为负值,生态文明整体建设呈现出倒退趋势。上海的 4 个二级指标的表现差异巨大。生态保护的进步率明显大于全国平均速度,资源节约进展情况略低于全国均速,环境改善和优化排放进步率仅分别为－5.18％和－46.24％,相对于 2013 年有较大退步。环境改善下属的三级指标中,地表水体质量改善和农村卫生厕所普及提高率为－47.62％和 0,分别为全国第 31 和 30 位,对应的基础数据分别为29.4％和 98.01％,分别为第 28 和 1 位。这显示出上海的农村建设在各省中非常靠前,但水体污染相当严重,无论是 2013 年的地表水体质量还是 2013—2014 年的地表水质变化状况都令人担忧,水体质量正在持续恶化。优化排放的三级指标中,化学需氧量排放效应优化和氨氮排放效应优化分别为－85.44％和－84.43％,均为全国第 31 位,对应的基础数据分别排在全国第 27 和 30 位。该数据同样表明该地区排向水中的化学物质超标。其实,上海本年度的水体污染物的总量是有所降低的,但水体质量仍在恶化,这是因为污染物排放已经超过了当地的环境承载容量,出现总量减少但效果不彰的现象,这就需要进一步加大减排力度,使污染物排放降到环境承受度之内。

表 3-9   2014 年后滞型省份生态文明发展的三级指标评价结果

单位:(％)/名次

二级指标	三级指标	上海	天津
生态保护	森林面积增长率	14.13/8	19.78/6
	森林质量提高率	61.83/1	57.05/2
	自然保护区面积增加率	－0.38/24	－0.74/27
	建成区绿化覆盖增加率	0.29/18	0.06/22
环境改善	空气质量改善	—	—
	地表水体质量改善	－47.62/31	－45.71/30
	化肥施用合理化	－1.03/17	－0.53/12*
	农药施用合理化	4.56/5	1.99/9
	城市生活垃圾无害化提高率	8.37/8	－3.01/30
	农村卫生厕所普及提高率	0/30	0.19/28
资源节约	万元地区生产总值能耗降低率	5.32/2	4.28/3
	万元地区生产总值水耗降低率	3.93/28	12.31/9
	工业固废综合利用提高率	－0.23/22	－0.42/23
	城市水资源重复利用提高率	8.46/5*	0.73/17
优化排放	化学需氧量排放效应优化	－85.44/31	－78.02/30
	氨氮排放效应优化	－84.43/31	－79.2/30
	SO₂排放效应优化	5.43/6	3.43/19
	氮氧化物排放效应优化	5.28/14	6.73/6

天津的排放优化和环境改善领域有待加强。天津的总体发展速度与上海类似,也为负值,生态文明整体进展不尽如人意。天津的 4 个二级指标的表现差异

巨大。生态保护的进步率明显大于全国平均速度,资源节约进展情况略低于全国均速,环境改善和优化排放进步率仅分别为－6.99％和－42.74％,退步较为明显。天津在环境改善上速度较低,主要是受地表水体质量改善(－45.71％,全国排名第 30 位)、城市生活垃圾无害化提高率(－3.01％,全国排名第 30 位)、农村卫生厕所普及提高率(0.19％,全国排名第 28 位)三个指标影响。这显示天津的水质污染非常严重,城市和农村的废弃物的处理仍有待改进。排放优化领域的进步率较差,主要是由于化学需氧量排放效应优化(－78.02％,全国排名第 30 位)和氨氮排放效应优化(－79.2％,全国排名第 30 位)的下降所致。这一数据的变化再次提示天津的水体富营养化程度较高,有机物污染较严重,水体质量治理迫在眉睫。其实,天津目前的任务与上海类似,就是进一步减轻和控制排放。

六、中间型省份的生态文明进展

　　安徽、北京、重庆、贵州、河北、河南、湖北、吉林、内蒙古、青海、陕西和新疆等 12 个地区的生态文明建设情况排在全国中间水平,或者生态文明的建设水平,或者发展速度,或者建设水平和发展速度,接近相应的全国平均值。它们的特征并不明显,很难被归到一种特定的类型,因此被归为中间型省份。

　　整体而言,中间型省份的总体速度接近全国均速,但各项二级领域还是有不同表现,本类型各地区的生态保护接近全国平均速度,资源节约和排放优化方面略高于全国平均值,但环境改善方面的进展不如全国平均状况(见表 3-10 和图 3-6)。下面分析本类型各地区的具体情况(表 3-11)。

表 3-10　2014 年中间型省份生态文明发展的基本状况

地区	生态保护	环境改善	资源节约	排放优化	总体发展速度	建设水平
安徽	7.55	0.42	5.73	0.48	3.54	65.14
北京	8.05	－2.90	8.43	5.18	4.69	72.06
重庆	5.01	1.87	2.94	3.32	3.29	76.31
贵州	4.48	6.05	－3.33	13.00	5.05	70.26
河北	6.77	－0.24	5.80	5.14	4.36	55.71
河南	7.08	1.79	3.07	4.93	4.22	62.25
湖北	8.78	3.84	3.96	－1.17	3.86	62.73
吉林	1.12	1.63	8.66	0.60	3.00	67.97
内蒙古	3.07	－5.46	69.76	23.74	22.78	69.50
青海	1.52	1.20	1.02	5.82	2.39	68.37
陕西	3.67	－0.74	4.41	6.04	3.35	64.05
新疆	0.10	－1.05	－1.40	18.23	3.97	66.02
类型平均值	4.77	0.53	9.09	7.11	5.38	66.70
全国平均值	5.01	1.74	5.03	5.84	4.40	69.09

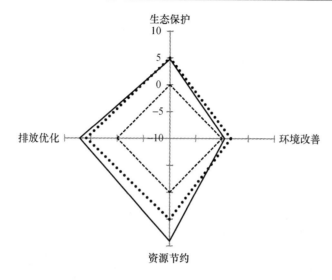

———不定型　------零速度　……全国均速

图 3-6　2014 年中间型省份生态文明发展的雷达图

安徽的生态文明建设水平相对较低,发展速度处于中游水平。该省的生态保护和资源节约发展速度略高于全国均值和本类型均值,环境改善和排放优化明显低于全国均速。环境改善下辖的各指标中,地表水体质量改善、化肥施用合理化和农村卫生厕所普及提高率分别为－5.45%、－1.73%和2.07%,分列全国第26、20和22位。对应的基础数据也只排在全国中下游,在第16～23位之间。这显示出安徽的环境容量正在缩小,水体质量减退,农业生产对环境影响有所增加,农村环境建设相对缓慢。排放优化所含的三级指标中,化学需氧量、氨氮和 SO_2 排放效应优化值分别为－3.01%、－2.65%和3.52%,分列全国第26、25和18位(基础数据排在全国第16～18位之间),再次表明安徽的水体和空气污染状况不容乐观,程度仍在加剧。归根结底,安徽的首要问题在减排,将污染物排放降低到当地生态和环境承载范围,环境和生态是可以逐渐恢复的,届时水体质量、食品安全以及农村环境等问题也可迎刃而解。

北京的生态文明的基础相对较好,总体进展状况接近全国平均水平。各二级领域中,北京的生态保护和资源节约发展速度好于全国平均水平,资源节约略低于全国平均值,但环境改善值只有－2.90%,不仅低于全国整体,而且有一定程度的倒退。

在环境改善下辖的三级指标中,北京的地表水体质量改善、化肥施用合理化、农药施用合理化、城市生活垃圾无害化提高率和农村卫生厕所普及提高率分别为

0、−9.16％、−5.48％、0.2％和0.01％,全国排名在(并列)第21～30位之间。化肥和农药施用强度越来越大,意味着环境受到农业生产的持续负面影响。对应的建设水平数据显示,除了城市生活垃圾处理和农村卫生厕所普及情况较好(99.1％,全国第4位;96.95％,全国第2位)外,地表水体质量(主要河流三类以上水所占比例)、化肥施用强度和农药施用强度的情况大致处于中下游水平。综合分析北京环境方面的进展情况可知,北京的城市和农村的基础建设相对较好,但发展趋缓。土地质量退化、污染加剧,环境承载负荷较重。

除此之外,北京的水体质量改善不明显,这可以从化学需氧量和氨氮减排不力中看出。虽然SO_2、氮氧化物等影响大气的污染物的减排力度不小(两项指标进步率分别为7.25％和6.31％),但是大气污染已经超过环境承载能力,民众对大气环境的改善并没有明显的感知,雾霾仍然在困扰着北京人民。

重庆的生态文明基础较为靠前,总体发展速度略低于全国平均速度。在几个二级领域中,重庆的生态保护和环境改善的进步率与全国平均值非常接近,资源节约和优化排放两个领域小于全国平均速度。资源节约进步率较小主要是城市水资源重复利用提高率这一指标仅为−7.55％所致。基础数据显示,城市水资源重复利用率为27.8％,排名全国28位。重庆地处长江流域,水资源丰富,水的循环利用并没有得到明显重视,这需要引起关注。优化排放包含的几个三级指标,化学需氧量、氨氮和SO_2排放效应优化的值都相对较小,只有2.87％、2.41％、3.03％,但的确有所进展。对应的三个基础指标分别排在全国第26位、第27位和第21位,排名也相当靠后。由此看来,重庆在保持四个方面均衡发展的情况下,尤其需要关注水体污染和大气污染的情况,进一步加大排放优化的推进力度,重视水资源的节约和循环利用。

贵州的生态文明的建设水平和总体发展速度接近全国平均速度,即建设水平和发展速度均排在中间。贵州4个二级指标的发展速度快慢不一。环境改善和排放优化的进展领先于全国平均速度。生态保护的发展情况略低于全国均值,资源节约领域进步率仅为−3.33％,远低于本类型的平均值和全国平均值。生态保护所属的三级指标中,自然保护区面积增加率只有−7.58％,列全国第30位,对应的建设水平数据为5.4％,排在第22位,森林质量的改善情况也不尽如人意。这些方面进展的缓慢可能影响当地的生物多样性以及基因库完整性建设。资源节约所属的三级指标中,4个指标的排名相对靠后,均在全国第17位之后(对应的基础数据排名在第15～19位之间)。贵州的能源和资源利用方式较为粗放,资源节约意识或技术较欠缺,需要进一步调整社会经济发展方式,打造节约型社会。

河北生态文明的建设水平相对较低,总体发展速度为4.36％,接近全国平均值(4.40％)。在 4 个二级领域中,河北的生态保护和资源节约领域的发展速度略高于全国均速,排放优化略低于全国平均速度,环境改善速度仅为－0.24％,明显慢于全国整体状况,速度滞后。环境改善的几个指标中,地表水体质量改善、化肥和农药施用合理化以及城市生活垃圾无害化提高率分别为－4.91％、－0.88％、－2.1％和2.33％,分列全国第 24、第 16、第 20 和第 16 位。对应的基础数据显示,地表水体质量(主要河流三类以上水所占比例)、化肥和农药施用强度以及城市生活垃圾无害化率分别为53％、375.01 千克/公顷、9.46 千克/公顷和81.4％,分列全国第 21、第 17、第 16 和第 23 名。总体来说,河北的水体污染严重,土地环境正在退化,城市环境改善较慢。环境容量过小,承载负荷过重是河北目前面临的主要问题,解决这一问题可以考虑从控制主要污染物排放和节约资源着手,让环境得以改善和恢复,进而提升环境容量,提高环境承载力下限。

河南的生态文明的总体发展状况与河北类似,建设水平较低,速度接近全国平均值。4 个二级领域中,河南的生态保护和环境改善速度略高于全国均值,资源节约和优化排放略低于全国均速。资源节约包括的万元地区生产总值水耗降低率和工业固废综合利用提高率两指标分别为 6.15％ 和 0.75％,分列全国第 26 和 18 位。对应的基础数据的指标分别为 48.42％ 和 76.05％,均排在全国第 11 位。这表明虽然水资源消耗和固体资源重复利用的基础尚可,但改善情况不太明显。排放优化包括的 4 个指标排在全国第 18～26 位之间,对应的基础数据也排在全国第 18～26 位之间,可以看出,水体污染和大气污染是河南省尤其需要注意的问题。总体而言,河南的总体发展稍慢,但没有特别悬殊的领域,河南需要在注重资源节约和优化排放的发展前提下,全面适度提升。

湖北生态文明的建设水平相对靠后,但总体发展情况靠近全国平均速度。具体来说,生态保护和环境改善的发展速度高于全国均值,资源节约略小于全国均速,排放优化的速度仅为－1.17％,远小于全国平均速度。排放优化体系中,化学需氧量、氨氮排放、SO_2 和氮氧化物排放效应优化分别为－5.33％、－4.77％、3.7％和4.31％,分列全国第 27、27、16 和 17 位(对应的基础指标分列全国第 10、14、15 和 16 位)。整体来说,排放效应处于全国中等水平,但是化学需氧量和氨氮排放增多,加重了水体污染。同时,大气质量也在迅速减退。湖北省应采取各项措施,切实降低主要污染物的排放,尽快恢复大气、水体和土地质量。

吉林生态文明的建设水平接近全国平均值,总体发展速度低于全国均值。相对而言,吉林的多数二级指标表现都较为靠后。资源节约领域发展速度高于全国均速,环境改善略低于全国平均值,生态保护和排放优化领域明显低于全国平均速度。生态保护进展较慢的原因主要是森林面积增长率、森林质量提高率、建成区绿化覆盖增加率进展不太明显,都排在第 21 位之后(对应基础值分别为 38.93%、114.6 立方米/公顷和 33.94%,分列全国第 10、2 位和第 27 位)。虽然吉林的森林生态系统维护和培育有一定基础,但进展缓慢,而且城市生态系统的基础和进展都不尽如人意。吉林是生态大省,可社会经济发展相对落后,以新科技反哺生态的力度不够,生态保护进展较慢,由此需要进一步做好生态补偿,发展社会经济,以此和生态环境建设达成良好的互补互动。优化排放下辖的化学需氧量、氨氮以及氮氧化物排放效应优化只排在全国第 24~25 位之间,对应的基础数据分别排在全国第 7~14 位之间。总体而言,污染物排放对水体和大气有一定影响,但减排进展缓慢。减轻污染物排放也是生态保护和培育的另一个重要手段,吉林也可借此提升生态保护的层次。

表 3-11   2014 年中间型省份生态文明发展的三级指标评价结果

单位:(%)/名次

二级指标	三级指标	安徽	北京	重庆	贵州	河北	河南
生态保护	森林面积增长率	5.64/18	12.99/9	10.27/11	17.34/7	5.02/22	6.65/16
	森林质量提高率	24.37/4	21.46/9	17.24/11	6.79/18	22.52/7	23.87/5
	自然保护区面积增加率	1.06/9	0.38/15	−0.19/20	−7.58/30	2.49/6	0/18
	建成区绿化覆盖增加率	2.84/4	1.95/6	−2.89/27	5.18/2	0.54/15	1.9/7
环境改善	空气质量改善	—	—	—	—	—	—
	地表水体质量改善	−5.45/26	0/21*	0.15/18	22.41/4	−4.91/24	6.42/12
	化肥施用合理化	−1.73/20	−9.16/30	0.49/9	4.6/1	−0.88/16	−1.31/18
	农药施用合理化	0.03/15	−5.48/27	5.93/3	3.25/7	−2.1/20	0.38/13
	城市生活垃圾无害化提高率	8.45/7	0.2/25	0.1/26	0.33/24	2.33/16	4.17/14
	农村卫生厕所普及提高率	2.07/22	0.01/29	3.65/15	7.11/5	4.93/11	2.58/19
资源节约	万元地区生产总值能耗降低率	4.06/5	6.94/1	3.81/6	3.51/17	3.69/10	3.57/13
	万元地区生产总值水耗降低率	17.3/4	10.92/15	11.62/10	5.88/27	7.1/24	6.15/26
	工业固废综合利用提高率	2.64/14	9.71/4	3.36/13	−17.79/31	11.32/2	0.75/20
	城市水资源重复利用提高率	0.55/18	6.57/7	−7.55/27	−4.73/26	0.75/16	2.12/11
优化排放	化学需氧量排放效应优化	−3.01/26	4.22/22	2.87/23	20.48/8	4.92/21	6.16/20
	氨氮排放效应优化	−2.65/25*	3.75/22	2.41/23	20.25/8	5.28/21	7.02/18
	SO₂排放效应优化	3.52/18	7.25/1	3.03/20	5.25/7	4.21/14	1.72/26
	氮氧化物排放效应优化	6.25/9	6.31/8	5.41/13	1.1/27	6.17/11	3.71/21

（续表）

二级指标	三级指标	湖北	吉林	内蒙古	青海	陕西	新疆
生态保护	森林面积增长率	23.31/3	3.72/24	5.15/21	23.19/4	11.16/10	5.47/19
	森林质量提高率	10.94/16	5.39/21	8.7/17	−10.3/30	5.31/22	5.95/20
	自然保护区面积增加率	7/2	4.59/4	0.26/17	−0.36/23	0.88/11	−9.65/31
	建成区绿化覆盖增加率	−1.96/26	−7.48/30	0.08/19	−4/29	−0.4/23	1.45/10
环境改善	空气质量改善	—	—	—	—	—	—
	地表水体质量改善	1.47/17	−5/25	−8.43/29	2.68/14	14.38/7	−7.6/28
	化肥施用合理化	1.18/7	−2.97/23	−6.22/29	−5.08/27	−0.07/11	−3.66/26
	农药施用合理化	0.86/12	−10.42/29	−21.52/31	10.58/2	−2.96/22	0.19/14
	城市生活垃圾无害化提高率	19.44/3	32.97/1	2.63/15	−12.78/31	8.93/6	−0.76/28
	农村卫生厕所普及提高率	2.01/23	0.75/27	6.41/6	10.73/4	−24.22/31	6/7
资源节约	万元地区生产总值能耗降低率	3.79/7	3.59/12	2.51/25 *	−9.44/31	3.56/14	−6.96/30
	万元地区生产总值水耗降低率	9.09/21	13.41/7	8.76/22	20.14/1	13.6/6	2.09/30
	工业固废综合利用提高率	0.49/20	19.61/1	10.25/3	−1.1/25	3.65/14	0.59/19
	城市水资源重复利用提高率	3.44/8	−2.19/23	306/1	0.22/20	−2.53/24	0.97/15
优化排放	化学需氧量排放效应优化	−5.33/27	−1.75/24	39.61/3	12.52/13	6.33/19	36.39/4
	氨氮排放效应优化	−4.77/27	−2.23/24	39.89/3	12.92/13	6.9/19	36.72/4
	SO₂排放效应优化	3.7/16	5.45/5	1.89/23	−1.82/30	4.46/13	−4.18/31
	氮氧化物排放效应优化	4.31/17	2.67/25	2.91/24	−4.92/30	6.09/12	−8.22/31

虽然,内蒙古的建设水平只在全国中游水平,但整体进展 22.78% 显著高于全国的平均速度,为全国第一。不过,内蒙古的 4 个二级领域之间的表现悬殊较大。资源节约和优化排放表现最为抢眼,远高于全国平均水平。生态保护低于全国平均速度,而环境改善仅为 −5.46%,远低于领跑型和全国的均值。环境改善下辖的三级指标中,地表水体质量改善、化肥及农药施用合理化分别为 −8.43%、−6.22% 和 −21.52%,分列全国第 29、29 和 31 位。由此可见,内蒙古的环境容量在进一步缩小,水体质量减退,农业生产对环境造成很大负担,土地退化,环境治理亟待加强。

青海生态文明建设水平接近全国均值,但整体进步率低于全国平均值,而且是 4 个二级领域的发展均落后于全国平均发展速度。其中,排放优化速度接近全国均速,环境改善略低于全国平均水平,生态保护和资源节约明显低于全国平均速度。

生态保护领域中,除森林面积增长率外,其余三级指标全国排名在第 23～30 位之间。青海下一步应加快森林和城市生态系统的养护工作。环境改善所包含的三级指标中,化肥施用合理化与城市生活垃圾无害化提高率分列全国第 27 和 31 位,表明土地环境和城市污染还在恶化。当然,就建设水平而言,2013 年青海的化肥使用强度是全国最小的,城市生活垃圾无害化率排名 14 位。因此化肥施用强度的改善有一定压力。资源节约所含的三级指标中,万元地区生产总值能耗降低率、工业固废综合利用提高率和城市水资源重复利用提高率分列全国第 31、25 和 20 位。基础数据的三个指标分列全国第 31、22 和 24 位。显然资源节约的大多数指标的建设水平和发展速度都比较靠后。优化排放中的 SO_2 和氮氧化物排放效应优化分别为 -1.82% 和 -4.92%,均排在全国第 30 位,排放较上年有明显增加。可以看出,青海省社会经济底子薄,发展方式较为粗放。建议青海在保证适度发展的同时,维护生物(森林、草原)生态系统,控制环境污染,节约资源,发展循环经济,保护大江、大河的发源地。

陕西的生态文明的建设水平相对靠后,整体发展速度处于全国中游水平。具体而言,陕西的优化排放高于全国平均速度。资源节约和生态保护略低于全国平均速度,环境改善的情况在倒退,进步率仅为 -0.74%,小于全国平均速度。环境改善下属指标中,农药施用合理化和农村卫生厕所普及提高率只有 -2.96% 和 -24.22%,分列全国第 22 位和倒数第一位。农药施用强度和农村卫生厕所普及率分别为 568.8 吨/公顷和 68%,分列全国第 3 位和第 14 位。陕西的农药施用强度正在增大,农业生产负面影响表现明显,农村环境建设亟待加强,这表明该地区的环境容量减小,环境承载负荷加重,在环境保护和改善上还应该大力投入。

新疆的生态文明的建设水平不尽如人意,总体进步率排在全国中等。实际上,新疆的 4 个二级领域表现也有明显差异。排放优化领域的进步率为 18.23%,远高于全国平均速度,生态保护、资源节约和环境改善领域的进展明显低于全国均速,尤其是环境改善和资源节约领域进步率仅为 -1.05% 和 -1.40%,较上年状况有所退步。生态保护所属的三级指标中,森林面积增长率、森林质量提高率和自然保护区面积增加率分别为 5.47%、5.95% 和 -9.65%,分列全国第 19、20 和 31 位(对应基础数据分列全国的第 31、8 位和第 6 位)。这显示出新疆的森林生态系统较弱,对生物多样性的重视程度相对不够。环境改善下辖的三级指标中,地表水体质量改善、化肥施用合理化和城市生活垃圾无害化提高率排在全国第 26 ～28 位之间(对应的基础数据分列全国第 3、18 位和第 26 位),表明新疆的农业生产对环境破坏较大,城市固体污染物处理程度较低,同时由于水体质量基础相对较好,上升空间相对有限。资源节约包含的三级指标中,万元地区生产总值能耗降低率、万元地区生产总值水耗降低率、工业固废综合利用提高率排在全国第 30、

30、19 位,基础数据排在全国第 25～30 位之间。新疆很可能采取的是粗放式发展的方式,资源节约不容乐观,有很大的发展潜力。最后需要注意的是,虽然新疆优化排放的进步率较高,也应看到这主要是依靠化学需氧量和氨氮排放大幅减少而提升的名次,SO_2 和氮氧化物排放量却在持续增加,这将使得新疆的大气污染愈发严重。

七、生态文明发展类型分析结论

1. 各二级领域发展速度有明显差异

中国生态保护、环境改善、资源节约和排放优化这 4 个二级领域的整体发展速度分别为 5.01%、1.74%、5.03% 和 5.84%。只有环境改善进步率低于 2%,其余三个领域均大于 5%[①],这可能由于环境改善领域涉及大气质量、水体质量、农业生产环境、城市和农村固体废物处理等多个方面,各地区很难在这些方面都取得良好的成绩,大多会在某几个方面存在不足,甚至出现减退的情况,因此总体的环境改善速度相对较低。这也说明生态文明发展要的是全方位的进展,某几个指标或方面的大幅进步并不能标志着生态文明真正取得成效。

同时,这也显示出环境改善是不太容易的。环境改善是资源节约和排放优化的产物。只有充分发挥节能减排和资源循环利用等多种手段,环境容量才会增大,环境承载力才能得到相应提升,进而达到环境改善的目的。

另外,必须要说明的是,这是首次全方位地对各地区的生态文明进展状况进行量化评价,肯定有很多不足之处,但至少本次各领域和指标的进步情况可以作为今后各地区生态文明进展评价的重要参考。

2. 领跑型省份在环境改善、资源节约和排放优化领域存在优势

领跑型省份生态文明的基础较好,发展速度较快,但这种较快的速度主要表现在环境改善、资源节约和排放优化三个领域,在生态保护领域上体现得并不明显,其进步率接近全国平均速度。

资源储量主要通过排放效应对环境产生正面或负面的影响,节约能源和提高资源利用率能极大减轻废渣、废气排放,领跑型省份从这个角度提升生态文明建设,的确能在短时间内达到较为明显的效果,这种做法抓住了当前生态文明建设中的主要矛盾,即粗放排放导致环境承载力剧减,反过来,狭小的环境容量提供不了排放效应所需的环境下限。可以说,领跑型省份已经在控制排放和资源节约利

---

① 生态保护领域中的森林面积和森林质量两个数据,每 5 年发布一次,2013 年使用的是 5 年前的数据,2014 年使用了最新发布的数据。两次数据实际上标志着前后 5 年的差异,这可能会使得生态保护领域的速度整体上浮。

用这条路上先行一步,环境也在一定程度上得以改善,但是根本矛盾的解决,即生态活力的建设和恢复,还任重而道远,而且现阶段的发展甚至在一定程度上牺牲生态活力,如本类地区中,江西的生态保护进步率为负值,广西的生态保护进步率较低,这都应该引起当地的重视。

总体而言,领跑型省份生态文明发展状况整体向好,速度领先主要表现在环境改善、资源节约和排放优化领域,生态保护需再行努力。

3. 追赶型省份的各领域全面开花

虽然追赶型省份生态文明建设的基础较为薄弱,但是发展很快,各二级指标整体表现不错,生态保护、环境改善和优化排放这 3 个领域的进步率大于全国平均速度,只有资源节约领域的速度稍慢。在追赶型省份中,山西和宁夏属于生态资源薄弱地区,且均在减排方面有了显著进展,宁夏的环境改善情况也颇有成效。

目前看来,追赶型省份是有极大的发展潜力的,但能不能保持这样的态势,还需要在环境保护和资源节约联动的基础上,恢复和修养生态系统,维护好生态这一根本。

4. 前滞型省份的各领域有上升空间,资源节约问题突出

前滞型省份生态文明基础相对较好,但发展速度较慢,各二级领域速度均落后于全国平均速度,有较大的进步空间,相对来说,资源节约是该类型最突出的问题。福建、黑龙江、湖南、四川和云南的资源节约发展速度均为负值。可以看出,这些地区的某些资源(主要是水资源)相对丰富,在节约资源和提高资源重复利用上的重视程度有待提高。其实,还有一点容易被忽视,资源节约和排放效应两者是连带的,资源过度使用也会增大排放效应,两者共同对环境承载力施压。因此,前滞型省份关注的重心应该是节约资源和减轻生产生活排放效应,而后再提升环境容量,并最终获得良好的生态活力。

5. 后滞型省份并非全面落后

本类型只有上海和天津两个市,两市的情况也非常相似:地区社会经济发达,但生态环境基础较为薄弱。也正是如此,两市在生态系统保护上,尤其是森林生态系统经营方面,有了较大的进步。后滞型省份在生态保护领域的表现可圈可点。可惜的是,由于这些地区过度排放,导致环境容量超载,排放效应在短时间内没有明显起色,甚至还在恶化。所以,在生态文明建设过程中,本类地区不能只关注生态领域,也需要理顺环境保护和资源节约的关系,可以通过节约资源、提高资源利用率,降低排放效应,使得环境得到保护;当环境容量提升后,又能承载更多的资源使用后的排放物,从而达到环境、资源和排放之间的良性循环。

6. 中间型地区以低水平为主,发展路径漫长

中间型地区在 5 种类型中数量最多,共 12 个,占到全国省级行政区的

38.7%,几近四成。其中河北、河南、湖北、陕西、安徽、新疆、吉林和甘肃等8个地区的建设水平低于全国平均值,属于较低或者偏低的范围,这又占到了中间型地区的2/3,占全部地区的25.8%。因此,总体而言,中间型地区的生态文明建设水平较低。另外,贵州、北京、重庆和内蒙古等地区都非常接近领跑型,至少有某一方面的优势。它们可以相对容易地探索符合当地特色的生态文明发展路径,以便尽快达到全面协调发展的状态。

另外,中间型省份居于全国中游,数量也最多,更可能代表了中国各地区生态文明建设的常态和平均水平,所以它们的特点也反应出了中国各地区生态文明的主要特征,那就是整体水平依然较低,发展路径还很漫长。

7. 各类型省份各有特色,没有绝对好坏之分

应该说,本章的类型划分只是将各地区大致归类,还比较粗略。有的地区紧贴分界线,很难明确说它一定是某种类型。其次,类型也是可变化的。随着生态文明发展速度的变化,明年某地区也可能被划到另外的类型。所以,对各地区进行归类主要是提取出共性,分析各类型的特色,让结论和建议更有针对性,类型之间并没有明确的优劣之分。领跑型省份的生态文明的基础好,速度快,但也存在落后的二级指标领域;后滞型省份似乎基础较低,速度放缓,可也有生态保护迅速发展的亮点。

第四章 中国生态文明发展态势和驱动分析

在自然科学中,速度的变化称为加速度,在本书中,进步的变化称为发展态势。本章所要着力的,是展开对中国生态文明建设进步变动的分析。这样的分析,可分为两个方面,即态势分析和驱动分析。

发展态势分析结果,可用喜忧参半概括。可喜的是无论是全国整体状况还是绝大多数省域,生态文明都处于持续进步状态;忧的是超过一半省域的进步速度放缓,甚至有 4 个省域不进反退,特别是全国整体的进步有减缓的苗头,这些又让人不禁产生全国生态文明建设步入减速通道的忧虑。

驱动分析显示,排放优化的变动是决定中国生态文明建设水平进步快慢的首要因素。排放优化反映了污染物排放对环境的影响,这说明,中国巨大的污染物排放与脆弱的环境承载力之间,存在着尖锐冲突。而破解这一冲突,正是突破制约中国生态文明发展瓶颈的关键。

一、中国生态文明发展态势分析

近年来,中国生态文明建设取得了丰硕成果。具体来看,2014 年度,ECPI 评价的 18 个三级指标中,除 2 个指标由于统计口径不同无法比较外,其余 16 个指标中的 12 个呈现 12％以内的正增长,只有 4 个存在 1％以内的小幅退步。这都说明,中国的生态环境治理体系不断完善,全国生态文明建设总体水平连续多年持续上升。

但是,进步有快慢之分,趋势有好坏之别。在整体进步的背后,又隐藏了什么呢?

(一)全国生态文明水平上升势头趋缓

虽然生态文明整体发展水平每年都在进步,但各年进步的速度有所不同。从 2013 年和 2014 年进步率的比较来看,这两个年度的发展增速都在下降,全国的 ECPI 进步率为 −0.40％,这表明中国生态文明发展正在减速。虽然减速的整体幅度只有 −0.4％,但仍值得我们去思考其发展减速的原因和挖掘其具体减速指标所指向的领域。

表 4-1　2013—2014 年全国生态文明进步变化率　　　　　单位：%

	ECPI 进步率	生态保护	环境改善	资源节约	排放优化
全国	−0.40	−0.55	0.25	−0.59	−0.69

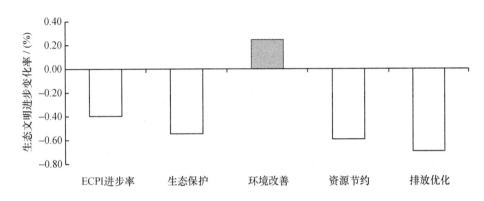

图 4-1　2013—2014 年全国生态文明进步变化率

(二) 生态文明发展的四个领域皆处于小幅减速当中

在评价生态文明发展的四个二级领域中,生态保护、资源节约和排放优化的进步变化为负,只有环境改善进步率的变动表面呈现正增长。

深入分析环境改善下的三级指标的进步变化率,发现环境改善 0.25% 的微量正增长主要是由于"空气质量改善"特定技术处理和"地表水体质量"代表范围有限所造成的。由于在 2013 年国家统计局对"空气质量改善"的统计口径发生变化,无法进行年度比较,在本书中默认为是零增长。但从各地实际情况可知,全国多数地区空气质量在持续下降,因此该数据的真实情况应该为负增长。此外,地表水体质量以主要河流 Ⅰ～Ⅲ 类水质河长比例来代表,地下水体质量则未能体现。实际上地下水质状况更为堪忧,监测水源近六成为差。由此可知,环境改善的实际数据也应该是负增长。

由表 4-1 可知,各二级指标的发展减速幅度都较少,在 1% 以内。

1. 生态保护进步变化率(−0.55%)小幅退步,森林面积增速下降是主因

造成生态保护进步变化率负增长的主要原因是森林面积增长率(−5.57%)的下降。该数据为 5 年统计一次,因此这个数据说明的是 2009—2013 年和 2004—2008 年这 10 年间的比较。在这 10 年间,森林面积的增长速度有一定程度下降。森林面积增长率虽然有所下降,但森林质量提高率(5.25%)却出现了相应程度的增长,森林蓄林量有所提升,森林生态质量有所改善。

2. 环境改善进步变化率(0.25%)名为小幅增长,实则状况变差

前面已经提过,由于统计口径问题,"空气质量改善"未纳入计算,在其他三级指标方面,虽然化肥和农药施用总量增速放缓,但化肥和农药的绝对施用量近年来都在逐年增加,只是每年增加的幅度有所下降。因此,从数据上看,化肥和农药的进步变化率是正增长,显示为越来越好,但其对环境污染的程度实质上是每年都在增加的。由此可见,环境改善实现真正快速进步的道路还任重道远。

3. 资源节约进步变化率(-0.59%)小幅退步,各类资源尤其是水资源重复利用遭遇瓶颈

造成资源节约进步变化率负增长的原因主要是城市水资源重复利用提高率(-3.76%)的下降。近三年来城市水资源重复利用率为77.39%、80.2%和80.1%。前两年有上升的趋势,但到第三年出现了小幅下降,城市水资源重复利用率遭遇瓶颈。资源节约的其他三个指标都为1%以内的小幅增长。在资源节约方面要避免热衷于"运动战"性质的节水、节电、节能方式,而应加强对市民的教育和对政府资源节约工作成效的评估,形成稳定、可靠、持久的节约方式。

4. 排放优化进步变化率(-0.69%)减速最大,源于好转势头有所放缓

造成排放优化进步变化率负增长的原因主要在于水体污染物排放总量与环境容量关系趋紧。虽然近年来主要污染物排放总量都在持续下降,三类水质以上河长也在持续增加,但好转的速度有所放缓,因此在进步变化率中表现为负值。

尽管近年来中国排放优化效应有所好转,但由于总量巨大,且减少排放的增速有所放缓,排放形势还是相当严峻,需继续加大减排和治理力度,方能彻底扭转当前局面,切实推进生态文明建设进程。

(三) 各地生态文明发展态势分析

为了解各地生态文明发展进步的变动情况,定位各地区发展的方向与重点,课题组对各地区的生态文明进步变化率进行了分析和排序。

1. 近六成地区的生态文明发展减速,各地区之间差异拉大,排放优化起首要作用

2013—2014 年各地生态文明整体进步态势显示,全国有 13 个地区生态文明发展处于增速阶段,18 个地区处于减速阶段。各地之间的差异巨大,进步变化率最高的为宁夏(41.70%),最低的为上海(-27.51%),两者相差达 69.21%(图 4-2,表 4-2)。

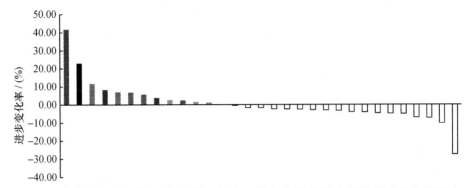

图 4-2　2013—2014 年各地区生态文明总进步变化率

表 4-2　2013—2014 年各地区生态文明总进步变化率及排名　　　单位：%

排名	地区	总进步变化率	排名	地区	总进步变化率
1	宁夏	41.70	17	贵州	−2.42
2	内蒙古	22.87	18	广西	−2.51
3	海南	11.58	19	河北	−2.58
4	江西	8.22	20	北京	−2.95
5	山西	7.02	21	河南	−3.05
6	天津	6.78	22	山东	−3.32
7	浙江	5.65	23	西藏	−4.05
8	辽宁	3.77	24	陕西	−4.16
9	安徽	2.54	25	福建	−4.71
10	广东	2.39	26	青海	−4.89
11	新疆	1.51	27	重庆	−5.03
12	江苏	1.16	28	黑龙江	−7.02
13	甘肃	0.12	29	湖南	−7.31
14	吉林	−0.41	30	云南	−10.23
15	四川	−1.75	31	上海	−27.51
16	湖北	−1.75			

　　宁夏、内蒙古、海南的增速达到 10% 以上,上海、云南的减速超过 10%。

　　在进步变化率增速最高的 3 个地区中,宁夏和海南的排放优化为第一贡献指标,内蒙古的排放优化为第二贡献指标。对这三个地区的分析可知排放优化贡献最大(表 4-3)。

表 4-3　ECPI 进步率最高的三个地区二级指标贡献分析

排名	地区	ECPI 进步率	第一贡献 二级指标	第二贡献 二级指标
1	宁夏	41.70%	**排放优化 (154.45%)**	环境改善 (21.90%)
2	内蒙古	22.87%	资源节约 (86.77%)	**排放优化 (15.01%)**
3	海南	11.58%	**排放优化 (43.87%)**	生态保护 (5.35%)

　　在进步变化率减速最大的两个地区中,排放优化分别为第一影响指标和第二影响指标(表 4-4)。对总进步变化率超过 10% 的最高和最低的 5 个地区的分析可以看到,在 4 个二级指标中,排放优化的作用最为明显。排放优化做得好的地区,总进步变化率整体靠前;排放优化做得差的地区,总进步变化率则整体靠后。这一结果与相关性分析中,排放优化与 ECPI 进步率相关指数(0.887**)最高也正好形成呼应,相互印证了排放优化在生态文明发展指数中的重要作用。

表 4-4　生态文明总进步变化率最低的两个地区二级指标贡献分析

排名	地区	总进步变化率	第一影响 二级指标	第二影响 二级指标
31	上海	−27.51%	**排放优化 (−62.95%)**	生态保护 (−25.16%)
30	云南	−10.23%	资源节约 (−21.36%)	**排放优化 (−15.23%)**

　　2. 近 2/3 的地区生态保护有不同程度的减速,森林生态保护是关键

　　2013—2014 年各地生态保护进步增速显示,全国有 12 个地区生态保护发展处于增速阶段,19 个地区处于减速阶段(图 4-3,表 4-5)。各地区进步变化率最高的为天津(6.68%),最低的为上海(−25.16%)。

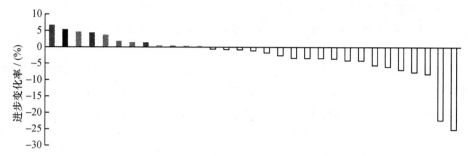

图 4-3　2013—2014 年各地生态保护进步变化率

表 4-5　2013—2014 年各地生态保护进步变化率及排名　　　　　　　单位：%

排名	地区	生态保护	排名	地区	生态保护
1	天津	6.68	17	青海	−1.69
2	海南	5.35	18	新疆	−2.58
3	辽宁	4.64	19	贵州	−3.36
4	广东	4.38	20	甘肃	−3.39
5	江苏	3.73	21	河南	−3.43
6	福建	1.85	22	河北	−3.55
7	安徽	1.45	23	广西	−4.08
8	湖北	1.40	24	浙江	−4.14
9	山西	0.52	25	江西	−5.57
10	陕西	0.44	26	重庆	−6.02
11	内蒙古	0.37	27	宁夏	−6.93
12	吉林	0.31	28	湖南	−7.65
13	黑龙江	−0.59	29	山东	−8.21
14	北京	−0.71	30	西藏	−22.27
15	云南	−0.79	31	上海	−25.16
16	四川	−1.06			

　　生态保护进步增速最大的地区为天津(6.68％)，主要源于森林生态系统得到保护和加强，生态系统活力不断增强；海南(5.35％)次之，主要也是得益于森林生态活力的提升。

　　生态保护进步减速最大的地区为上海(−25.16％)，主要是由于森林面积增长乏力，整体森林生态活力止步不前；西藏(−22.27％)进步减速次之，主要是由于城市生态系统建设欠缺所致。

3. 从六成多地区的数据上看,环境改善在加速,实则为空气和水体环境质量改善的假象

2013—2014 年各地环境改善进步增速显示,全国有 19 个地区环境改善发展处于增速阶段,12 个地区处于减速阶段(图 4-4,表 4-6)。各地区进步变化率最高的为宁夏(21.90%),最低的为上海(—17.64%)。

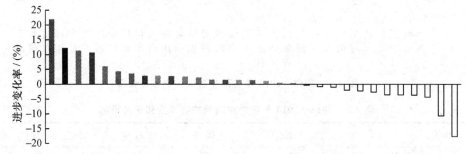

图 4-4　2013—2014 年各地环境改善进步变化率

表 4-6　2013—2014 年各地环境改善进步变化率及排名　　　　单位:%

排名	地区	环境改善	排名	地区	环境改善
1	宁夏	21.90	17	山东	1.11
2	甘肃	12.26	18	湖北	0.49
3	山西	11.30	19	海南	0.35
4	辽宁	10.68	20	江西	—0.30
5	贵州	5.98	21	陕西	—0.78
6	重庆	4.28	22	江苏	—1.01
7	吉林	3.51	23	北京	—1.99
8	安徽	2.82	24	黑龙江	—2.24
9	广东	2.78	25	新疆	—2.64
10	河南	2.70	26	云南	—3.53
11	四川	2.54	27	湖南	—3.59
12	浙江	2.26	28	西藏	—3.67
13	广西	1.52	29	河北	—4.34
14	天津	1.47	30	内蒙古	—10.68
15	福建	1.43	31	上海	—17.64
16	青海	1.33			

虽然有六成多的地区环境改善在增速,但正如前文所述,实为日益变差的空气质量未纳入统计和以主要河流地表水体质量来代表整个水体质量的结果。数据显示,相比于当前轻度污染的地表水,地下水的质量更加堪忧。

环境改善进步增速最大的地区为宁夏(21.90%),主要源于地表水体质量的改善。但深入分析其数据会发现,对环境改善增速贡献最大的地表水体质量的改善,其大幅度进步的原因是由于 2011 年水质的大幅度下降而导致基础数据变低,使得之后小幅度实质性进步也造成进步指数在数字上的大幅度增长。

此外,甘肃(12.26%)、山西(11.30%)、辽宁(10.68%)环境改善增速排名次之,分别得益于其土地质量改善、地表水体质量改善和农村环境卫生改善的进步。

环境改善进步减速最大的两个地区上海(-17.64%)和内蒙古(-10.67%),主要也都是由于水体质量改善大幅度减速所造成的。

4. 近八成地区资源节约发展减速,资源能否重复利用成为关键

2013—2014 年各地资源节约进步增速显示,全国有 7 个地区资源节约发展处于增速阶段,24 个地区处于减速阶段(见图 4-5,表 4-7)。各地区进步变化率最高的为内蒙古(86.77%),最低的为重庆(-41.89%)。

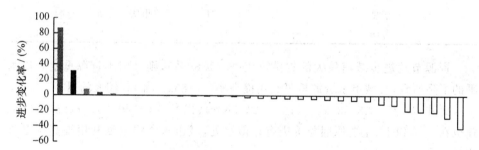

图 4-5　2013—2014 年各地资源节约进步变化率

资源节约进步增速最大的地区内蒙古(86.77%),主要源于其资源重复利用水平的提高,如内蒙古城市水资源重复利用提高率(380.61%)有大幅度进步。但同样,深入分析其数据会发现,对资源节约增速贡献最大的城市水资源重复利用提高率,其进步是由于内蒙古在 2011 年城市水资源重复利用率曾发生大幅度下降。

此外,江西(31.67%)、西藏(7.76%)资源节约增速排名次之,也都得益于资源重复利用水平的提高,如江西得益于城市水资源重复利用提高率(136.10%)的进步,西藏得益于工业固废综合利用提高率(34.95%)的进步。

表 4-7　2013—2014 年各地资源节约进步变化率及排名　　　单位：%

排名	地区	资源节约	排名	地区	资源节约
1	内蒙古	86.77	17	河南	−3.43
2	江西	31.67	18	甘肃	−3.82
3	西藏	7.76	19	辽宁	−4.08
4	河北	3.69	20	上海	−4.31
5	吉林	1.84	21	山西	−5.18
6	青海	0.79	22	广西	−5.72
7	广东	0.42	23	四川	−6.34
8	江苏	−0.10	24	新疆	−6.73
9	安徽	−0.30	25	北京	−10.88
10	天津	−0.69	26	湖南	−12.29
11	湖北	−0.74	27	贵州	−19.58
12	陕西	−0.76	28	黑龙江	−20.60
13	浙江	−0.79	29	云南	−21.36
14	山东	−1.02	30	福建	−28.53
15	宁夏	−2.61	31	重庆	−41.89
16	海南	−3.26			

　　资源节约进步减速最大的省份重庆（−41.89%），则是由于资源重复利用水平的下降所致，其城市水资源重复利用提高率（−185.55%）有较大的退步。

　　此外，福建（−28.53%）、云南（−21.36%）、黑龙江（−20.60%）资源节约减速也在 20% 以上，主要原因与重庆有相似之处，城市水资源重复利用提高率退步明显。

　　5. 过半地区排放优化处于增速，三类水以上河长成决定性因素

　　2013—2014 年各地排放优化进步增速显示，全国有 17 个地区排放优化发展处于增速阶段，14 个地区处于减速阶段（图 4-6，表 4-8）。各地进步变化率最高的为宁夏（154.45%），最低的为上海（−62.95%）。

　　排放优化进步增速最大的地区为宁夏，主要源于其化学需氧量排放效应优化（267.99%）和氨氮排放效应优化（265.41%）的大幅度提升。

　　但深入分析其数据会发现，对排放优化增速贡献最大的化学需氧量排放效应优化和氨氮排放效应优化的进步是宁夏近三年来三类以上水质河长的波动所造成的。近三年来宁夏的化学需氧量和氨氮排放总量都呈逐年小幅下降趋势。但是由于近三年来三类以上水质河长长度本身就很低，同时呈大幅波动趋势，因此造成了化学需氧量排放效应优化（267.99%）和氨氮排放效应优化（265.41%）这

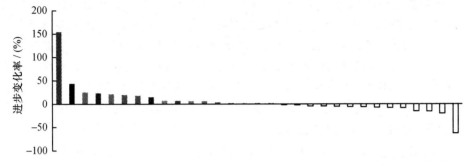

图 4-6　2013—2014 年各地排放优化进步变化率

一复合指标的大幅度波动,也使得宁夏在排放优化二级指标上全国排名第一。

此外,海南(43.87％)、浙江(25.26％)、重庆(23.50％)、山西(21.44％)排放优化增速超过 20％,排名紧随其后,也都是得益于其化学需氧量排放效应优化和氨氮排放效应优化的进步。

表 4-8　2013—2014 年各地排放优化进步变化率及排名　　　　　单位:％

排名	地区	排放优化	排名	地区	排放优化
1	宁夏	154.45	17	北京	1.80
2	海南	43.87	18	广西	−1.75
3	浙江	25.26	19	四川	−2.12
4	重庆	23.50	20	甘肃	−4.56
5	山西	21.44	21	黑龙江	−4.67
6	天津	19.67	22	山东	−5.16
7	新疆	17.98	23	湖南	−5.71
8	内蒙古	15.01	24	河北	−6.14
9	贵州	7.26	25	吉林	−7.31
10	江西	7.09	26	河南	−8.04
11	福建	6.42	27	湖北	−8.16
12	安徽	6.19	28	云南	−15.23
13	辽宁	3.84	29	陕西	−15.54
14	江苏	2.025	30	青海	−20.00
15	西藏	1.97	31	上海	−62.95
16	广东	1.96			

排放优化进步减速最大的地区为上海（−62.95％），主要也是由于化学需氧量排放效应优化（−107.56％）和氨氮排放效应优化（−109.18％）的大幅度下降。

但深入分析其数据会发现，导致排放优化减速最大的原因——化学需氧量排放效应优化和氨氮排放效应优化退步主要也是上海近三年来Ⅰ～Ⅲ类水质河长的波动。近三年来上海的化学需氧量和氨氮排放总量都呈逐年下降趋势，但三类以上水质河长长度则有较大波动，造成化学需氧量和氨氮排放效应优化指标的大幅度下降，也使得上海在排放优化二级指标上全国排名倒数第一。

此外，青海（−20.00％）、陕西（−15.54％）、云南（−15.23％）排放优化减速也在10％以上，主要也是由于化学需氧量排放效应和氨氮排放效应的退步。

二、生态文明发展驱动分析

驱动因素是导致进步率变化的原因，而相关分析则是找到驱动因素及其作用大小的钥匙。分析表明，制约中国生态文明发展速度快慢第一位的因素是排放优化，第二位的是环境改善，而决定环境改善快慢的首要因素又是排放优化。

（一）生态文明发展指数（ECPI）与各二级指标关系密切

ECPI 得分与各二级指标进步变化率的相关性程度，由高到低排列分别是：排放优化、环境改善、资源节约和生态保护。其中，排放优化和环境改善与 ECPI 高度正相关[①]，资源节约与 ECPI 显著正相关，生态保护与 ECPI 呈中低程度的不显著正相关（表 4-9）。

表 4-9　ECPI 与二级指标相关性

	生态保护	环境改善	资源节约	排放优化
ECPI	0.347	**0.586****	**0.438***	**0.887****
生态保护	1	0.340	0.011	0.186
环境改善		1	−0.277	**0.686****
资源节约			1	0.028
排放优化				1

各二级指标与 ECPI 之间的相关性表明，生态文明发展指数的指标设计较为合理，各二级指标与 ECPI 紧密相关。其中，排放优化和环境改善两个二级指标与 ECPI 的关系最为紧密。从相关分析中我们可以得出以下推论：

---

① 高度相关，是指在采用双尾检验时，相关性在 0.01 水平上显著；显著相关，则指相关性在 0.05 水平上显著；相关性不显著或无显著相关，即指相关性在 0.05 水平上不显著。

1. 污染物排放对环境的破坏作用是当前中国生态文明发展中最主要的问题

ECPI与排放优化之间的相关系数高达0.887,相关系数如此之高,表明污染物排放问题是当前中国生态文明发展所面临的主要问题。污染物的粗放排放和巨量排放及其多年累积效应在对当前生态系统的影响中处于决定性地位。

社会经济发展必定要使用资源,在资源使用过程中不可避免地会产生一定量的污染排放,这些污染物通过作用于环境,进而对生态系统产生影响。当排放适量,处于环境承载能力范围之内时,生态系统还能够保持健康和发展;当排放过量时,环境恶化,生态系统就会遭到破坏。

当前,在排放总量方面,主要污染物都开始下降。但由于既有的排放总量巨大,多年来的巨量污染排放已形成累积效应,环境承载能力已达极限。在各类排放当中,最为关切的即是对能源使用的合理排放、优化排放。

近年来,中国单位国内生产总值资源、能源消耗量在大幅下降,主要污染物也得到了有力控制。但随着经济总量的发展,能源消耗总量仍在不断上升。能源结构还是以煤炭为主,污染物的绝对量还是相当巨大。因此,要改变这样的局面,就需要我们尽快转变产业结构和能源使用结构,进一步淘汰落后产能,逐步推进诸如冶炼、制革、印染、造纸、钢铁、电力、水泥等高污染和高能耗产业的淘汰工作,对原有的高能耗、高污染的生产设备进行改造升级,政府应加大财政支持力度,鼓励落后产业提前退出,逐步转变过去30年粗放式、高能耗的经济增长模式。

2. 环境能否得到改善是当前生态文明发展中最紧迫的问题

ECPI与环境改善的相关系数也高达0.586,环境是否能够得到改善在当前生态文明发展当中处于一个刻不容缓的态势。中国在经过了三十多年的高速发展之后,已经出现了城市空气质量恶化、雾霾频发、地表水体质量受到污染、农业面源污染加剧、化肥和农药施用量持续增长、重金属超标、土地质量严峻等严重环境问题。部分地区污染严重,甚至已变得不再适合人类居住和生活。对于这一点,社会各界已经基本达成共识,并已开始着手治理。但由于环境污染已经积重难返,同时每年的巨量污染排放还在继续,环境改善任重而道远。

过去三十多年中,尽管社会经济快速发展,但产生的严重环境污染问题,致使生态退化,反而降低了人们生活的幸福感。因此,在环境保护方面我们应该建立底线意识和红线思维,坚持环境承载力下限不可破。若打破环境承载力下限,生态系统遭到破坏,社会经济发展将变得不可持续。

所以,社会经济发展应遵循环境底线,在底线之上发展社会经济,才是一种可永续的发展模式。各省级行政区应确立生态立省理念,根据各地区现有的环境容量来制定经济发展增量规模和排放标准,着重监控和改善当地水、气、土状况,还人民群众一个天蓝、水清、地绿的美好家园。

　　3. 资源节约尤其是能源节约是当前生态文明发展的当务之急

　　ECPI 与资源节约的相关系数为 0.438,表明能否节约使用资源对于生态文明的可持续发展具有重要作用。生态系统为我们提供生产、生活所必需的资源,但所能提供的资源储量是有限的,人类不能无限制地从生态系统中索取这些有限量的资源。因此,我们要合理使用资源。同时资源的过度使用也会对环境造成一定程度的污染和破坏,从而对生态系统产生影响,进而部分影响到我们所能获得的可再生资源储量。

　　近年来,中国在能源消耗强度方面取得的效果卓有成效,能源消耗强度持续下降,2010 年下降到了 0.8 吨标准煤/万元,2013 年又降到了 0.74 吨标准煤/万元。但由于经济总量的快速增长,能源消耗总量却在持续上升。2010 年中国能源消耗总量为 32.5 亿吨标准煤,超过美国成为能源消耗第一大国;2013 年达到 37.5 亿吨,占全球能源消耗量的 22.4%。

　　中国在消耗大量能源的同时也为世界输送了大量的产品,发展自身经济的同时也为世界作出了贡献,变成了名副其实的"世界工厂"。与之相随的是把产品送出去了,把美元赚回来了,把污染也都留下来了,并由此造成了环境污染、生态退化、发展难以为继的局面。

　　因此,当前,我们应进一步节约资源,提高资源利用的效率,降低能耗、水耗,加大对水资源的重复利用和固废的综合利用,提高可再生和清洁能源的比例,以尽可能地减少对环境和生态的破坏。

　　4. 生态保护和建设是生态文明永续发展的长期战略

　　ECPI 与生态保护的相关系数为 0.347,虽然没有达到显著水平,但并不是说生态保护在整个生态系统当中处于可有可无的地位。事实上正好相反,生态保护起到的是一种基础性和长期性的作用。生态系统是根本和基础,对生态系统的保护极为重要。

　　过去三十多年经济的快速发展,使我们深刻地认识到环境污染的严重性。但我们更应该认识到的是对生态系统破坏的严重性。当生态系统受到破坏之后,将无法为人类社会提供环境容量和资源储量。森林、湿地、草原、海洋、城市绿地等这些处于人类生活环境中最基础的生态系统受到破坏之后,我们将无法维系我们生存的最基本的环境和资源。

　　目前生态系统已遭到不同程度的破坏,而生态修复进展缓慢。因此,需要不断增强生态系统活力,加强生态保护建设,以扩充环境容量,提升生态承载能力。

　　建成区绿化率是城市人居生态的指标。目前中国城镇化率已经超过 50%,一半以上的人生活在城市当中。因此,建成区绿化率对人们的切身感受影响越来大。大部分城市建成区绿化工作都在有序推进,但也存在着部分地区由于城镇化快速推进,建成区面积迅速扩大而绿化工作未能及时到位的情况。

　　自然保护区和湿地的生态保护与地方社会经济发展发生矛盾的时候,常常会让位于经济建设,目前这些地区的生态保护面临面积缩水、功能退化等问题。这就需要我们有生态立国、生态立省的理念,根据当地生态和环境的承载能力来制定社会经济发展增量,通过提升生态和环境的承载能力来逐步提升经济增量,使生态保护和社会经济发展相协调、共发展。

(二) 经济发展的粗放排放与低下的环境承载力之间的矛盾已成为当前生态文明的主要矛盾

　　各二级指标之间的相关分析显示,除了环境改善和排放优化高度正相关(0.686)以外,其余各二级指标之间的相关性都不显著。

　　多数二级指标之间的不显著相关表明,各二级指标之间基本上保持了较好的独立性,能够代表各自方向的内容,也再次印证了ECPI指标设计的合理性。

　　排放优化与环境改善之间的高度相关,表明这两者之间关系密切,同时也存在着一定的重合度。排放优化的指标主要是针对环境所起作用的,同时也兼顾了环境指标来设计。当排放总量降低之后,环境得以改善;环境改善之后,环境容量增大,环境可接受的排放总量也随之上升。排放优化与环境改善两者之间存在着紧密的联系。

　　排放优化与环境改善之间的高相关也揭示了当前社会经济发展的主要矛盾。社会经济的发展是人民群众的基本需求,没有发展就没有生态文明。但经济发展必然会带来资源的使用,资源使用就会带来一定量的排放。如果排放超过环境承载能力,则会破坏环境,导致环境容量下降,触碰环境下限。而当环境遭到破坏,环境容量下降之后,所能承受的排放总量也随之下降,对社会经济的发展则进一步形成约束,最后导致发展不可持续,生态、环境和社会都将面临危机。

　　当前,中国多年来的巨量排放已形成累积效应,导致环境承载能力越来越低。近年来排放总量虽有所下降,但由于总量巨大,且下降的幅度较小,对现有脆弱环境的破坏依然相当巨大,引发污染排放、环境容量下降、社会经济发展受约束的恶性循环。

　　因此,当务之急是要尽快调整产业结构,淘汰高耗能、高污染产业,大幅度降低排放总量,扩充环境容量,提高生态和环境的承载能力。

(三) 二级指标与各自三级指标相关性分析

　　1. 森林、自然保护区和城市绿化驱动生态保护长期发展

　　生态保护进步变化率与其下的森林面积增长率和建成区绿化覆盖增加率两个指标高度正相关(表4-10)。生态系统保护主要指标涉及三个方面:森林生态系

统、生物多样性和城市生态系统。

当前森林生态系统和城市生态系统都在稳步推进,森林面积和森林质量都有一定程度增长,建成区绿化面积也在稳步增长,但部分地区存在着由于起点高、推进难,森林面积与森林质量无法同步增长的情况;反映生物多样性的自然保护区和湿地(由于数据缺乏未能纳入指标)保护与社会经济建设存在冲突,部分地区保护区域面积比例有所下降,值得警惕。

表 4-10   生态保护与其三级指标的相关性

	森林面积增长率	森林质量 提高率	自然保护区 面积增加率	建成区绿化 覆盖增加率
生态保护	**0.687****	−0.212	0.137	**0.525****

2. 水体、土地和空气的环境质量能否好转成为环境改善的重中之重

环境改善与其下的地表水体质量改善和城市生活垃圾无害化提高率两个指标高度正相关(表 4-11)。主要河流水质有所好转是推进环境改善的重要因素,但全国范围内地表水质总体仍为轻度污染,地下水水质则更加恶化,且有变差趋势。水资源环境容量急剧紧张,多地早已达到环境下限。

化肥、农药的施用合理化及农村卫生厕所普及提高率虽然对环境改善也有一定的正向影响,但由于变化幅度较小,尚未达到显著的效果。化肥、农药主要对土地环境质量尤其是耕地土壤产生影响,常年来的超高量化肥、农药施用量已经使得土地质量退化,土地污染更为严重。虽然近年来化肥、农药的增量已开始加速下降,但总量,且为超高总量还在上升,持续挑战环境承载能力,农业面源污染的控制势在必行。

由于空气质量改善数据的缺失,本年度无法获得该三级指标与环境改善二级指标之间的关系。但近年来多地雾霾频发,所有省会城市空气质量达到及好于二级的天数全面下降,已成为当前环境污染的首要问题。

表 4-11   环境改善与其三级指标的相关性

	空气质量 改善	地表水体 质量改善	化肥施用 合理化	农药施用 合理化	城市生活垃圾 无害化提高率	农村卫生厕所 普及提高率
环境改善	—	**0.857****	0.276	0.331	**0.558****	0.237

3. 挖掘再生水这一"第二水源"已成为当前资源节约的主要瓶颈

城市水资源重复利用提高率和工业固体废物综合利用提高率与资源节约高度相关(表 4-12),尤其是水资源的重复利用对资源节约起着主要推动作用。但全国范围内多地城市水资源重复利用率已达瓶颈,部分地区呈下滑趋势。水资源短

缺已成为中国多个城市社会经济发展的环境下限,各地要充分挖掘城市再生水这一宝贵的"第二水源"。

由于万元地区生产总值能耗降低率数据的缺失,本年度无法获得该三级指标与资源节约二级指标之间的关系。总的趋势是全国范围内万元地区生产总值能耗在逐年下降,但由于中国经济总量增长较快,能耗消费总量还在持续增长,要逐步建立总量控制意识,给环境容量一个提升的空间。

表 4-12　资源节约与其三级指标的相关性

	万元地区 生产总值 能耗降低率	万元地区 生产总值用水 消耗降低率	工业固体废物 综合利用 提高率	城市水资源 重复利用 提高率
资源节约	—	0.282	**0.573**[**]	**0.983**[**]

4. 排放总量能否快速下降已成为当前排放优化成败的决定性因素

排放优化与其下的化学需氧量排放效应优化和氨氮排放效应优化两个指标高度相关(表 4-13)。目前中国主要污染物已呈下降趋势,但由于总量巨大,且受到多年巨量污染的累积效应,环境改善还举步维艰。因此排放优化指标应既考虑排放总量,又考虑当前环境承载能力;鼓励有限度的合理排放、在环境容量的范围内可接受性排放;引导各地在修复生态、治理环境的基础上扩大环境容量,给社会经济发展以更大的合理排放空间。

SO_2 和氮氧化物排放效应优化虽然对排放优化也有一定的正向影响,但也是由于变化幅度较小,尚未达到显著的效果。

表 4-13　排放优化与其三级指标的相关性

	化学需氧量 排放效应优化	氨氮排放 效应优化	SO_2 排放效应优化	氮氧化物 排放效应优化
排放优化	**0.995**[**]	**0.995**[**]	0.211	0.248

(四) ECPI 与三级指标相关性分析

三级指标与 ECPI 之间的相关性分析表明,有 3 个三级指标与 ECPI 高度相关,1 个与 ECPI 显著相关,同时有 12 个指标与 ECPI 相关性不显著,2 个指标由于统计口径和时间问题存在数据缺失。

4 个三级指标与 ECPI 达到显著相关,按相关度由高到低的顺序排列,它们分别是:城市水资源重复利用提高率、化学需氧量排放效应优化、氨氮排放效应优化和地表水体质量改善(表 4-14)。

表 4-14　与 ECPI 相关显著的三级指标

三级指标	总进步率变化
城市水资源重复利用提高率	0.576 **
化学需氧量排放效应优化	0.540 **
氨氮排放效应优化	0.523 **
地表水体质量改善	0.260 *

在与 ECPI 显著相关的 4 个三级指标中,包括环境改善类 1 个,资源节约类 1 个,排放优化类 2 个。

12 个指标与 ECPI 相关性不显著,见表 4-15。

表 4-15　与 ECPI 相关不显著的三级指标

所属二级指标	三级指标	与 ECPI 相关度
生态保护	森林面积增长率	0.213
	森林质量提高率	0.015
	自然保护区面积增加率	0.080
	建成区绿化覆盖增加率	0.105
环境改善	化肥施用合理化	−0.114
	农药施用合理化	0.045
	城市生活垃圾无害化提高率	0.159
	农村卫生厕所普及提高率	0.045
资源节约	万元地区生产总值用水消耗降低率	0.114
	工业固体废物综合利用提高率	−0.058
协调程度	SO_2 排放效应优化	0.127
	氮氧化物排放效应优化	0.200

此外,空气质量改善和万元地区生产总值能耗降低率由于统计口径和时间等问题存在数据缺失。

三、结论和展望

近年来中国生态文明整体越来越好,多数指标处于不同程度的增长当中,且增长幅度远超过下降幅度,生态文明建设整体水平有较大程度的进步。但生态文明发展整体处于缓慢减速过程当中,虽然减速幅度不大,但仍值得我们深思。

全国生态文明发展不仅整体减速,4 个分领域也基本都处于小幅减速发展当中,并且近六成地区也在整体减速,各地之间的差距正在拉大,排放的合理优化成为各地区能否解决生态环境问题的关键。

同时,驱动分析的结果也显示各领域与 ECPI 关系密切,尤其是排放优化和环境改善与 ECPI 高度相关,显示解决当前粗放排放与环境污染问题成为生态文明发展的首要问题。

综上表明,当前中国生态文明的主要矛盾是社会经济的粗放发展模式与环境容量狭小、生态系统难以为继之间的矛盾。在 ECPI 的指标上就体现为对排放优化的更为严格的要求,要解决这个矛盾就要从以下几个方面入手:

1. 转变发展方式,调整产业结构是根本

传统工业粗放型的发展模式和资源利用方式已经不可维系,应把中国从产业大国、制造业大国向强国转变,努力增加中国制造技术含量和产品附加值,减少对资源、能源等的消耗。应继续减少和淘汰高能耗、高污染产业,转变低端世界工厂的现状;用市场手段鼓励高能耗、高污染产业积极转型,减少对资源和能源的依赖,由中国制造转变为中国创造,实现产业结构的根本转型。

2. 节约资源使用,最大化优化能源结构

预计在 2030 年中国能源消费达到峰值,在当前能源总量尚不能控制的情况下,要改变以污染严重的化石能源尤其是煤炭能源为主的能源结构,增加清洁能源和可再生能源的比例。同时,要制订对污染最为严重的煤炭使用的总量控制计划,相对减少能源使用所造成的污染。部分省市诸如北京等煤炭使用总量已过峰值,开始下降,部分省市则制订计划在未来几年内开始降低煤炭使用总量,诸如河北、天津等计划在 2017 年后煤炭使用总量开始下降。今后煤炭总量控制要逐步在全国推广,以期尽早改变中国以化石能源为主的能源消费格局。

3. 要继续加大对主要污染物的全过程减排

当前,主要污染物排放虽呈下降趋势,但总量仍居高不下,对环境容量影响依然巨大,对环境下限的挑战仍旧严峻。为此,一方面我们要从产业结构上治理,减少和淘汰高能耗、高污染和高排放企业及其产量,如冶炼、化纤、电石、玻璃、水泥、造纸等等;另一方面则是要在当前环境污染严重,环境容量狭小,屡屡触碰环境底线的地区积极实施减排工程,解决诸如农业面源减排问题、城镇污水处理问题、工业脱硫脱硝设施问题等等。

此外,还需强力监管重点企业减排措施,并将其纳入考评机制;重视对污染物的全过程减排,不仅在使用端管住排放,同时也在生产端积极减排。同时,领导层要树立生态立国、生态立省的理念,以当地生态、环境的承载能力为依据,制订各自的排放总量,管住排放,修复生态系统。

4. 主动提升环境治理能力,积极创新和利用绿色科技

要改善环境主要从两方面入手,一方面在资源端减少排放,从而降低污染对环境的影响;一方面是提高社会对环境的治理能力,从而在一定程度上能够减少污染直接排入环境,也就间接提升了环境容量,改善了环境。

　　提高治理能力需要我们积极创新和利用绿色科技,从过去的黑色生产转为绿色生产。从目前中国生态环境现状和中国人口数量所对应的未来消费总量来看,中国的绿色生产必须走在世界前列方可以保证中国经济社会的可持续发展。而在这其中不断创新绿色科技,开发利用绿色新能源、节能减排新技术,开发低能耗、低污染的新产品是解决当前主要矛盾的关键所在。

　　只有新技术的突破,才能带来产业升级的新革命,中国绿色生产才有可能走在世界前列。否则中国的产业将始终处在发达国家所设置的绿色贸易壁垒之外,无法转型为真正的绿色生产。

　　5. 积极实施生态保护与建设,提升生态承载能力

　　以森林、自然保护区、湿地和城市绿地为基本,考虑草原、海洋、荒漠、农田水利等生态系统,从长远的角度制定生态保护和建设战略。生态保护耗时长,见效慢,但却是各因素之根本。"皮之不存,毛将焉附",我们要从根本上提升生态承载能力。

　　最后,我们在解决排放和环境这一主要矛盾的时候,一定要使得社会目标与企业目标、个人目标相一致,加强制度建设,避免出现"违法成本低,守法成本高"的不合理现象。必须依靠制度去规范、引导、完善市场机制,加强政府监管和引导,鼓励公众的绿色消费和非物质消费,充分发挥市场、政府和个人三者的共同作用。

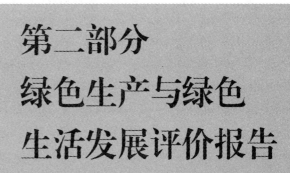

第二部分
绿色生产与绿色
生活发展评价报告

第五章　中国绿色生产发展报告(GPPI 2014)

过去、现在和未来的较长时间,粗放的生产方式都是并还将是造成中国生态、环境和资源问题的首因。中国粗放的生产方式,体现在资源效率低下、产业结构偏重和生态环境保护不力三个方面,加之中国脆弱的生态环境,使得经济发展与生态环境处在严重的冲突状态。

显而易见,推行绿色生产刻不容缓。理想状态的绿色生产,是生产活动与生态环境之间矛盾的彻底消解,生产不再对生态环境构成压力,反而生态环境会因生产变得更加美好。可目前,在世界范围内,即使是发达国家,生产活动总体上离绿色生产的终极理想目标还相距甚远。但是,也不容否认,在不同国家和不同时期,生产的绿色程度存在高低上下的区别。中国发展绿色生产的现实途径应该是加速生产的绿色转型,逐步赶超发达国家生产的绿色水平。

加快中国绿色生产的进程,必须明确中国绿色生产发展的水平和走向。这不仅是深化认识绿色生产发展现状的需要,更是奠定寻求提升绿色生产水平路径的重要基础。但是,梳理已掌握的国内外相关文献发现,目前,研究主要集中在社会整体发展的绿色指数、低碳经济、循环经济、绿色物流等方面,未见直接而全面的绿色生产评价,因此,构建可以应用于定量评价的绿色生产评价指标体系兼具创新性和挑战性。

开展中国绿色生产评价,主要回答两个问题:一是当前中国绿色生产水平与世界其他国家相比处于何种地位,有多大差距;二是中国自身绿色生产发展走势如何。为此,通过构建绿色生产水平指数(Green Production Index,简称 GPI)评价中国绿色生产水平的国家地位;通过构建中国绿色生产发展指数(Green Production Progress Index,简称 GPPI)评价中国绿色生产发展状况。GPI 与 GPPI 之间的主要区别是,GPI 反映的是中国绿色生产水平的静态结果,GPPI 反映的是中国绿色生产发展的动态结果。

一、一份成绩单:中国绿色生产水平的国际比较

绿色生产概念发端于西方发达国家,为了更好地寻求中国绿色生产发展水平在国际上的地位,认识绿色生产水平差距及努力方向,我们构建了国际版的绿色

生产水平指数及评价指标体系(具体见本章第三部分)。体系共涵盖了 14 个复合指标,选取的数据均为最新年份 2012 年的数据。在国际比较中,并没有选取所有的国家进行比较,而只是选择了经济合作发展组织(简称经合组织,Organization for Economic Co-operation and Development,英文缩写 OECD)的国家。这是因为 OECD 涵盖了几乎所有的发达市场经济体,他们推行绿色生产理念较早,在世界上具有较大影响力,理应成为中国绿色生产水平比较的主要对象。

经过计算,纳入国际比较范围的国家的绿色生产水平指数及排名见表 5-1。

表 5-1 世界主要经济体绿色生产水平指数

主要国家	产业结构	资源效能	环境影响	污染治理	GPI 2014	GPI 排名
匈牙利	10.07	2.85	6.63	0.55	20.10	1
冰岛	10.96	6.61	0.86	1.18	19.60	2
丹麦	12.02	2.11	2.80	1.21	18.14	3
韩国	9.97	1.33	4.00	1.17	16.48	4
智利	9.79	1.92	3.79	0.12	15.61	5
瑞典	11.61	2.76	0.30	0.94	15.61	6
芬兰	11.50	1.99	0.18	1.41	15.08	7
新西兰	11.15	2.88	0.14	0.67	14.84	8
以色列	12.00	0.82	0.10	1.40	14.32	9
奥地利	11.11	1.94	0.34	0.84	14.24	10
瑞士	11.89	1.53	0.19	0.53	14.13	11
挪威	9.97	2.88	0.11	0.96	13.93	12
法国	12.13	0.79	0.17	0.84	13.92	13
葡萄牙	10.63	1.90	0.44	0.87	13.84	14
日本	11.08	0.57	1.16	0.94	13.75	15
加拿大	11.29	1.33	0.30	0.81	13.73	16
美国	11.79	0.59	0.27	0.78	13.43	17
比利时	11.80	0.59	0.07	0.87	13.33	18
澳大利亚	11.35	0.63	0.52	0.79	13.28	19
希腊	11.49	0.89	0.42	0.47	13.27	20
墨西哥	10.17	1.16	1.67	0.13	13.12	21
德国	10.99	1.21	0.10	0.78	13.08	22
西班牙	10.67	1.10	0.62	0.53	12.92	23
斯洛文尼亚	10.11	1.59	0.28	0.86	12.84	24
意大利	11.05	1.15	0.22	0.43	12.84	25

（续表）

主要国家	产业结构	资源效能	环境影响	污染治理	GPI 2014	GPI 排名
爱尔兰	10.89	0.93	0.16	0.71	12.69	26
爱沙尼亚	10.49	1.21	0.32	0.63	12.65	27
捷克	9.43	2.29	0.30	0.62	12.64	28
斯洛伐克	9.85	1.19	0.85	0.55	12.44	29
荷兰	11.09	0.58	0.10	0.64	12.41	30
英国	10.65	0.86	0.08	0.73	12.33	31
波兰	10.72	0.98	0.17	0.38	12.25	32
土耳其	10.33	1.26	0.27	0.27	12.12	33
中国	6.65	0.75	0.03	0.20	**7.63**	**34**

注：OECD 中的卢森堡大公国由于缺失评价指标体系中的主要指标数据，未纳入比较范围。因此，比较范围涵盖除卢森堡外的 33 个 OECD 国家和中国。

1. 中国绿色生产指数与 OECD 国家相比位列倒数第一

通过计算纳入世界比较范围的 34 个国家的绿色生产水平指数，可以分别按照 GPI 2014 从大到小，以及 4 个二级指标得分由高到低进行排序，得到中国绿色生产水平在国际上的排名（见表 5-2）。

表 5-2 中国绿色生产水平的国际地位

项目	产业结构	资源效能	环境影响	污染治理	GPI 2014
指标得分	6.65	0.75	0.03	0.20	7.63
在世界主要经济体中的排名（共 34 个）	34	29	34	32	34

从表 5-2 可以看出，以 2012 年的数据计算的指数 GPI 2014 中，中国位列第 34 位，即倒数第一。但是，必须看到的是资源效能和污染治理等两个指标得分排名并非倒数第一，其中，中国资源效能指标得分排在日本、荷兰、比利时、美国和澳大利亚之前，位列倒数第六，这充分说明中国大力推进产业升级、结构转型发挥了积极的效果；中国污染治理排在智利、墨西哥之前，位列倒数第三，这与中国近些年日益增长的环保投资紧密相关。

2. 中国绿色生产水平与 OECD 国家相比差距巨大

为了更清楚地反映中国绿色生产水平的国际差距，采用中国绿色生产水平评价的 4 个二级指标得分和总指数与世界主要经济体指标得分和总指数的平均值进行比较，其结果见表 5-3。

表 5-3   中国绿色生产水平的国际差距

项目	产业结构	资源效能	环境影响	污染治理	GPI 2014
指标得分	6.65	0.75	0.03	0.20	7.63
世界主要经济体指标平均得分	10.79	1.56	0.82	0.73	13.90
占世界主要经济体指标平均得分比重/(%)	61.63	48.08	3.66	27.40	54.89

从表 5-3 可以看出,中国绿色生产水平指数仅为世界主要经济体指标平均得分的 1/2 强,意味着中国绿色生产水平要想处于 OECD 国家前列,进步的空间巨大。从二级指标上来看,占世界主要经济体指标平均得分比重由高到低排列依次为:产业结构、资源效能、污染治理、环境影响。需要特别指出的是,环境影响方面,该指标得分仅为世界主要经济体指标平均得分的 3.66%,不足 1/20,这凸显出长期以来,表面上中国生产要走的是"先污染、后治理"之路,而实际上却是"只污染、不治理"。尤其是受环境执法环节薄弱、企业污染受罚较轻的影响,企业在追求利润最大化的道路上,把污染治理责任推给了社会,导致环境污染严重,值得警醒。

二、一张足迹图:中国绿色生产发展评价

中国绿色生产得到重视虽然晚于西方发达国家,但受日益严重的环境污染及日益提升的民众环保意识的双重影响,探索和推行绿色生产的愿望空前高涨、力度不断增强。为了评价中国绿色生产发展走势,构建了中国绿色生产发展指数(GPPI)评价指标体系(具体方法见本章第三部分),从产业结构、资源效能、环境影响、环境治理等 4 个维度、20 个三级指标,对 2008—2014 年中国绿色生产发展指数(GPPI 2008—GPPI 2014)进行评价分析,其结果见表 5-4。

表 5-4   2008—2014 年中国绿色生产发展指数

	2008	2009	2010	2011	2012	2013	2014
产业结构	1.35	0.76	3.32	1.91	—	2.04	1.08
资源效能	2.01	2.43	0.52	2.64	—	1.85	1.00
环境影响	4.00	4.30	1.34	2.85	—	2.23	0.80
污染治理	−0.53	−0.09	1.63	−0.84	—	−1.10	5.52
GPPI	**6.83**	**7.40**	**6.81**	**6.55**	**—**	**5.01**	**8.41**

注:① GPPI 2008 采用的是 2006—2007 年两年的数据计算所得,其他以此类推。
② 由于 2010 年与 2011 年的环境类指标在统计口径上发生了变化,因此,GPPI 2012 无法计算。
③ 由于从 2007 年开始实施国家重点污染源的动态监控,因此,已实施自动监控的国家重点监控企业数占重点监控企业数比重增长率指标数据采用 2007 年的数据。

1. 中国绿色生产发展指数稳中有升,绿色生产态势整体向好

2014 年中国绿色生产发展指数(GPPI 2014)为 8.41。在 2008—2014 年的 GPPI 中,GPPI 2013 最低,为 5.01;GPPI 2014 最高,为 8.41。GPPI 2008—2014 的变化趋势见图 5-1。

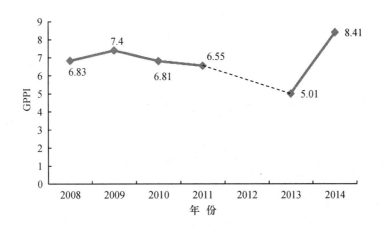

图 5-1 2008—2014 年中国绿色生产发展指数变化趋势

由于 2010 年与 2011 年的环境类指标在统计口径上发生了变化,导致 GPPI 2012 缺失,因此,GPPI 2011—2013 之间的趋势线以虚线表示。

从图 5-1 可以看出,GPPI 2008—2014 的变化趋势呈现出"U 型"曲线,在经历 GPPI 2013 年的底部后,快速反弹。究其原因,主要有三个方面:

① 2007 年开始爆发的世界金融危机,从 2008 年开始影响到中国。2009 年,中央投入 4 万亿元应对金融海啸,主要投向了高铁、公路、机场等基础设施领域,但据有关资料[①],中国的边际产出效应从 1994 年以来出现了直线下滑,由 1992 年的 0.39 降到了 2009 年的 0.2,意味着资源被大量配置在生产率低下的项目上,其资源效率降低,环境负面影响增强。

② 受 2008 年中国举办奥运会、十八大专题讨论生态文明建设等事件驱动,污染治理力度不断加码。这不仅体现在制度建设上,《大气污染防治行动计划》已经实施,《水污染防治行动计划》和《土壤环境保护和污染治理行动计划》也将很快出台,而且污染治理投资也是节节攀升,见图 5-2。

③ 五年规划实施过程中,政策执行往往表现出前紧后松的特征。为了实现五年规划目标,在规划实施的前期,往往表现为政策加码,保证相关指标按时完成,甚至超前完成;到了五年规划实施后期,政策有所放松,部分二级指标数值开始下

---

① 任玉岭.通胀是造政府大楼产生的[J].中国经济周刊,2011,34:22—23.

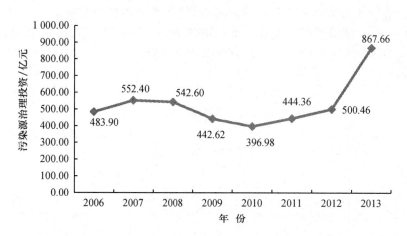

图 5-2   2006—2013 年工业污染源治理投资变化趋势

数据来源：《中国环境统计公报》(2006—2013 年)。

降,带动 GPPI 走低。从数据上来看,也支持这样的观点,如 2008 年开始,工业污染源治理投资开始有所下降,到 2011 年又开始上升。

综合来看,伴随着中国生态文明建设力度的加大,经济发展方式转型的推进,"唯 GDP 论英雄"的经济考核观念的转变以及由"中国制造"向"中国智造"的转变,中国绿色生产水平在快速提升,绿色产品的比重将得到大幅提高,国际竞争力也将得到显著增强。

2.污染治理力度持续加码,打开绿色生产水平徘徊不前的局面

无论生产方式是否绿色,其根本区别不在于生产本身是否产生污染,关键是在生产过程中能否少产生污染,或者生产过程中产生的污染能够得到有效治理,减少对生态环境的负面影响,甚至达到零影响。从评价结果来看,2008—2014 年,GPPI 2014 取得了突破性上升,一举打破了连续低位徘徊的局面。但是,从二级指标上来看,绿色生产发展指数的突破性回升,受"污染治理"二级指标的影响最为显著,而产业结构、资源效能、环境影响等 3 个二级指标甚至还有下行趋势,见图5-3。

环境治理水平主要受人、财、物投入的影响。一方面,通过设备、技术的投资、升级、改造,提升污染源治理水平,同时,对废物、废气和废水的治理设施投资,实现生产事中和事后的双向治理;另一方面,通过加大环境污染监控力度,引导生产主体重视污染治理,提升绿色生产水平。从统计数据上看,2013 年环境治理水平提升幅度最大。2013 年,工业污染源治理投资占工业总产值的比重增长率达到64.31%,与 2012 年相比,增长率高出了 58 个百分点;同时,环境污染监控力度不断加大,无论是实施自动监控的国家重点监控企业数量,还是环保机构人数都有

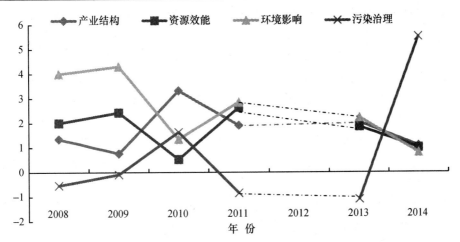

图 5-3   2008—2014 年中国绿色生产发展指数二级指标变化趋势

由于 2010 年与 2011 年的环境类指标在统计口径上发生了变化,导致 GPPI 2012 的二级指标数值缺失,因此,GPPI 2011—2013 之间的二级指标趋势线以虚线表示。

明显增加,虽然增长幅度不如工业污染源治理投资增长的幅度大。

三、芝麻开门:中国绿色生产发展评价方法

(一) 中国绿色生产发展评价方法

中国发展绿色生产可以说是在"内忧外患"的客观形势下的必然选择。国内过去 30 年的粗放式、高能耗的经济增长方式已不可持续,人口、资源、环境的矛盾日益突出,已成为世界上环境污染较为严重的国家之一。同时,全球共计有 137 个进口国采用了绿色壁垒措施。中国出口贸易"树大招风",国际贸易壁垒已成为中国贸易持续增长的一大障碍。因此,迫切需要定量评价中国绿色生产发展现状,探求中国绿色生产发展中存在的薄弱环节,为加深对中国绿色生产发展水平的认识、为制定提高中国绿色生产水平的政策提供参考。

从已掌握的文献来看,尚未发现专门评价绿色生产发展的研究。国外已有文献主要是对绿色经济、绿色指数的评价,代表性的研究如美国学者霍尔和克尔提出的"绿色指数"及其三级评价指标体系,一级指标包括绿色状态和绿色政策两类指标,二级指标包括空气污染、水污染、能源消费和交通等 9 类指标,三级指标包括 256 个指标。[①]更多的文献集中在以能源消费为研究对象,研究能源发展指数,

――――――
①   Bob Hall,Mary Lee Kerr. 1991—1992 Green Index: a State-by-state Guide to the Nation's Environmental Health[M]. Washington DC: Island Press,1991.

如新西兰能源发展指数[①]、低碳竞争力指数[②]、低碳经济指数[③]、纳斯达克清洁绿色能源指数[④]。

　　国内相关研究则更少,主要涉及绿色指数、低碳发展等方面,朱有志等[⑤]、陈晓春等[⑥]、何一鸣等[⑦]提出了低碳经济竞争力的指标体系,但主要限于理论探讨,而实现了理论模型与实证检验相结合的评价研究主要集中在循环经济、绿色物流评价方面,如卢玉玲[⑧]、潘文军[⑨]等。特别需要指出的是国内近些年来出版了不少关于绿色指数、低碳发展方面的研究报告,主要有北京师范大学等编著的《2010 中国绿色指数年度报告——省际比较研究》[⑩]提出了中国绿色发展指数指标体系,主要包括三大分类的 55 个指标,即经济增长绿化度、资源环境承载潜力和政府支持力度;中国人民大学气候变化与低碳经济研究所编著的《中国低碳经济年度发展报告(2011,2012,2013)》[⑪],构建了低碳经济发展指标体系,从发展动力、现有能源使用效率和污染排放水平、政策环境支持三个维度选取了 57 个指标进行评价;李士等编著的《中国低碳经济发展研究报告》[⑫],构建了中国省域低碳经济竞争力评价体系,以低碳效率为核心,综合考虑低碳效率的直接影响因素——能耗效率以及低碳社会、低碳引导两大外围作用机制。显然,受研究目标不同的影响,已有相关评价研究主要集中在绿色指数、低碳经济、循环经济、绿色物流等方面,并非专门的绿色生产评价,但已有的研究思路和指标选取,为评价绿色生产发展奠定了基础。

　　① Statistics New Zealand. Key Findings on New Zealand's Progress Using a Sustainable Development Approach:2010[EB/OL].(2011-12-23)[2012-04-21]http://www.stats.govt.nz/browse-for-stats/snap-shots-of-nz/Measuring-NZ-progress-sustainable-dev-%20 approach/key-findings-2010/preserving-resources.aspx.

　　② 中国低碳竞争力指数全球第三[EB/OL].(2013-03-26)http://ep.chinaluxus.com/Ste/20130326/269969.html.

　　③ PwC. Two Degrees of Separation:Ambition and Reality[EB/OL]. http://www.pwc.co.uk/.

　　④ http://www.thestreet.com/story/10837193/1/clean-edge-indices-fell-last-week.html.

　　⑤ 朱有志,周少华,袁男优.发展低碳经济应对气候变化——低碳经济及其评价指标[J].中国国情国力,2009,(12):4—6.

　　⑥ 陈晓春,陈思果.中国低碳竞争力评析与提升途径[J].湘潭大学学报(哲学社会科学版),2010,(5):50—54.

　　⑦ 何一鸣,韩红飞.中国低碳经济竞争力的国际比较研究[J].青海社会科学,2014,(4):57—61.

　　⑧ 卢玉玲.我国循环经济评价指标体系研究述评[J].环境保护与循环经济,2010,(4):15—17.

　　⑨ 潘文军.基于循环经济理论的区域绿色物流发展评价体系分析[J].北京交通大学学报(社会科学版),2010,(3):42—46.

　　⑩ 北京师范大学科学发展观与经济可持续发展研究基地等.2010 中国绿色指数年度报告——省际比较[M].北京:北京师范大学出版社,2010.

　　⑪ 中国人民大学气候变化与低碳经济研究所.中国低碳经济年度发展报告(2011)[M].北京:石油工业出版社,2011.

　　⑫ 李士,方虹,刘春平.中国低碳经济发展研究报告[M].北京科学出版社,2011.

1. 指标评价方法

绿色生产发展水平的定量评价采用指标评价方法,构建绿色生产发展指数主要基于以下考虑:一是指标评价能够从绿色生产的多个维度进行,评价的全面性特点能更好反映绿色生产发展水平;二是指标评价结果在反映绿色生产发展成效的同时,能凸显局部的弱势,对修正绿色生产发展路径具有重要参考价值。

2. 评价指标选取

绿色生产是个相对的、动态的概念,是指以某一生产阶段为基点,通过引入新技术和科学管理,使新的生产阶段在过程和产品上体现出节能、降耗和减污的特征,使其与资源节约型、环境友好型的两型社会相容,降低产生的污染对人类健康和生态环境的危害的生产过程。遵循科学性、完备性、系统性、独立性和可操作性的绿色生产水平评价体系设计基本原则,从 4 个维度构建绿色生产发展指数,对绿色生产发展水平进行评价。4 个维度包括:产业结构、资源效能、环境影响和污染治理(见表 5-5)。

在产业结构方面,基于发展服务业和高科技产业更有利于推进绿色生产进程的出发点,选取了第三产业产值占地区生产总值比重增长率、第三产业从业人数比重增长率、R&D 投入占地区生产总值比重增长率、万人专利授权数增长率、高技术产业产值占地区生产总值比重增长率等五个三级指标来表征。

在资源效能方面,通过提高资源利用效率和促进废物再利用,实现生产资源投入的减量化,是发展绿色生产的重要目标。从生产投入的基本资源要素来看,主要有矿产、水、能源等,但是,已有统计数据中未能找到生产中矿产消费量,因此,只能舍弃矿产资源效能指标,选择工业单位产值能耗下降率,新能源、可再生能源消费比重增长率,单位工业产值水耗下降率,单位农业产值水耗下降率,工业固体废物综合利用提高率等 5 个三级指标来表征。

在环境影响方面,主要考虑在绿色生产过程中,应减少甚至消除废弃物、污染物的产生和排放,以促进产品生产与生态环境相容,减少整个生产活动对生态环境的负面影响。因此,选择了单位工业产值固体废物产生量下降率、种植业单位产值化肥施用量下降率、单位工业产值 SO_2 排放量下降率、单位工业产值氮氧化物排放量下降率、单位工业产值氨氮排放量下降率、单位工业产值化学需氧量排放量下降率等 6 个三级指标来表征。

在污染治理方面,在生产过程中,无法做到生产自身的零污染物产生,而绿色生产是要求对生产过程中产生的污染物进行无害化处理,消除对周围环境的影响。为此,需要投资配备和运行污染治理设施设备。因此,选择工业污染源治理投资占工业总产值比重增长率、工业废气和工业废水治理设施运行费用占工业总产值比重增长率、已实施自动监控国家重点监控企业数占重点监控企业数比重增长率、环保机构人数增长率等 4 个三级指标来表征。

表 5-5　绿色生产发展评价指标体系

一级指标	二级指标	权重	三级指标	权重分	指标计算公式
绿色生产发展指数	产业结构	25%	第三产业产值占地区生产总值比重增长率	6	[(本年三产产值/本年地区生产总值)/(上年三产产值/上年地区生产总值)−1]×100%
			第三产业从业人数比重增长率	3	[(本年三产从业人数/本年总就业人数)/(上年三产从业人数/上年总就业人数)−1]×100%
			R&D 投入占地区生产总值比重增长率	4	[(本年 R&D 投入/本年地区生产总值)/(上年 R&D 投入/上年地区生产总值)−1]×100%
			万人专利授权数增长率	3	(本年每万人专利授权数/上年每万人专利授权数−1)×100%
			高技术产业产值占地区生产总值比重增长率	4	[(本年高技术产业产值/本年地区生产总值)/(上年高技术产业产值/上年地区生产总值)−1]×100%
	资源效能	25%	工业单位产值能耗下降率	5	[1−(本年工业能耗/工业总产值)/(上年工业能耗/上年工业总产值)]×100%
			新能源、可再生能源消费比重增长率	5	[(本年新能源总消费量/本年能源总消费量)/(上年新能源消费量/上年能源总消费量)−1]×100%
			单位工业产值水耗下降率	3	[1−(本年工业用水量/本年工业总产值)/(上年工业用水量/上年工业总产值)]×100%
			单位农业产值水耗下降率	3	[1−(本年农业用水量/本年农业总产值)/(上年农业用水量/上年农业总产值)]×100%
			工业固体废物综合利用提高率	5	(本年工业固体废物综合利用率/上年工业固体废物综合利用率−1)×100%

（续表）

一级指标	二级指标	权重	三级指标	权重分	指标计算公式
绿色生产发展指数	环境影响	25%	单位工业产值固体废物产生量下降率	4	$[1-($本年工业固体废物产生量$/$本年工业总产值$)/($上年工业固体废物产生量$/$上年工业总产值$)]\times100\%$
			种植业单位产值化肥施用量下降率	5	$[1-($本年化肥施用总量$/$本年种植业总产值$)/($上年化肥施用总量$/$上年种植业总产值$)]\times100\%$
			单位工业产值 SO_2 排放量下降率	4	$[1-($本年工业 SO_2 排放量$/$本年工业总产值$)/($上年工业 SO_2 排放量$/$上年工业总产值$)]\times100\%$
			单位工业产值氮氧化物排放量下降率	4	$[1-($本年工业氮氧化物排放量$/$本年工业总产值$)/($上年工业氮氧化物排放量$/$上年工业总产值$)]\times100\%$
			单位工业产值氨氮排放量下降率	4	$[1-($本年工业氨氮排放量$/$本年工业总产值$)/($上年工业氨氮排放量$/$上年工业总产值$)]\times100\%$
			单位工业产值化学需氧量排放量下降率	4	$[1-($本年工业化学需氧量排放量$/$本年工业总产值$)/($上年工业化学需氧量排放量$/$上年工业总产值$)]\times100\%$
	污染治理	25%	工业污染源治理投资占工业总产值比重增长率	6	$[($本年工业污染源治理投资$/$本年工业总产值$)/($上年工业污染源治理投资$/$上年工业总产值$)-1]\times100\%$
			工业废气和工业废水治理设施运行费用占工业总产值比重增长率	5	$[($本年工业废气和废水治理设施运行费用$/$本年工业总产值$)/($上年工业废气和废水治理设施运行费用$/$上年工业总产值$)-1]\times100\%$
			已实施自动监控国家重点监控企业数占重点监控企业数比重增长率	4	$[($本年自动监控重点监控企业数$/$本年重点监控企业总数$)/($上年自动监控重点监控企业数$/$上年重点监控企业总数$)-1]\times100\%$
			环保机构人数增长率	3	$($本年环保机构人数$/$上年环保机构人数$-1)\times100\%$

综合起来,绿色生产发展指数包括 4 个二级指标(产业结构、资源效能、环境影响和污染治理)和 20 个三级指标。

3. 主要评价指标解释

(1)产业结构指标

第三产业产值占地区生产总值比重增长率、第三产业从业人数比重增长率这 2 个指标共同表征三大产业结构的优化,三产就业人数和三产产值越高,越能实现自然资源的减量化,有利于推进绿色生产发展,是两个正向指标。

R&D 投入占地区生产总值比重增长率、万人专利授权数增长率、高技术产业产值占地区生产总值比重增长率这 3 个指标表征了高技术产业的发展能力和发展水平,也是正向指标。

(2)资源效能指标

工业单位产值能耗下降率以及新能源、可再生能源消费比重增长率这 2 个指标主要是从节能增效和优化能源使用结构的角度进行评价的,其优化目标是工业单位产值能耗越低越好,新能源和可再生能源消费比重越大越好。

单位工业产值水耗下降率和单位农业产值水耗下降率这 2 个指标主要考察水资源的利用效率。水资源利用效率越高,产生的污水相对较少,更有利于降低对环境水体的影响,改善水生态。

工业固体废物综合利用提高率指标主要表征通过回收、加工、循环、交换等方式,从固体废物中提取或者使其转化为可以利用的资源、能源和其他原材料的能力和水平提高。

(3)环境影响指标

单位工业产值固体废物产生量下降率指标主要是从固体废弃物对环境的影响方面进行评估的。

种植业单位产值化肥施用量下降率指标则主要评估种植业化肥投入产生的土壤板结、有机质下降等土壤质量破坏以及过量施肥带来的面源污染影响。

单位工业产值 SO_2 排放量下降率、单位工业产值氮氧化物排放量下降率这 2 个指标主要考察工业生产对环境大气的影响。单位工业产值 SO_2、氮氧化物排放量越小,其生产过程对空气的污染就越小,越有利空气质量的改善。

单位工业产值氨氮排放量下降率、单位工业产值化学需氧量排放量下降率这 2 个指标只要考察工业生产对环境水体的影响。单位工业产值氨氮、化学需氧量排放越少,水体的富营养化可能性越小,越有利于水生态改善。

(4)污染治理指标

污染治理方面主要从污染治理的人、财、物三个方面考察。其中:

工业污染源治理投资占工业总产值比重增长率、工业废气和工业废水治理设施运行费用占工业总产值比重增长率这 2 个指标主要是从财力投入角度来考察治污投资水平,一般来说,治污投资越大,越有利于污染治理和环境改善。

已实施自动监控国家重点监控企业数占重点监控企业数比重增长率指标主要是从污染治理基础设施建设水平方面考察治污能力和水平,同时,也是对治污投资效果的一个监测。

环保机构人数增长率指标主要是从人员配备方面考察治污能力。理论上来说,投身环保行业的人员越多,越有利于环境治理。

4. 评价指标数据处理及指标权重选择

(1) 指标数据来源

绿色生产发展指数指标体系涵盖了 20 个三级指标,而三级指标又是复合指标,共涉及 28 个基础指标数据,时间跨度为 2006—2013 年。数据来源主要是:① 2007—2014 年《中国统计年鉴》;② 2007—2014 年《中国农村统计年鉴》;③ 2006—2013 年《环境统计年报》;④ 2007—2012 年《全国环境统计公报》;⑤ 2007—2013 年《国家重点监控企业名单》。

(2) 指标数据处理

根据统计学原理,不同量纲的数据不能直接进行比较,需要对原始指标数值进行无量纲化处理。但是,由于绿色生产发展指数指标体系涵盖的 20 个三级指标均进行了相对化处理,即均采用增长率或下降率来表示,已经实现了无量纲化处理,可以直接进行比较。三级指标数据主要是在获取基础指数数据后,采用复合指标计算公式计算所得,见表 5-6。

(3) 指标权重选择

指标权重的选择方法主要有德尔菲法、层次分析法和主成分分析法。GPPI 中的二级指标和三级指标权重的确定采用德尔菲法。选取 50 余位生态文明相关研究领域专家,发放加权咨询表,让专家根据各指标重要性,分别赋予二级指标各 25% 的权重,且三级指标按照 6、5、4、3、2、1 等 6 档确定权重分,最后经统计整理得出各三级指标的权重分,见表 5-7。三级指标权重值是依据专家打的权重分进行计算所得,具体三级指标最后赋予的权重见表 5-7。

5. 指标评价模型

在确定各评价因子权重的基础上,采用线性加权求和法,进行综合发展指数计算。计算公式如下:

$$\text{GPPI}_n = \sum \omega_i x_i \tag{5.1}$$

式(5.1)中,GPPI_n 为第 n 年绿色生产发展指数;x_i 为一致化后的无量纲指标;ω_i 为相应的指标权重。

表 5-6　绿色生产发展指数三级指标数据

绿色生产发展指数三级指标	2007	2008	2009	2010	2011	2012	2013
第三产业产值占地区生产总值比重增长率/(%)	2.33	-0.17	3.83	-0.44	0.32	2.94	3.24
第三产业从业人数比重增长率/(%)	0.62	2.47	2.71	1.47	3.18	1.12	6.65
R&D 投入占地区生产总值比重增长率/(%)	1.41	6.94	10.39	3.53	4.55	7.61	5.05
万人专利授权数增长率/(%)	30.58	16.52	40.58	39.34	17.32	30.03	4.10
高技术产业产值占地区生产总值比重增长率/(%)	-1.33	-5.64	17.70	4.65	0.76	5.34	3.61
工业单位产值能耗下降率/(%)	10.30	6.60	-0.87	18.76	0.69	3.30	2.56
新能源、可再生能源消费比重增长率/(%)	1.49	13.24	1.30	10.26	-6.98	17.50	4.26
单位工业产值水耗下降率/(%)	13.75	15.50	4.11	12.44	13.87	8.06	6.39
单位农业产值水耗下降率/(%)	17.51	13.55	2.77	13.89	13.38	6.02	7.07
工业固体废物综合利用提高率/(%)	3.16	3.54	4.20	-0.45	-10.19	1.84	1.97
单位工业产值固体废物产生量下降率/(%)	4.26	8.14	-3.32	0.59	-15.45	3.79	6.51
种植业单位产值化肥施用量下降率/(%)	9.53	9.82	6.00	14.26	9.77	8.44	7.71
单位工业产值 SO_2 排放量下降率/(%)	20.90	21.04	9.75	15.92	7.73	10.55	9.02
单位工业产值氮氧化物排放量下降率/(%)	7.19	15.87	1.04	4.01	-0.64	9.52	-27.31
单位工业产值氨氮排放量下降率/(%)	33.72	26.09	11.14	16.16	12.22	11.32	11.69
单位工业产值化学需氧量排放量下降率/(%)	22.03	24.03	7.45	16.79	30.41	9.95	10.55
工业污染源治理投资占工业总产值产值增长率/(%)	-5.70	-16.65	-21.43	-24.53	-4.54	6.31	64.31
工业废气和工业废水治理设施运行费用占工业总产值比重增长率/(%)	-1.28	18.25	8.81	1.56	27.73	-13.21	-2.26
已实施自动监控国家重点监控企业数占重点监控企业数比重增长率/(%)	—	-2.27	48.27	17.69	-21.44	-14.35	3.31
环保机构人数增长率/(%)	3.93	3.71	2.96	2.60	3.74	2.07	3.25

表 5-7　绿色生产发展指数三级指标权重

	二级指标	三级指标	权重分	权重/(%)
绿色生产发展指数	产业结构(25%)	第三产业产值占地区生产总值比重增长率	6	7.50
		第三产业从业人数比重增长率	3	3.75
		R&D投入占地区生产总值比重增长率	4	5.00
		万人专利授权数增长率	3	3.75
		高技术产业产值占地区生产总值比重增长率	4	5.00
	资源效能(25%)	工业单位产值能耗下降率	5	5.95
		新能源、可再生能源消费比重增长率	5	5.95
		单位工业产值水耗下降率	3	3.57
		单位农业产值水耗下降率	3	3.57
		工业固体废物综合利用提高率	5	5.95
	环境影响(25%)	单位工业产值固体废物产生量下降率	4	4.00
		种植业单位产值化肥施用量下降率	5	5.00
		单位工业产值 SO_2 排放量下降率	4	4.00
		单位工业产值氮氧化物排放量下降率	4	4.00
		单位工业产值氨氮排放量下降率	4	4.00
		单位工业产值化学需氧量排放量下降率	4	4.00
	污染治理(25%)	工业污染源治理投资占工业总产值比重增长率	6	8.33
		工业废气和工业废水治理设施运行费用占工业总产值比重增长率	5	6.94
		已实施自动监控国家重点监控企业数占重点监控企业数比重增长率	4	5.56
		环保机构人数增长率	3	4.17

(二) 绿色生产水平(国际版)评价方法

绿色生产发端于西方发达国家。国际上,工业污染控制方式在 20 世纪 80 年代出现了重大变革:原先西方发达国家“末端处理”式的先污染后治理方式转化为以污染防范为主的污染控制战略,联合国环境规划署工业环境活动中心称这种新战略为“清洁生产”战略。“清洁生产”战略刚提出时,各国对其称呼各异:美国称之为“污染预防”“减废技术”和“废料最少化”,日本称之为“无公害工艺”,而中国和一些欧洲国家则称之为“少废无废工艺”,其他一些国家称之为“清洁工艺”“绿色工艺”“生态工艺”。直到 20 世纪 90 年代初,国际上才逐步统一了说法,称为“清洁生产”或“绿色生产”。因此,在明确中国近些年来绿色生产发展态势的基础上,很有必要分析中国的绿色生产在国际上的地位,其目的既是找差距,也是防止骄傲自满情绪的滋生。

1. 指标选取与数据来源

虽然课题组已经建立了评价中国绿色生产发展指数的评价指标体系,但是,受统计制度和统计口径的差别,已有的评价指标体系难以在国际上通用。因此,为了评价中国绿色生产的国际地位,需要把指标统一到国际通用的指标上来,为此构建了绿色生产水平指数(表 5-8)。

表 5-8　绿色生产水平评价指标体系(国际版)

一级指标	二级指标	权重	三级指标	权重分	指标计算公式
绿色生产水平指数	产业结构	25%	第三产业产值占地区生产总值比重	6	三产产值/地区生产总值
			第三产业从业人数比重	3	三产从业人数/总就业人数
			R&D 投入占地区生产总值比重	4	R&D 投入/地区生产总值
			万人专利授权数	3	每万人专利授权数
	资源效能	25%	工业单位产值能耗	6	工业能耗/工业总产值
			新能源、可再生能源消费比重	5	新能源消费量/能源总消费量
			单位工业产值水耗	3	工业用水量/工业总产值
			单位农业产值水耗	5	农业用水量/农业总产值
	环境影响	25%	单位工业产值固体废物产生量	4	工业固体废物产生量/工业总产值
			单位耕地面积化肥施用量	5	化肥施用总量/耕地总面积
			单位工业产值 SO_2 排放量	4	工业 SO_2 排放量/工业总产值
			单位工业产值氮氧化物排放量	4	工业氮氧化物排放量/工业总产值
	污染治理	25%	工业污染源治理投资占工业总产值比重	6	工业污染源治理投资/工业总产值
			千名劳动力中研究人员比重	5	每千名劳动力中全职研究人员数量

从表 5-8 可以看出,在绿色生产国际比较中,共选取了 14 个复合指标,数据选取的均为最新年份 2012 年的数据。用于比较的国家选取的是经合组织中除卢森堡外的 33 个成员国——澳大利亚、奥地利、比利时、加拿大、捷克、丹麦、芬兰、法国、德国、希腊、匈牙利、冰岛、爱尔兰、意大利、日本、韩国、墨西哥、荷兰、新西兰、挪威、波兰、葡萄牙、斯洛伐克、西班牙、瑞典、瑞士、土耳其、英国、美国、智利、爱沙尼亚、以色列、斯洛文尼亚。

2. 数据处理及权重确定

（1）数据获取

根据选取的 14 个复合指标，通过查找 OECD 官方统计数据库（OECD. Stat）、世界银行 WDI 数据库、联合国 FAO 数据库，获取指标数据，以作为计算绿色生产水平指数的基础数据。

（2）数据处理

由于部分指标，如万人专利授权数、工业单位产值能耗、单位工业产值水耗、单位农业产值水耗、单位工业产值固体废物产生量、单位耕地面积化肥施用量、单位工业产值 SO₂ 排放量、单位工业产值氮氧化物排放量等指标的量纲不同，根据统计学原理，不同量纲的指标数据不能直接进行比较。为了保证比较结果的可靠性，需要对原始指标值进行无量纲化处理，增强各指标值之间的可比性。常用的无量纲化处理方法包括：标准化法、极值法和归一法。本评价采用归一法，即，将实际值与其所在的指标值总和相比，得出其所占的比重，作为其无量纲化值。计算公式为

$$x_i' = \frac{x_i}{\sum_{i=1}^{n} x_i} \qquad (5.2)$$

式（5.2）中，x_i 为初始观测值，x_i' 为对应的无量纲化值。显然，用归一法处理后的数据分布在（0,1）区间。

在评价中，由于原始指标从不同方面反映评价对象，因此，既有正向指标，也有逆向指标。对于正向指标，可直接进行无量纲化；对于逆向指标，直接无量纲化会导致评价的不合理性，一般需要先采用倒数变换法进行一致化处理，将其转换成正向指标，再进行无量纲化，即

$$x_i' = \frac{1}{x_i} \qquad (5.3)$$

式（5.3）中，x_i 为逆向指标的初始观测值，x_i' 为对应的正向指标值。

（3）指标权重确定

指标权重的选择方法主要有德尔菲法、层次分析法和主成分分析法。绿色生产水平国际比较 GPI 中的二级指标和三级指标权重的确定仍采用德尔菲法。选取 50 余位生态文明相关研究领域专家，发放加权咨询表，让专家根据各指标重要性，分别赋予二级指标各 25% 的权重，且三级指标按照 6、5、4、3、2、1 等六档确定其权重分，最后经统计整理得出各三级指标的权重分，见表 5-9。

表 5-9　绿色生产水平指数三级指标权重

二级指标	三级指标	权重分	权重/(%)
产业结构 (25%)	第三产业产值占地区生产总值比重	6	9.38
	第三产业从业人数比重	3	4.69
	R&D 投入占地区生产总值比重	4	6.25
	万人专利授权数	3	4.69
资源效能 (25%)	工业单位产值能耗	6	7.89
	新能源、可再生能源消费比重	5	6.58
	单位工业产值水耗	3	3.95
	单位农业产值水耗	5	6.58
环境影响 (25%)	单位工业产值固体废物产生量	4	5.88
	单位耕地面积化肥施用量	5	7.35
	单位工业产值 SO_2 排放量	6	8.82
	单位工业产值氮氧化物排放量	4	5.88
污染治理 (25%)	工业污染源治理投资占工业总产值比重	6	13.64
	千名劳动力研究人员比重	3	9.09

(左侧纵向标题：绿色生产水平指数)

3. 绿色生产水平指数计算方法

在确定各评价因子权重的基础上,采用线性加权求和法,进行水平指数计算。计算公式如下:

$$GPI_n = \sum \omega_i x_i \tag{5.4}$$

式(5.4)中,GPI_n 为第 n 年绿色生产水平指数;x_i 为一致化后的无量纲指标;ω_i 为相应的指标权重。

四、谋篇布局:深化绿色生产发展与评价迫在眉睫

从中国绿色生产发展指数评价结果来看,自 2002 年以来,中国绿色生产发展指数逐步走高,绿色生产向好的方向发展,但是与世界主要经济体相比,中国绿色生产水平倒数第一,且差距较大。根据研究结论,我们得出如下启示和建议。

1. 中国绿色生产水平只有走在世界前列,才能使生态文明建设名列世界前茅

《中国省域生态文明建设评价报告(ECI 2014)》进行的各国生态文明指数排名显示:在 105 个国家中,中国生态文明水平排名倒数第二,仅好于巴基斯坦。这意味着,虽然从自身生态文明建设发展来看,中国持续向好,但是仍位于世界较低水平。绿色生产作为生态文明建设的重要组成部分,从理论上看,只有绿色生产水平国际领先,才有可能使中国生态文明建设与经济总量一起走在世界前列。这意味着,目前迫切需要改变中国绿色生产水平落后的现状,下决心像发展经济一

样发展绿色生产,加快提升绿色生产水平并逐步走向国际前列。

2. 抓住经济发展新常态的契机,加快实现生产方式的转变

自 2010 年中国 GDP 规模取代日本成为全球第二之后,中国经济出现了与前 30 年明显不同的特征,主要表现是经济增速持续下滑,2010 年至 2012 年经济增速连续 11 个季度下滑,而 2012 年至 2013 年 GDP 年增速连续两年低于 8%。中国经济近年来增速下滑不是偶然的,是趋势性的,以牺牲资源和环境为代价的旧的增长模式支撑了长期两位数的高速增长,但在经历 30 多年的快速增长后,旧的增长模式已经难以为继,经济增速的下滑成为必然。当前,国家领导人首次以新常态描述新周期中的中国经济,这对推动产业结构优化、生产方式转变是难得的契机,有助于彻底丢掉传统不平衡、不协调、不可持续的粗放增长模式,走绿色生产、绿色发展之路,使发展变得质量更好、结构更优。

3. 盯住并适应国际绿色产品标准,制订并实施绿色生产标准体系

随着中国参与世界经济活动的宽度和广度不断增大,对国际市场以及受到国际市场的影响都将增强。一方面,由于目前世界上还没有制订出一个统一的产品环境标准,各国都是根据自身的技术水平和环境标准,制订出带有明显本国特征的产品环境标准,相互之间差异较大;另一方面,有些国家为了达到有效地阻止外国商品进口,保护国内产业的目的,有针对性地频繁变换进口产品的环境标准。因此,中国应结合本国实际和国际相关标准,制订绿色生产标准体系,并针对国际上各种环保法规层出不穷的现实,及时追踪、了解、掌握各国的环保信息,适时调整绿色生产标准体系。

4. 继续深化研究绿色生产评价方法,配套相关指标的监测和统计

自从 1989 年联合国环境署提出清洁生产的概念以来,绿色生产方式已成为世界各国,尤其是经济发达国家关注的热点问题之一。但是,目前关于绿色生产发展水平评价在国内外理论界和实践领域仍旧是新生事物,相关评价成果非常少,无成熟的评价经验可以借鉴。同时,"绿色生产"内涵的丰富性和外延的复杂性,使得建立一个综合指数来反映绿色生产发展水平面临着巨大的挑战。在应用实践中,中国缺乏与绿色生产发展特别是绿色产业、绿色产品相配套的统计、监测体系,因此,目前不仅需要深化对绿色生产发展评价方法的研究,统计部门也应加快建立相关指标的监测和统计数据的发布。

第六章　中国绿色生活发展报告(GLPI 2014)

　　绿色生活(Green Living)和绿色生产是生态文明建设的两个主战场,正如鹰之两翼、车之双轮。但在当下的生态文明建设进程中,这两个主战场的进展并不均衡。生产方式的绿色转型战役已经打响,并取得了一定进展,而开辟绿色生活战场的号角还未吹响,需要格外引起重视。

　　绿色生活方式的建立和普及,是中国避免先污染后治理道路的重要契机。随着人民生活水平的逐步提高,生产方式绿色转型的逐步推进,生活领域给资源、环境、生态带来的压力将逐步超越生产领域。而脆弱的生态承载能力,决定了过度消耗资源、大量污染环境、严重破坏生态的不可持续生活方式在中国是行不通的。若不可持续的生活方式成为社会主流,中国将重蹈先污染后治理的覆辙,绿色生产建设带来的实效会被抵消,生态文明建设也会陷入"按下葫芦浮起瓢"的顾此失彼的状态,难言实质突破。

　　中国的绿色生活建设已经刻不容缓。为了了解现状、追踪动态、把握趋势、展望未来,本报告首创绿色生活水平指数(Green Living Index,简称 GLI)和绿色生活发展指数(Green Living Progress Index,简称 GLPI),从静态和动态两个角度,对中国绿色生活整体水平和发展状况进行全盘考察,分析中国在生活方式绿色转型中面临的挑战,为中国开辟绿色生活新路探明方向。

一、一张集体照:中国绿色生活的国际比较

　　要衡量中国绿色生活整体水平的高低,需要将中国放在一个参照系中进行考察。本报告选取了经合组织(OECD)34 个成员国作为中国绿色生活水平的参照系。[①]

　　将中国与 34 个 OECD 国家放在一起进行比较,就像给这 35 个国家的绿色生活水平拍下了一张集体照,各国水平高下立判(见表 6-1,具体指标详见表 6-6)。对照中国在这幅集体照中的相对位置,可获得一定的发现(表 6-2):

---

① 金砖国家等参照系未能在本报告中呈现,最主要是受到相关数据匮乏的限制。

表 6-1　中国与 OECD 国家绿色生活水平指数及排名①

国别	GLI 2014	GLI 排名	消费结构得分	资源消耗得分	环境影响得分	污染治理得分	去掉消费结构得分后的排名
挪威	65.65	1	23.89	19.06	9.45	13.25	1
瑞典	60.42	2	19.15	18.56	9.45	13.25	2
瑞士	60	3	24.1	17.45	4.2	14.25	13
奥地利	59.3	4	20.45	19.31	6.3	13.25	5
卢森堡	58.68	5	23.46	17.82	3.15	14.25	18
丹麦	58.34	6	20.23	18.56	6.3	13.25	7
冰岛	58.02	7	22.17	16.71	8.4	10.75	14
德国	57.77	8	20.45	17.82	5.25	14.25	10
芬兰	57.46	9	19.8	19.31	7.35	11	8
新西兰	57.26	10	16.79	17.82	8.4	14.25	3
比利时	57.17	11	19.8	17.82	6.3	13.25	9
日本	56.75	12	20.45	14.6	9.45	12.25	11
韩国	56.73	13	18.08	19.31	7.35	12	6
英国	55.03	14	20.45	16.34	5.25	13	25
法国	54.67	15	19.8	17.57	6.3	11	21
加拿大	53.95	16	19.15	17.75	6.3	10.75	22
荷兰	52.38	17	19.15	18.61	6.3	8.31	28
澳大利亚	51.8	18	19.15	15.59	6.3	10.75	30
希腊	51.42	19	15.5	17.82	7.35	10.75	12
西班牙	51.07	20	16.14	16.83	7.35	10.75	19
爱沙尼亚	50.94	21	11.84	19.6	10.5	9	4
意大利	50.34	22	16.14	16.09	6.3	11.81	26
斯洛文尼亚	50.32	23	14.85	18.32	8.4	8.75	16
美国	49.36	24	21.74	12.62	5.25	9.75	34
葡萄牙	48.84	25	14.85	15.84	8.4	9.75	27
捷克	48.59	26	13.13	18.56	8.4	8.5	17
斯洛伐克	48.33	27	13.56	17.82	9.45	7.5	23
匈牙利	47.4	28	12.48	17.82	7.35	9.75	20
以色列	47.32	29	14.85	13.37	7.35	11.75	31
智利	46.79	30	11.19	17.7	8.4	9.5	15
爱尔兰	46.26	31	19.15	14.16	4.2	8.75	35
波兰	44.2	32	13.13	14.11	8.4	8.56	33
中国	44	33	9.25	19.8	9.45	5.5	24
土耳其	43.77	34	10.55	17.82	8.4	7	28
墨西哥	41.5	35	9.9	15.1	10.5	6	32

---

①　测算的原始数据来自 OECD 统计数据库、世界银行 WDI 数据库、联合国 UNSD 环境统计数据库、中国国家统计局、英国国家统计局和美国普查局。

表 6-2　中国绿色生活国际比较二级指标情况汇总

二级指标	得　分	在 OECD 国家中的位置
消费结构(满分为 29.7 分)	9.25	35
资源消耗(满分为 29.7 分)	19.80	1
环境影响(满分为 12.6 分)	9.45	3
污染治理(满分为 18 分)	5.50	35

1. 与 OECD 国家相比,中国绿色生活整体水平偏低

中国的绿色生活水平指数(GLI 2014)得分为 44 分,在 35 个样本国家中仅高于土耳其和墨西哥,总成绩不尽如人意(见表 6-1)。OECD 国家中 GLI 最高分为挪威(65.65),最低分为墨西哥(41.50)。

为了更好地衡量中国绿色生活的整体水平,本报告还考察了如下一种情况:在不考虑收入、消费、福利水平等经济社会因素时,中国绿色生活的整体水平如何? 因为 OECD 国家多为高收入国家,在人均收入水平、消费能力、社会福利等方面普遍高于中国,中国在这些方面并不占优势。将上述方面的得分,即消费结构得分去掉后,中国的得分为 34.75 分,排名提升至 24 位,虽然高于英国、澳大利亚、美国等国家,但仍处于中下游水平(见表 6-1)。

2. 中国在绿色生活消费结构优化、污染治理水平提升等方面,仍需奋起直追

对绿色生活相关建设领域的比较显示,居民绿色生活消费能力偏低、绿色生活的公共服务产品供给能力有限,使得中国的消费结构和污染治理得分都排在最后(见表 6-2),导致中国在样本中整体排名落后。

中国人平均收入水平远低于 OECD 国家,消费结构未整体升级,城乡收入差距较大,这些都制约了中国绿色生活水平的提升。2013 年中国人均国民总收入(Gross National Income,简称 GNI)是 OECD 国家平均水平的 17.08%。[①] 2013 年中国城镇居民恩格尔系数[②]为 35.0%,农村居民为 37.7%。[③] 根据联合国的标准,恩格尔系数处在 30%～40% 的国家或地区属于相对富裕水平。中国城镇居民的恩格尔系数是在 2000 年实现这一水平的,农村居民则至 2012 年才达到这一水平。而 OECD 国家中,除爱沙尼亚、墨西哥和土耳其 3 个国家的恩格尔系数处于 20%～30% 的区间,为富足水平之外,其他国家均已低于 20%,达到极其富裕

---

① 根据世界银行 WDI 数据库数据计算。
② 恩格尔系数指个人消费总额中食品支出所占的比重。根据恩格尔定律,食品消费支出在家庭收入支出中的比重,会随着家庭收入的增加而减少。
③ 中华人民共和国国家统计局. 中国统计年鉴 2014[M]. 北京:中国统计出版社,2014,158.

水平。

在绿色生活的公共服务水平上,中国也面临有待追赶先进水平的相似问题。生活中消耗的各类资源,都会产生相应的废弃物,例如污水、烟尘、温室气体、垃圾等。这些废弃物的处理效率,与生活方式的生态环境压力大小直接相关,与相关公共基础设施的建设挂钩。一方面,中国的各类环境基础设施仍处在不断完善的进程中;另一方面,已建设的基础设施受益人群覆盖面较窄。从生活污水、生活垃圾等污染治理服务的直接受益人群来看,城镇人口是主体,农村人口基本被排除在外。2013 年中国常住人口城镇化率为 53.7%,低于人均收入水平相近的发展中国家 60% 的平均水平,以及发达国家 80% 的平均水平。[①] 此外,中国户籍人口城镇化率仅为 36%,许多城市非户籍常住人口和流动人口还没有享受到良好的公共服务,因此又进一步收窄了服务的受益面。

3. 中国在生活领域的人均资源消耗、人均污染物排放方面,有暂时的、相对领先优势

与 OECD 国家相较,在生活领域的人均资源消耗以及人均污染物排放方面,中国的表现较为出色。两个相应的二级指标,即资源消耗和环境影响的得分占据了 35 个国家中第 1 和第 3 的位置。

这种领先优势很大程度上是由相对贫穷、消费不足造成的。以 2010 年每千人拥有乘用车的数量为例,中国为 44 辆,美国为 627 辆,意大利为 602 辆,新西兰、澳大利亚、德国都为 500 多辆,墨西哥和土耳其为 191 和 104 辆。[②] 这种状况使得中国在生活领域的人均石油资源消耗以及相应的人均 CO_2 排放量等方面占据优势。但随着人民生活水平的提升,中国居民生活领域的资源消耗量也将上升,领先优势将日趋式微。

此外,这种领先优势也仅仅是强度上的领先,而非总量上的领先,所以并非真正的领先。从生活方式产生的人均环境影响来看,因为人口众多,中国居民生活消费产生的人均 CO_2 排放量并不高,低于日本、美国、英国、德国、法国等发达国家。但在总量上,中国 2012 年源于住宅的 CO_2 排放量为 3.1 亿吨,OECD 国家中只有美国的 3.015 亿吨能与中国等量齐观,其他国家没有超过 1 亿吨的。[③] 随着人口总量的继续增加,中国只有实现排放强度和总量的双降,才能真正实现绿色生活水平的领先。

---

① 中共中央国务院. 国家新型城镇化规划(2014—2020 年)[EB/OL]. http://www.gov.cn/gong-bao/content/2014/content_2644805.htm.

② 中国国家统计局. 国际统计年鉴 2013[EB/OL]. http://data.stats.gov.cn/lastestpub/gjnj/2013/indexch.htm.

③ 数据来自 OECD 统计数据库. http://www.oecd.org/statistics/

二、一段微视频：中国绿色生活的发展状况

在把握了中国绿色生活的整体水平在主要国家中所处的相对位置后，本报告需要进一步考察的问题是：与自己相比，中国的绿色生活水平有没有提高？发展的趋势如何？为回答以上问题，本报告应用绿色生活水平指数（GLI）的发展版，即绿色生活发展指数（GLPI）进行了考察和分析。

GLPI 得分能够显示的是，如果将前一年的绿色生活水平视为 100 分，第二年在这个百尺竿头上中国是进步了几分？或是退步？本报告测算了中国第十一个五年规划实施以来的 GLPI（表 6-3）。

表 6-3   中国绿色生活发展指数[①]

	2009	2010	2011	2012	2013	2014
GLPI	1.93	1.66	0.34	1.12	—	0.68
消费结构	3.14	2.68	2.09	2.68	—	2.27
资源消耗	0.21	−3.42	−0.54	−0.5	—	−0.11
环境影响	1.45	0.35	0.43	1.89	—	1.04
污染治理	2.94	7.02	−0.61	0.42	—	−0.47

GLPI 2009—2014 构成了一段微视频，展示了近年来中国绿色生活发展的动态图景（图 6-1）。这幅图景呈现出三方面特点：

1. 整体保持进步，消费结构优化为正在进行时

GLPI 2009—2012，GLPI 2014 表明，中国的绿色生活建设虽然进步幅度不大，但整体保持了进步发展态势（图 6-1），其中以消费结构领域的进步势头最强（表 6-3）。一方面，中国居民收入持续增长，口袋里的钱多了，花出去的钱也相应地多了，生活质量不断提升，在文化、娱乐、教育、医疗等非物质产品和服务方面的消费也更有实力。另一方面，随着国家经济实力的增强，社会福利水平也在不断提升，为绿色生活方式的普及提供了条件。

2. 生活水平提升与资源消耗增大并行成为常态

伴随着人们生活水平的提升，家用电器、机动车等耐用品的拥有量也不断提高，生活领域消耗的资源总量也随之不断增加，这已成为绿色生活建设面临

---

①   测算的原始数据来自《中国统计年鉴》《中国环境统计年鉴》。受限于统计数据公布的滞后性，GLPI 2009 是基于 2006 年和 2007 年数据计算而得，其他以此类推。从 2011 年开始，国家公布的环境相关统计数据的统计口径和范围进行了调整变化，2010 年的数据不能直接与 2011 年的数据进行比较，故 GLPI 2013 无法计算。此外，生活源的氮氧化物排放量统计数据 2011 年才开始公布，故 GLPI 2009—GLPI 2012 中未能包含氮氧化物排放量的考察。

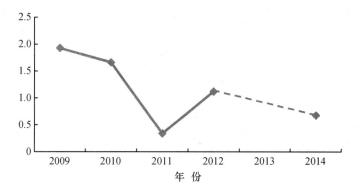

图 6-1 中国绿色生活发展指数 GLPI 2009—2014 年变化趋势

因缺少 GLPI 2013，无法准确显示 GLPI 2012 与 GLPI 2014 之间的变化趋势，故以虚线相连。图 6-2 和图 6-3 与此同。

的常态，并将在较长一段时间内持续下去。从 GLPI 来看，显示人均生活水资源、煤炭资源、石化资源等消耗状况的二级指标——资源消耗，除 2009 年有微弱进步外，2010—2012 年及 2014 年均有所退步（图 6-2）。

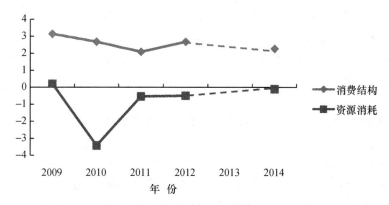

图 6-2 中国绿色生活的消费结构和资源消耗发展态势

3. 生活领域的污染治理仍未得到足够重视

与国际比较的结果相一致，污染治理是中国绿色生活的短板。对生活废水、废气和废物的处理，虽然开始得到重视，但认识还不够到位，政策还不够完善，建设力度也有待更合理均衡。以生活污水的处理和再利用为例，中国人均淡水资源不足世界平均水平的 1/3，600 多个城市中有近 400 个城市存在不同程度的缺水问题，其中约有 200 个城市严重缺水，加强污水的再生利用对水资源利用效率的提升至关重要。但由于管网建设不足,全国近一半的污水处理厂长期处于半开工状态,无足量污水可处理①,再生水也得不到充分有效的利用,存在着非常令人痛惜的产能相对过剩现象。这些情况都反映在污染治理这个二级指标不稳定的表现上(图6-3)。

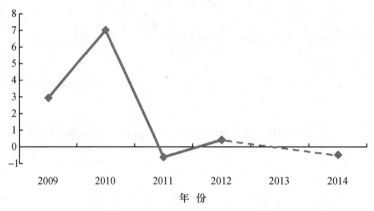

图 6-3　中国绿色生活的污染治理发展态势

三、事不宜迟:中国亟待开辟生活方式的绿色新路

基于上述动、静两方面的考察,本报告认为,开辟绿色生活新路的机遇和挑战都已摆在中国面前。与生产领域的绿色转型不同,中国在生活领域还有机会塑型而不是被迫转型。中国需要走出一条不同于西方发达国家先污染后治理的绿色生活之路,这条道路的起点就在今天。

(一) 生活方式带来的生态环境治理压力将超越生产方式

结合中国绿色生产(详见本书第五章)和绿色生活建设的总体态势来看,虽然相较 OECD 国家,中国的绿色生产方式同样差距显著,但其绿色转型已经取得稳定的进展;而绿色生活建设速度快速上扬的趋势还不明显,方向也不甚明了。随着绿色生产方式的逐步建立,生产领域带来的生态环境问题将得到极大缓解。与此同时,如果绿色生活方式未能及时形成,生活领域将会取代生产领域,成为中国生态环境问题的主因。

1. 中国工业化进程已开始进入后期,重化工业带来的生态环境压力将逐步减轻

新中国成立至1978年间,中国借鉴苏联的发展经验,为奠定工业化的基础,采取了优先发展重工业的战略。该时期虽然奠定了中国工业化的基础,但轻工业

---

① 中国科学院可持续发展战略研究组. 2010 中国可持续发展战略报告:绿色发展与创新[M]. 北京:科学出版社,2010, 141.

发展落后,生活消费品短缺,居民消费需求受到严重制的。

在改革开放之后,中国工业化的第一阶段是轻重工业均衡发展,调整结构的时期;第二阶段是再次加速发展重化工业的时期。第一阶段的结构纠偏增加了生活消费品的供给,改善了人民生活水平,但该阶段居民的消费需求仍是受到控制和压缩的。第二阶段的发展则与扩大内需相互呼应,进一步顺应了消费结构升级、城镇建设进程加快的需求。[①]

重化工业再度主导工业发展,使得能源消耗大、资源投入多、污染排放多的粗放发展方式问题进一步暴露,一些地方出现了较为严重的生态环境问题。产能过剩是当前工业发展面临的主要问题之一,而与过剩的产能相比,居民的消费仍然是相对不足的。

生产领域比生活领域先触及生态环境问题,不得不谋求转型发展。经济发展方式从粗放向集约的转变,在"九五"计划中即已提出。十六大进一步提出的新型工业化道路发展战略业已内化于随后的工业发展规划中。在边发展边治理的过程中,中国不断探寻绿色生产发展的道路。随着产业结构转型升级,重工业将从拼投资、拼资源、拼劳力走向拼科技、拼创新、拼制度,带来的生态、环境负面影响将逐步减小。

2. 服务业逐步崛起,成国民经济发展最大主力

2013 年,中国服务业产值在国内生产总值中的比重达到 46.1%,同年工业产值比重为 43.9%[②],服务业对 GDP 的贡献自 1978 年以来首次超越工业,预示着产业转型的转折点。与工业相比,服务业具有物质减量化的突出优势。因为工业主要提供的是占据一定空间和时间的有形物质产品,而服务业提供的服务产品是只占据一定时间的活动或过程的无形产品。服务业的发展更贴近优化资源、降低消耗的绿色发展要求,且是化解过剩产能的重要途径。随着中国服务业增加值占GDP 比重逐步达到当前世界 70% 的平均水平,中国的产业结构调整也将迎来绿色生产水平质的飞跃。

3. 国际产业结构调整,中国将摆脱对传统密集型产业的依赖

中国改革开放以来经济的迅猛发展,得益于在经济全球化过程中,抓住了全球经济结构调整的机遇。20 世纪 80 年代,全球经济结构调整的重心是,发达国家大力发展知识密集型产业,新兴工业化国家接纳技术密集型产业的转移,发展中国家承接劳动密集型产业和资源密集型产业。中国凭借着人口红利等优势,吸纳和发展了大量生产原材料、初级产品的传统工业产业,也消耗了大量资源,承担了

① 陈佳贵,等. 中国工业化进程报告:1995—2005 年中国省域工业化水平评价与研究[M]. 北京:中国社会科学出版社,2007.

② 中华人民共和国国家统计局. 中国统计年鉴 2014[M]. 北京:中国统计出版社. 2014,50.

生产带来的环境污染和生态破坏。例如,表面上看起来,中国进口、消耗了大量的能源,但贸易顺差表明,中国仍然是能源出口大国。又如,OECD 国家大多为碳进口国,消费源 CO_2 高于生产源 CO_2,而中国是碳出口国,生产源 CO_2 大大高于消费源 CO_2,2009 年碳净出口量为 9.651 亿吨,为同年 OECD 所有国家碳净进口量 15.162亿吨[①]的 63.65%。

现阶段,全球产业转移的重心已从传统工业走向高新技术产业,从制造业走向服务业。成长为新兴工业化国家的中国,有承接技术密集型产业的机遇,也有通过创新,实现跨越式发展知识型密集产业的可能。并且,伴随一些发达国家进入再工业化进程,现代制造业与信息技术的结合,使得中国原有的低成本要素优势弱化,面临制造业回流发达国家的压力。[②] 摆脱对传统密集型产业的依赖,是中国发展的主动选择和对潮流的顺应,也是绿色发展的要求。

4. 生产领域的绿色转型相对生活领域更易监管,易取得成效

企业是生产活动最重要的主体,是自然资源的主要消耗者、环境污染物的主要产生者以及生态保护、环境治理任务的主要承担者。企业在生产经营活动各个环节的资源利用方式和效率,直接关系到社会经济系统与生态系统的相互协调。相较于生活消费者之分散性和无组织性以及生活方式在社会生活中渗透的广泛性,企业的生产经营活动的计划性和组织性较强,更便于调控以实现生态环境保护的目的。政府可以通过法律法规、规划、标准等手段从宏观层面对企业的环境进行管理,企业自身可以实施清洁生产、发展循环经济、建立企业环境管理体系,从生产全过程控制资源利用效率、减少废弃物的产生和排放。公众和非政府组织可以对企业进行环境监督。从中国生产领域节能减排等实践(详见本书第八章)的推进来看,将企业作为环境建设的重点监管对象已经取得实际成效。

(二) 生活领域不能再走先污染后治理的老路

在现阶段的中国,生活方式带来的生态环境压力还不显著,绿色生活方式还有待培育成型。如果不从长计议,绿色生活水平不但会止步不前,还有可能重复发达国家先污染后治理的老路。届时,很有可能出现生产领域和生活领域两方面生态环境压力的叠加,中国乃至全世界都将无法承受其压力之重。

1. 人民生活富裕是中国发展的必然要求和必然趋势,生活水平的提高与生态环境压力增大之间的矛盾必须得到解决

中国正奋力行进在全面建设小康社会的道路上。人民生活水平的全面提高,

---

① 数据来源:OECD 统计数据库,http://stats.oecd.org/Index.aspx? DataSetCode=STAN_IO_GHG#
② 中国社会科学院工业经济研究所. 2014 中国工业发展报告——全面深化改革背景下的中国工业[M]. 北京:经济管理出版社,2014.

资源节约型和环境友好型社会建设取得重大进展都是小康社会建设的目标,生态健康型社会也是小康社会应有之义。人民生活水平的提高,意味着人均物质资料消费水平将随之攀升,对生态环境产生的压力也会加大;而人均生态承载力低又是中国的基本国情,两者之间的矛盾若得不到解决,小康社会的可持续发展就无从谈起,新中国成立 100 周年时实现建成社会主义现代化国家的目标也将困难重重。

2. 实物和能源的主要消费将逐步从生产领域转移到生活领域

改革开放以来,中国居民消费水平不断提高,消费结构不断变化。应对消费升级带来的生态压力,绿色生活势在必行。根据世界银行数据,2013 年中国人均GDP 已经超过 6800 美元,2000 年至 2014 年间居民最终消费支出的年平均增长率为 6.9%,预示着未来中国会有更大的消费潜力。此外,城镇化水平的提高,产生了很多通过转移就业提高了收入的新城镇居民。这些新居民扩大了城镇消费群体的规模,释放了更多的消费潜力,促进了消费结构的升级。城乡一体化的发展,农村人口的转移,也推动了农业生产的规模化和农民生活水平的提升,进而扩展了农村消费水平。

在满足食品、服装、电器等较为基础的生活需求后,居民对房子、汽车等大型商品的需求会上升,使得实物、能源的消费在生活领域大增。对应生产领域重化工业转型、服务业比重上升等趋势,生活领域消费规模扩大带来的生态压力,必须通过绿色生活提高生态效率来减小。

3. 中国居民生活水平还未达到形成环境污染主因之态

国际比较显示,现阶段中国居民的生活水平偏低,生活方式带来的人均生态环境影响较低,还处于资源消耗增长的爬坡时期,正是避免走向不可持续生活方式的好时机。发达国家,如美国,已经需要对其大量消费、大量排放的生活方式进行彻底的革命,才有可能实现真正的绿色生活方式,中国不能重复其弯路。以生活源 CO_2 为例,2009 年中国人均排放量为 1.23 吨,美国人均排放量为 11.57 吨,这使得美国人口虽为中国的 23.04%,但生活源排放总量却为中国 2.17 倍。[①] 假设中国人都以美国人的方式生活,人均排放量与美国人相当,生活源排放总量将达 154 亿吨,是原水平的 9.40 倍,也达到生产源排放总量的 2.26 倍。

(三) 贫穷不是生态文明,消费不足不是绿色生活

让中国人的生活消费水平维持在较低水平,以降低生活领域带来的生态环境压力,是与生态文明的本质相悖的,也并非真正的绿色生活。

1. 生态文明是人与自然的和谐,是文明和生态的共赢

文明是人类追求物质财富和精神财富的过程中获得的积极成果。生态文明

---

① 根据 OECD 统计数据和世界银行统计数据计算。

是文明的一种,是在传统工业文明已经产生的积极成果之上,克服其不足,吸取其优势发展起来的文明形态。它应创造出更高的生产力和更多的社会福利。有健康的生态、优美的环境,而没有发达的社会事业和富足的人民生活,就只偏重了生态文明中"生态"的一方面,没有兼顾生态文明中"文明"的方面,是不符合人们追求美好幸福生活的真实愿望和社会发展基本规律的。

2. 生态文明与经济、政治、文化、社会的繁荣发展是一致的

生态文明是一场涉及社会各领域的深刻变革,与经济、政治、文化、社会的发展紧密联系在一起。生态文明追求的人与自然相和谐,是在社会生产力、政治体制、文化建设、社会福利发展到较高水平的条件下,通过提高资源利用效率、降低污染排放、减少环境污染和生态破坏来实现的。经济发展与生态文明建设并不对立,经济建设能够通过提升人们的生活水平,避免因贫困升级而导致的自然资源过度利用、环境破坏,终止贫困和生态危机之间的恶性循环。政治体制的完善能够为环境公平正义的实现提供制度保障。在物质生活基本满足之后,人们不断增长的、多样化的精神文化需求要有发达的文化事业来满足。社会福利的完备则能为人们提供良好的公共服务和公共产品。

反过来,人类与自然的相互和谐也是经济、政治、文化、社会稳定向上发展的基础条件。在资源极度短缺、环境严重污染、生态高度破坏的情况下,社会也难以实现安定有序、公正法治、诚信友爱、欣欣向荣的发展局面。

3. 生态文明不能以牺牲人民的生活水平提高为代价

绿色生活既不是收入水平低下导致的消费不足,也不是高收入基础上过度消费的折中。"青山绿水风景好,只见阿哥不见嫂"的贫困状态,虽然很绿色、很原生态,却没有分享到文明发展的成果。"也绿山水,也富民",生态环境良好,同时生活质量有保障的状态,才是生态与文明的协调共荣。

(四) 绿色生活是实现人类自由而全面发展的基础

对整个社会的发展来说,绿色生活的意义不仅在于推动人类与自然的共同和谐发展,还在于实现人类自由而全面的发展。

1. 绿色生活将颠倒了的人类需求模型扶正

生活方式是人类需求模型的反映。马斯洛的理论指出,人类的需求层次从低到高依次是生理需求、安全需求、爱和归属感的需求、尊重的需求以及自我实现的需求。生理和安全之上的高级需求反映了人类作为有限存在者对无限意义的追寻。从这个模型出发,人类应该是有限的物质追求与无限的精神追求的结合体。但不可持续的生活方式将人类需求模型中的有限与无限颠倒了,鼓励无休止地扩大物质需要的满足,却抑制精神的追求。生态文明把人类需求模型扶正,通过建立绿色生活方式,鼓励人们去追求精神财富,激发创造力,提升精神境界,满足更

高级的需求。

2. 绿色生活将人类安放于真正的精神家园

受到资本不断增值逻辑的驱使,传统工业文明的价值观鼓励以物质财富的多寡来衡量个人成功的大小,鼓励享乐主义和消费主义,并将各种各样的价值都简化为经济价值,又进一步将价值的高低片面化为价格。在这样的情况下,总体上社会的物质财富不断增多,而精神财富却未能与之同步增长;与此同时,精神价值被边缘化,人类的精神家园无处安放。在资本逻辑的裹挟中,人们看似拥有自由,却不过只是拥有形式自由,殊途同归于金钱作为衡量标准的唯一可能性。真正的自由,是实质自由,应是不被物质驱使和束缚的,按照自身意愿的全面发展和解放。绿色生活的价值观,不以追求物质财富为生活的主旨,而是在适度满足生活物质需要的基础上,不断丰富人们的精神生活,独立地追求人生意义;将人置于自然之中,突破社会之小我,走向"人与天调,然后天地之美生"的境界。

四、知己知彼:绿色生活的评价与测量

为客观、准确地把握中国绿色生活发展现状,为政府决策制定提供参考,引导公众参与绿色生活,需要对绿色生活进行评价。文献梳理表明,国内外尚无专门针对绿色生活进行评价的研究。联合国可持续发展委员会(UNCSD)的可持续消费指标①和OECD的家庭可持续消费指标框架②是最相近和最具参考价值的前人研究,但在绿色生活评价的针对性上都还有待完善。为此,本报告首创绿色生活评价指标体系,对绿色生活整体水平和发展态势进行评价。

(一) 指标体系的设计

绿色生活发展与生态文明建设是一致的,与生态文明建设的四个层次——生态物质文明、生态行为文明、生态制度文明和生态精神文明不可分割。绿色生活与生态文明建设其他领域的一致目标,都能最终归结到生态文明建设的器物层次,即实现资源永续、环境良好和生态健康,维护这些公共物品的可持续发展,体现为生态物质文明。在行为层次,对于个人而言,绿色生活方式内化在人们衣食住行等行为之中;对于政府而言,政府应提供能满足人们绿色生活需要的公共产品,如完善的基础设施、较高质量的公共福利等;对于企业而言,应生产出符合绿色生活标准的产品;等等。上述推动绿色生活的行为实践,都离不开制度的保障,

---

① Department of Economic and Social Affairs. Indicators of Sustainable Development: Framework and Methodologies (Background Paper No. 3). Commission on Sustainable Development, Ninth Session. 2001, New York.

② OECD. Towards More Sustainable Household Consumption Patterns: Indicators to Measure Progress. 1999. Paris.

通过经济、政治、法律等制度的安排,提供有效的激励和惩罚,能引导和规范绿色生活的发展。而真正要让绿色生活成为社会主流生活方式,还需要与思想观念的转变相结合,勃兴生态精神文明,树立人与自然和谐相处的价值观,实现知行合一。

对绿色生活的量化评价,与生态文明建设评价面临的困难相似,受制于数据的可得性,难以在现有条件下实现对器物、行为、制度、精神四个层次的全盘考察,尤其是制度和精神层次难以量化把握。但制度和精神最终将落实在行为上,行为的结果又作用于器物,器物的改变状况也相对直观,所以从行为层次和器物层次入手进行评价是较好的选择。

从目标导向的原则来看,绿色生活水平的进步应体现为:消费结构不断优化,资源消耗效率不断提高,环境负面影响不断减小,污染治理水平不断提高。结合中国具体国情,绿色生活水平的评价指标体系围绕上述目标进行设置,形成消费结构、资源消耗、环境影响、污染治理 4 个二级指标,下设 21 个三级指标(表 6-4)。

表 6-4   绿色生活评价指标体系框架

一级指标	二级指标	三级指标
绿色生活	消费结构	人均国民总收入
		人均最终消费支出
		恩格尔系数
		每千人医院床位数
		人均公共教育经费
	资源消耗	人均生活用水量
		人均煤炭生活消费量
		人均汽油生活消费量
		农村可再生能源利用
		公共交通条件
	环境影响	人均氮氧化物生活排放量
		人均烟(粉)尘生活排放量
		人均 SO_2 生活排放量
		人均化学需氧量生活排放量
		人均氨氮生活排放量
		人均生活垃圾产生量
	污染治理	市容环境卫生治理投资比重
		生活垃圾无害化处理率
		城市污水处理率
		城市污水再生利用率
		农村卫生厕所普及率

1. 消费结构指标

消费结构用以评价收入、消费水平和消费模式,以及社会福利水平和消费决策能力。较高的收入水平才能为高质量生活提供物质基础,消费水平高才能有效促进社会经济的持续发展和繁荣。这两个方面用三级指标人均国民总收入和人均消费支出来评价。恩格尔系数在反映人们生活水平的高低的同时,还能一定程度上反映个人消费的结构。每千人医院床位数是反映经济社会发展与医疗卫生服务水平的重要指标,是社会福利水平的重要体现。人均教育经费能体现社会文化发展投入水平,同时能反映绿色生活观念培育、普及力度。

2. 资源消耗指标

资源消耗反映的是生活消费中基本资源的占用情况。淡水是不可或缺的生存资源要素,节水对于中国这样一个淡水资源匮乏的国家具有十分重要意义。煤炭和石油是有代表性的能源产品,燃烧产生的 CO_2 也是温室气体的主要来源。中国是世界第一大煤炭消费国,煤炭在能源消费结构中占比最大,煤炭消费产生的环境负面影响相对较大,不能忽视。与此同时,中国石油消费对外依存度也不断加大,节约、减少石油消费对国家能源安全有重要意义。故该指标体系同时设立了煤炭消费和石油消费的相关指标。根据可得数据,相关指标具体设置为人均煤炭生活消费量和人均汽油生活消费量。新能源和可再生能源是绿色能源消费的首选,作为评价指标有正向引导的意义。因为缺乏城市和全国范围生活消费的相关数据,目前只能以农村的可再生能源发展状况来反映中国现状,以部分来反观整体。本报告选取了农村太阳能热水器的安装面积作为农村可再生能源利用指标的考察内容。此外,公共交通是节约能源的绿色出行方式,公共交通资源充裕,能够为绿色出行提供更好的保障,可以通过每万人平均拥有的公共汽车数量来评价公共交通条件的优劣。

3. 环境影响指标

生活产生的废气、废水、废物对环境有直接影响。与中国污染物排放总量控制的关键指标一致,氮氧化物、SO_2、化学需氧量、氨氮的人均生活排放量都被纳入绿色生活的评价指标体系中。氮氧化物和 SO_2 指标主要指向空气污染物的排放,化学需氧量和氨氮指标则指向水体污染物的排放。除此之外,考虑到城市空气主要污染物 PM 2.5 有相当比例源自餐饮油烟尘,生活源的烟(粉)尘排放也被纳入三级指标中进行考察。在废弃物方面,生活垃圾的减量化可以通过人均生活垃圾产生量的变化来反映。

4. 污染治理指标

污染治理主要考察的是政府、市场和社会在通过提供公共服务产品、降低生活消费产生的负面环境影响方面所做的努力。市容环境卫生治理投资是城镇环境基础设施建设投资的一部分,是人居卫生环境改善中公共资金的重要来源。减量化、无害化和资源化是生活垃圾处理追求的目标,生活垃圾无害化处理率指标可以反映市政基础设施建设的实际运行情况。在污水处理和利用方面设立了两个指标,城市污水处理率和城市污水再生利用率;污水处理能够减轻水资源消耗产生的环境压力,污水的再生利用提高了水资源利用的效率。上述指标都与城市生活消费产生的环境影响治理相关,农村环境治理则选取了与联合国千年发展目标一致的农村卫生厕所普及率指标,用以反映农村基本环境卫生设施的建设状况。

(二) 绿色生活水平指数国际版与绿色生活发展指数

绿色生活评价指标体系有较广泛的适用性和拓展性。评价的对象可以是一个国家也可以是一个地区。将同一时期内的不同国家或地区放置在一起进行评价,能够获得不同水平之间的横向比较,得到绿色生活水平指数。将某一国家或地区前后年度的绿色生活指标进行计算,就可以获得绿色生活发展指数。

为把握中国绿色生活整体水平,将中国与世界主要国家进行比较,本报告根据可获得的国际统计数据建构了绿色生活水平指数国际版。不能获取到相关统计数据是国际比较研究面临的一大难题,为此,绿色生活水平指数国际版在三级指标上进行了取舍和调整,形成了包含 15 个三级指标的评价指标体系(表 6-5)。

表 6-5　绿色生活评价指标体系国际版

一级指标	二级指标	权重	三级指标	权重分	权重值	指标解释
绿色生活水平指数(GLI)	消费结构	33%	人均国民总收入	5	7.17	人均国民总收入
			人均最终消费支出	6	8.61	人均居民最终消费支出
			恩格尔系数	6	8.61	食品支出在现金消费支出中所占的比例
			每千人医院床位数	3	4.30	每千人医院床位数
			人均公共教育经费	3	4.30	人均公共教育经费
	资源消耗	33%	人均生活用水量	3	4.95	人均日生活用水量
			人均煤炭生活消费量	5	8.25	人均煤炭生活消费量
			人均石油制品生活消费量	4	6.60	人均液化石油气生活消费量
			人均生物燃料生活消费量	3	4.95	人均固体生物燃料生活消费量
			公共交通条件	5	8.25	每万人拥有公共汽车数量
	环境影响	14%	人均 CO_2 生活排放量	5	7.00	人均 CO_2 生活排放量
			人均生活垃圾产生量	5	7.00	人均生活垃圾产生量
	污染治理	20%	生活垃圾资源化利用率	5	8.33	生活垃圾回收、焚烧、堆肥处理占生活垃圾总量比重
			生活污水收集系统受益率	4	6.67	废水收集系统受益人口占总人口比重
			卫生设施普及率	3	5.00	享有卫生设施人口占总人口比重

中国绿色生活发展指数评价指标体系在各级指标上则与设计框架保持一致(表 6-6)。

表6-6 绿色生活发展评价指标体系

一级指标	二级指标	权重	三级指标	权重分	权重值	指标计算公式
绿色生活发展指数	消费结构	25%	人均国民总收入增长率	5	5.43	[(本年国民总收入/本年人口总数)/(上年国民总收入/上年人口总数)-1]×100%
			人均消费水平增长率	6	6.52	(本年人均消费支出/上年人均消费支出-1)×100%
			恩格尔系数降低率	6	6.52	[1-(本年城镇居民家庭恩格尔系数×本年城镇人口比重+本年农村居民家庭恩格尔系数×本年农村人口比重)/(上年城镇居民家庭恩格尔系数×上年城镇人口比重+上年农村居民家庭恩格尔系数×上年农村人口比重)]×100%
			每千人医院床位数提高率	3	3.26	(本年每千人医院床位数/上年每千人医院床位数-1)×100%
			人均公共教育经费提高率	3	3.26	[(本年公共教育经费总数/本年人口总数)/(上年公共教育经费总数/上年人口总数)-1]×100%
	资源消耗	25%	人均生活用水降低率	3	3.75	(1-本年人均日生活用水量/上年人均日生活用水量)×100%
			人均煤炭生活消费降低率	5	6.25	(1-本年人均煤炭生活消费量/上年人均煤炭生活消费量)×100%
			人均汽油生活消费量降低率	4	5.00	[1-(本年生活消费汽油总量/本年人口总数)/(上年生活消费汽油总量/上年人口总数)]×100%
			农村可再生能源利用提高率	3	3.75	(本年农村太阳能热水器面积/上年农村太阳能热水器面积-1)×100%
			公共交通条件提高率	5	6.25	(本年城市每万人拥有公交车辆数/上年城市每万人拥有公交车辆数-1)×100%

（续表）

一级指标	二级指标	权重	三级指标	权重分	权重值	指标计算公式
绿色生活发展指数	环境影响	25%	人均氮氧化物生活排放效应优化	3	3.41	[1－（本年城镇生活源氮氧化物排放量/本年城镇人口数）/（上年城镇生活源氮氧化物排放量/上年城镇人口数）]×100%
			人均烟（粉）尘生活排放效应优化	3	3.41	[1－（本年城镇生活源烟（尘）排放量/本年城镇人口数）/（上年城镇生活源烟（尘）排放量/上年城镇人口数）]×100%
			人均 SO_2 生活排放效应优化	3	3.41	[1－（本年城镇生活源 SO_2 排放量/本年城镇人口数）/（上年城镇生活源 SO_2 排放量/上年城镇人口数）]×100%
			人均化学需氧量生活排放效应优化	4	4.55	[1－（本年城镇生活源化学需氧量 COD 排放量/本年城镇人口数）/（上年城镇生活源化学需氧量 COD 排放量/上年城镇人口数）]×100%
			人均氨氮生活排放效应优化	4	4.55	[1－（本年城镇生活源氨氮排放量/本年城镇人口数）/（上年城镇生活源氨氮排放量/上年城镇人口数）]×100%
			人均生活垃圾产生量降低率	5	5.68	[1－（本年城市生活垃圾清运量/本年城镇人口数）/（上年城市生活垃圾清运量/上年城镇人口数）]×100%
	污染治理	25%	市容环境卫生治理投资比重提高率	4	5.00	[（本年市容环境卫生治理投资/本年市容环境基础设施建设投资）/（上年市容环境卫生治理投资/上年城镇环境基础设施建设投资）－1]×100%
			生活垃圾无害化处理提高率	5	6.25	（本年生活垃圾无害化处理率/上年生活垃圾无害化处理率－1）×100%
			城市污水处理提高率	4	5.00	（本年城市污水处理率/上年城市污水处理率－1）×100%
			城市污水再生利用提高率	4	5.00	[（本年城市污水再生利用量/本年城市污水处理总量）/（上年污水再生利用量/上年污水处理总量）－1]×100%
			农村卫生厕所普及率	3	3.75	（本年农村卫生厕所普及率/上年农村卫生厕所普及率－1）×100%

（三）绿色生活水平指数与绿色生活发展指数的测算方法

绿色生活发展指数（GLPI）的数据处理方法和计算方法与生态文明发展指数相同（详见第二章）。绿色生活水平指数（GLI）的数据处理也同样采用了多指标综合评价方法，对数据进行无量纲化处理。测算方法介绍如下：

（1）权重确定

二级指标及三级指标权重的确定采用德尔菲法，通过反复咨询专家意见，对专家的赋值进行统计，最终确定每个三级指标的权重。

（2）原始数据的标准化处理

绿色生活是不断发展、尚未定型的新事物，具体指标也难以确定目标值，使得评价指标体系只能采取相对评价方法。针对原始数据离散度较大的特点，使用统一的 Z 分数（标准分数）进行了处理。剔除大于 2.5 个标准差的极端值，平衡数据整体。

（3）等级分的赋予

以标准分数 $-2,-1,0,1,2$，为临界点，赋予数据 $1\sim6$ 的等级分，对标准化处理过程中剔除的极端值分别赋予最高分或最低分，构建符合正态分布的连续型数据结构。

（4）整合计算

对三级指标等级分进行加权求和，得到二级指标分数。二级指标得分加权求和得到总分数。

（5）缺失值的处理

在国际比较中，有部分国家个别指标数据缺失。为保证数据处理的有效性，使用了该指标等级分的均值替代缺失项进行处理，可能会导致一定误差。

五、国之大事：绿色生活道路的开启

如何在绿色生活这个没有硝烟的战场上制胜，是生态文明建设需要从全局高度省思的问题。孙子曰："兵者，国之大事也。死生之地，存亡之道，不可不察也。"绿色生活之战，也是生态文明建设成败的关键，决定着中国梦的实现与延续。目前中国对绿色生活的关注和推动，与绿色生产相较，还有很大差距。本报告认为，从政策层面更好地促进绿色生活方式的发展，可以从如下方面着手：

1. 对绿色生活方式的建立，应给予极大重视，加强顶层设计和规划

将绿色生活纳入"十三五"规划，设立约束性指标。通过国民经济发展规划，突出生活方式转型在国民经济与社会运行中的重要地位，明确和强化政府责任，有效利用公共资源和行政力量，推动绿色生活方式的形成。

制定《中国绿色生活行动计划》，确定绿色生活发展中长期目标和路线图。

2. 将绿色生活方式的建立，与城镇化、区域发展相结合

在城镇发展规划中明确体现绿色生活相关内容，将其纳入城镇发展战略。

加强绿色生活相关建设领域的政策引导和资金投入，增强城镇可持续发展的能力。

完善城镇基础设施建设，加强基本公共交通、环境卫生设施的规划和建设，完善污水收集及处理、垃圾分类处理机制。

针对中国各区域发展不平衡的状况，根据不同发展水平，结合功能区划，建立与之相适应的绿色生活方式发展战略，开展试点项目。

3. 将绿色生活与绿色生产对接

确立社会主要消费品的绿色生产技术规范。

加快绿色产品和服务相关标准和认证制度的完善。对建筑、交通、能源等重点领域的消费品，逐步推行强制绿色产品制度。

增强对清洁生产、循环经济的科技支撑力度，鼓励创新创造。

4. 为绿色生活提供完备的制度保障

健全、完善保障绿色生活的法律法规体系，遏制浪费型消费和过度消费，鼓励保护环境、生态友好、资源节约的生活模式和消费选择。

加强绿色生活制度创新，建立绿色生活发展绩效考核、评价指标体系。对一些资源消耗大、环境负面影响大的消费行为的转型，制定相应的引导政策，实施有效监督和责任追究制度。

完善绿色生活相关数据统计和信息公开，将生态、环境、资源成本纳入消费成本的计算。

5. 调动政府、企业、社会各方积极参与

发挥政府在绿色生活发展中的推动力和影响力。在市政公用基础设施建设领域，加快、加大各级政府投入，强化政府公共服务职能，加强对绿色生活相关公用事业的监管。

充分发挥以市场为基础的经济政策调控作用，增强市场参与程度，吸纳社会资本，大力发展服务经济，培育绿色生活产品和服务市场。引导企业通过实施绿色产品标准和法规，为消费者提供生态环境效益高、资源消耗密度小的合格产品和服务，创造消费水平升级并转型的市场条件。

鼓励公众积极参与消费方式的绿色转型，树立居民的绿色生活理念，完善公众监督机制。使用市场手段和价格杠杆推动居民适度消费，合理利用资源。充分发挥科研院所、高校的智库功能，推进绿色生活的政策研究。

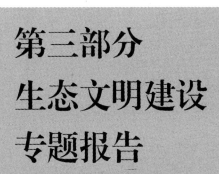

第三部分

生态文明建设

专题报告

第七章　中国能源利用发展报告

　　能源的合理利用是社会经济发展的根基,也是生态文明建设的基础。合理开发利用能源,是中国各届政府的工作重点之一。全国人民代表大会(简称"全国人大")于 2011 年批准的《中华人民共和国国民经济和社会发展第十二个五年规划纲要》(简称《"十二五"规划纲要》)提出,2015 年能源消费强度需要比 2010 年再下降 16%,非化石能源占能源消费总量的比重提高至 11.4%。[①] 如今,"十二五"已近尾声,对能源利用各项目标的完成情况进行回顾,对未来的能源战略进行展望,正是当前最为重要的工作之一。

一、能源利用的现状与趋势

　　在"十二五"期间,中国在能源利用方面已经取得了重要的成就,主要表现在能源消费强度持续下降和能源结构持续优化,但仍存在诸多问题。

(一) 能源利用的成就

1. 能源消费强度持续下降

　　经过"十一五"期间的努力,中国的能源消费强度扭转了上升的势头,2010 年中国的能源消费强度降至 0.81 吨标准煤/万元 GDP。根据全国人大于 2011 年批准的《"十二五"规划纲要》,2015 年中国的能源消费强度需要比 2010 年再下降 16%,即降至 0.68 吨标准煤/万元 GDP。

　　在"十二五"的前三年,中国的能源消费强度持续下降。国民生产总值按照 2010 年不变价计算的条件下,中国的能源消费强度在 2011 年下降为 0.79 吨标准煤/万元 GDP,2012 年继续降至 0.76 吨标准煤/万元 GDP。根据已经公布的数据推算,2013 年的能源消费强度约为 0.74 吨标准煤/万元 GDP,比 2010 年下降了 8.6%,2011 至 2013 的三年间只完成了五年任务的 54%。如果中国希望在 2015 年完成能源消费强度下降 16% 的目标,"十二五"的最后两年必须采取更有成效的措施,使得能源消费强度在两年内再下降 0.06 吨标准煤/万元 GDP(图 7-1)。

---

　　① 中华人民共和国国务院.中华人民共和国国民经济和社会发展第十二个五年规划纲要,2011 年 3 月 14 日.

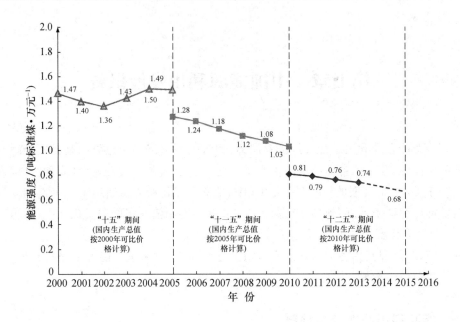

图 7-1　中国的能源消费强度（2000—2013 年）

数据来源：2000—2012 年数值来自《中国统计年鉴 2014》，2013 年数值为作者估算，2015 年数值为规划值。

2. 能源结构持续优化

在中国 2010 年的能源消费总量中，化石能源占 91.4％，其中煤炭占 68.0％，石油占 19.0％，天然气占 4.4％。非化石能源占能源消费总量的 8.6％，主要是水能、核能和风能。按照"十二五"规划的要求，2015 年中国非化石能源占能源消费总量的比重需要上升至 11.4％，即提高 2.8 个百分点。

经过"十二五"前三年的努力，中国的能源结构略有优化，主要表现在两个方面：一是化石能源的比重在 2013 年降至 90.2％，非化石能源的比重上升至 9.8％，上升了 1.2 个百分点，但 2011—2013 的三年间只完成了五年总任务的 43％；二是在化石能源的消费中，煤炭的比重下降至 66.0％，石油的比重下降至 18.4％，而天然气的比重上升至 5.8％，上升了 1.4 个百分点（图 7-2）。

为了尽快提高非化石能源的比例，国务院于 2014 年初核准，在该年新增水力发电装机容量 2000 万千瓦，新增光伏发电装机容量 1000 万千瓦，新增风力发电装机容量 864 万千瓦，新增核能发电装机容量 864 万千瓦。这些项目的顺利实施将使非化石能源占能源消费总量的比重在 2014 年底上升至 10.7％，完成"十二五"目标的 75％。

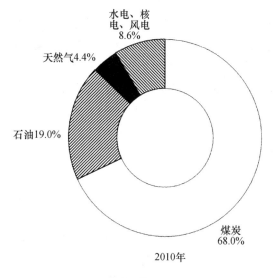

2010年

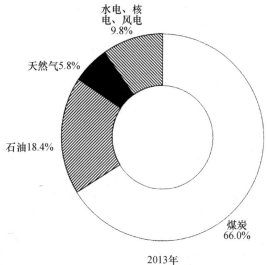

2013年

图 7-2　中国能源消费的构成比例(2000—2013 年)

数据来源:《中国统计年鉴 2014》。

(二) 能源利用的不足

1. 能源消费总量和煤炭使用量不断攀升

2010 年,中国的能源消费总量达到 32.5 亿吨标准煤,超过美国,成为世界第一大能源消费国,约占全球能源消费总量的 19.6%。

在"十二五"前三年中,中国能源消费总量持续增长,平均年增长率 2.5%。

2013 年已经增长至 37.5 亿吨标准煤,比 2010 增长了 15.4％。从全球来看,中国的能源消费总量比第二名的美国多出 25％,占全球能源消费总量的 22.4％。

　　在中国消费的能源中,比例最高的是煤炭,煤炭使用量的增长是能源消费总量不断攀升的重要原因。2010 年,中国的煤炭使用量为 22.1 亿吨标准煤,在"十二五"前三年中,煤炭使用量持续增长,平均年增长率为 2.3％,2013 年增长至 24.8 亿吨标准煤,比 2010 增长了 12.2％(图 7-3)。

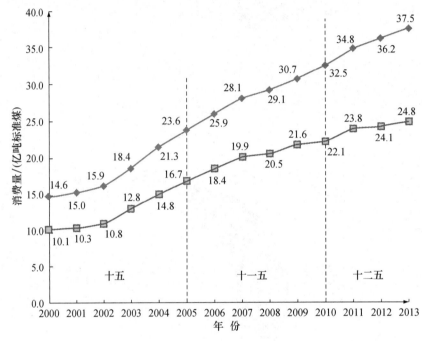

图 7-3　中国的能源消费总量与煤炭消费量(2000—2013 年)
数据来源:《中国统计年鉴 2014》。

表 7-1　2010 年世界主要地区的温室气体排放量　单位:亿吨 CO_2 当量

地区	温室气体排放总量	能源燃烧产生的 CO_2	水泥生产产生的 CO_2	甲烷	氧化亚氮	其他温室气体
中国	96.94	72.17	8.90	9.25	4.16	2.46
美国	65.30	53.69	0.09	6.42	3.45	1.65
欧盟	40.10	30.57	0.95	4.03	3.81	0.74
OECD	155.69	124.4	2.36	15.62	9.42	3.89
世界	436.17	302.76	16.39	71.94	36.33	8.75

资料来源:《中国低碳发展报告 2014》。

2. 能源消费产生的温室气体不断增加

2010 年,中国的温室气体排放量约为 96.94 亿吨 CO_2 当量,占全世界的 22.2%,已经成为世界上头号温室气体排放大国。2010 年中国排放的温室气体是第二名美国的 1.5 倍,是欧盟的 2.4 倍。在中国所排放的温室气体中,能源燃烧产生的 CO_2 是首要因素,中国各类能源燃烧产生的 CO_2 为 72.17 亿吨 CO_2 当量,占温室气体排放总量的 74.4%(表 7-1)。中国的人均温室气体排放量已经达到了 7.24 吨 CO_2 当量,是世界平均水平的 113%。中国的人均 CO_2 排放量已经达到了 6.06 吨,是世界平均水平的 129%(表 7-2)。

表 7-2　2010 年世界主要地区的人均温室气体排放量　单位:吨 CO_2 当量

地区	人均温室气体排放量	人均 CO_2 排放量
中国	7.24	6.06
美国	21.06	17.34
欧盟	9.76	7.67
OECD	12.64	10.29
世界	6.39	4.68

资料来源:《中国低碳发展报告 2014》。

"十二五"的前三年中,中国能源消费总量不断上升,而在能源结构中又以化石能源为主,其比例从未低于 90%。如此巨量化石能源的燃烧必然产生大量的 CO_2,这导致中国排放的温室气体总量不断增加。2012 年中国化石能源燃烧产生的 CO_2 比 2010 年增长了 9.4%(图 7-4)。

3. 能源利用导致的环境污染日益严重

能源的生产和消费是水污染、空气污染和固体废弃物污染的重要来源。煤炭是中国利用的主要能源,煤炭生产和消费带来了严重的水污染、空气污染和固体废弃物污染。在现有的生产条件下,中国开采 1 亿吨煤炭,破坏 7 亿吨水资源,同时产生 1300 万吨的煤矸石。由于煤炭中含有少量的硫,煤炭燃烧过程中生成了大量的 SO_2,这是中国大气中 SO_2 的主要来源,也中国多地酸雨的主要原因。

2012 年后,中国的雾霾日益严重,其中,华北地区已经是世界上细颗粒物浓度最高的地区,并出现长时间的雾霾,而其原因正是煤炭的大量利用,且该地区已成为世界煤炭利用密度最高的地区。

二、能源问题的原因与措施

中国能源消费总量不断攀升,其原因是多方面的,既有产业发展的原因,也有居民生活的原因。面对这样的局面,中国政府已经采取多种措施,督促地方政府和工业企业采取节能措施。

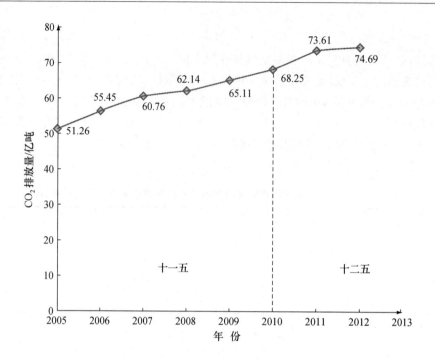

图 7-4 中国因能源燃烧产生的 CO_2（2005—2012 年）
资料来源:《中国低碳发展报告 2014》。

（一）能源问题的原因

中国能源消费总量的不断攀升,主要原因包括大量的基础设施建设、高耗能产业的发展和居民生活消费耗能的迅速增加。

1. 大量的基础设施建设

基础设施建设是中国的经济增长的重要来源,也造成了极大的能源消耗。在基础设施建设方面,中国修建了世界第一长的高速公路网和世界第一长的高速铁路网。中国的建筑竣工面积不断增加,"十一五"期间,中国的建筑竣工面积从2005 年的 15.9 亿平方米增长到 2010 年的 27.7 亿平方米,年均增长率为 11.7%。在"十二五"期间,2013 年的建筑竣工面积增长至 38.9 亿平方米,2010 至 2013 年间,年均增长率为 11.9%（图 7-5）。

2. 高耗能产业的发展

中国生产了许多高能耗的产品,如水泥、平板玻璃、钢材、铜材、铝材、纸,必然消耗大量的能源。生产这些产品的目的不仅是为了满足国内的需求,更多地是为了出口。在"十二五"期间,一些高耗能产品的出口量并没有出现明显的下降,反而还出现了增长,这必然导致能源消费量的增加。2012 年钢材的出口量为 5573

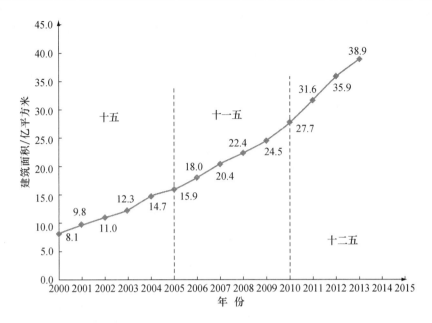

图 7-5　中国的当年竣工建筑面积（2000—2013 年）

数据来源：《中国统计年鉴 2014》。

万吨，比 2010 年增长了 30.9%。2012 年铝材的出口量为 283 万吨，比 2010 年增长了 29.8%。2012 年纸（含未成形的纸板）的出口量为 471 万吨，比 2010 年增长了 23.9%（图 7-6）。

3. 居民生活消费耗能的迅速增加

进入 21 世纪以来，中国居民的消费水平显著提高，居民生活消费已经成为中国能源消费的重要原因。

在交通方面，中国私人拥有的载客汽车在 1995 年突破 100 万辆，2002 年突破 500 万辆，2004 年突破 1000 万辆，2010 年已经接近 5000 万辆。在"十二五"时期，中国私人拥有的载客汽车继续加速增长，2013 年已经达到了 9198 万辆，比 2010 年又增长了 84%（图 7-7）。私人拥有载客汽车数量的指数型增长，必然导致大量能源，特别是石油的消耗。

在住宅方面，"十二五"时期中国城乡居民人均住房建筑面积持续增长。2012 年，中国城镇居民人均住房建筑面积达 32.9 平方米，比 2010 年增长了 4.1%。农村居民人均住房建筑面积达 37.1 平方米，比 2010 年增长了 8.8%（图 7-8）。人均住房建筑面积的增长，必然导致保暖、照明等建筑耗能的增长。

城市化也是导致居民生活消费能耗增长的重要原因。"十一五"期间，中国的城镇人口比重从 2005 年的 42.99％增长到 2010 年的 49.95％,年均提高 1.39％,每年约有 1500 万农村人口变成了城镇人口。在"十二五"期间,城镇化的速度略有放缓,城镇人口比重在 2013 年提高至 53.73％,2010 至 2013 年间,年均提高了 1.26％,每年约有 1400 万农村人口变成了城镇人口(图 7-9)。

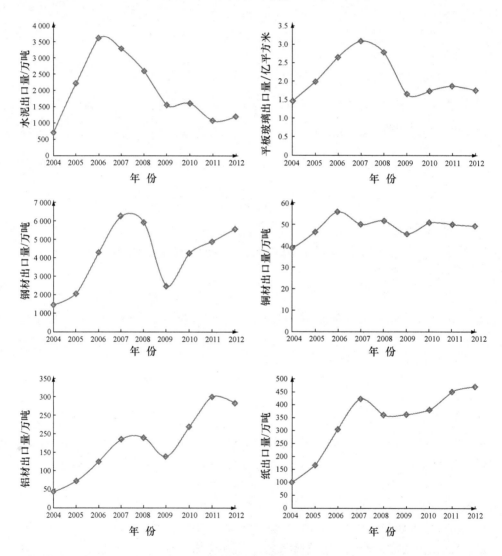

图 7-6　中国的高能耗产品出口量(2004—2012 年)

数据来源:《中国能源统计年鉴 2014》。

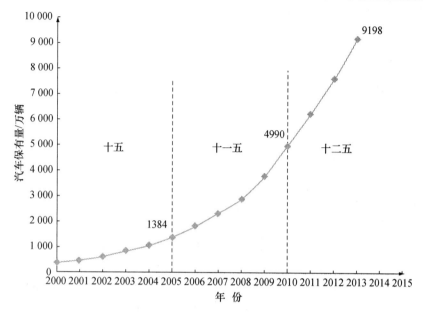

图 7-7　中国私人载客汽车保有量(2000—2013 年)

数据来源:《中国统计年鉴 2014》。

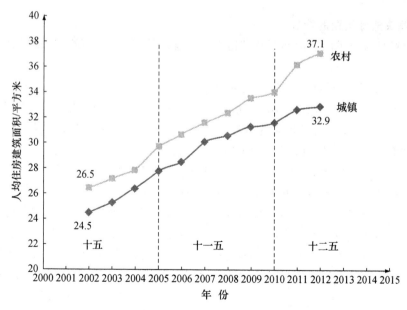

图 7-8　中国城镇居民人均住房建筑面积(2000—2012 年)

数据来源:《中国统计年鉴 2014》。

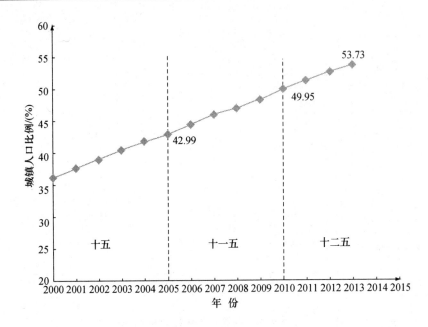

图 7-9   中国的城镇人口比例(2000—2013 年)

数据来源:《中国统计年鉴 2014》。

(二) 解决能源问题的措施

面对日益严重的能源问题及其衍生的生态环境问题,中国政府采取的措施主要有以下几个方面。

1. 设立能源利用目标并层层分解

为了促进能源的合理利用,国务院在历次的五年规划中提出全国能源发展的目标,并为各个省区制定相应的目标。在目标确定后,国务院分别与各个省区人民政府签订责任书,以督促各个省区按时完成目标。

在"十一五"之初,全国人大于 2006 年 3 月 14 日批准了《中华人民共和国国民经济和社会发展第十一个五年规划纲要》。这项《纲要》将"十一五"期间全国能源利用的目标设定为单位 GDP 能耗下降 20%。[①] 为了督促各个省区合理利用能源,降低单位 GDP 能耗,实现全国单位 GDP 能耗下降 20%的目标,国务院于 2006 年 9 月 17 日发布《关于"十一五"期间各地区单位生产总值能源消耗降低指标计划的批复》,为各省区分别设定"十一五"期间单位 GDP 能耗下降的目标,并要求各省

---

① 中华人民共和国国务院.中华人民共和国国民经济和社会发展第十一个五年规划纲要,2006 年 3 月 14 日.

区人民政府必须严格执行。① 2010 年"十一五"结束后,统计结果显示,吉林、福建、新疆、内蒙古、山西五省区没有完成国务院所分配的目标,其余 26 个省区都完成了国务院所分配的目标,全国的单位 GDP 能耗下降 19.06%,基本完成了"十一五"规划的目标。

类似的,在"十二五"之初,全国人大于 2011 年 3 月 14 日批准了《"十二五"规划纲要》,为"十二五"期间全国能源利用设立了两个目标:一个是单位 GDP 能耗下降 20%;另一个是新能源和可再生能源占一次能源消费比重达到 11.4%。为了督促各个省区降低单位 GDP 能耗和发展新能源和可再生能源,国务院于 2011 年 8 月 31 日发布《"十二五"节能减排综合性工作方案》,要求各省区人民政府必须严格执行方案,确保完成计划确定的能源强度目标(表 7-3)。②

表 7-3 "十一五"和"十二五"期间各省区单位 GDP 能耗降低情况 单位:%

地区	十一五		十二五	地区	十一五		十二五
	规划	实际	规划		规划	实际	规划
全国	20	19.06	16	河南	20	20.12	16
北京	20	26.59	17	湖北	20	21.67	16
天津	20	21.00	18	湖南	20	20.43	16
河北	20	20.11	17	广东	16	16.42	18
山西	25	22.66	16	广西	15	15.22	15
内蒙古	25	22.62	15	海南	12	12.14	10
辽宁	20	20.01	17	重庆	20	20.95	16
吉林	30	22.04	16	四川	20	20.31	16
黑龙江	20	20.79	16	贵州	20	20.06	15
上海	20	20.00	18	云南	17	17.41	15
江苏	20	20.45	18	西藏	12	12.00	10
浙江	20	20.01	18	陕西	20	20.25	16
安徽	20	20.36	16	甘肃	20	20.26	15
福建	20	16.45	16	青海	17	17.04	10
江西	20	20.04	16	宁夏	20	20.09	15
山东	22	22.09	17	新疆	12	08.91	10

资料来源:《关于"十一五"期间各地区单位生产总值能源消耗降低指标计划的批复》《"十二五"节能减排综合性工作方案》。

2. 督促高耗能工业企业节约使用能源

生产部门是中国能源消费的主体,工业的能源消费量占全国能源消费总量的

---

① 中华人民共和国国务院.关于"十一五"期间各地区单位生产总值能源消耗降低指标计划的批复(国函[2006]94 号),2006 年 9 月 17 日.

② 中华人民共和国国务院.关于印发"十二五"节能减排综合性工作方案的通知(国发[2011]26 号),2011 年 8 月 31 日.

一半以上,因此,各级政府管理能源的重点工作是督促高能耗企业节约使用能源。

在"十一五"期间,为了督促高耗能工业企业的节能,国家发展改革委等五部委于 2006 年 4 月 7 日下发《关于印发千家企业节能行动实施方案的通知》。该通知所指的"千家企业"共 1008 家,都来自有色、钢铁、煤炭、石油石化、电力、化工、纺织、建材、造纸等 9 个重点耗能行业,它们在 2004 年的能源消费量都超过了 18 万吨标准煤。[①] 在 2004 年,这 1008 家企业的能源消费量约为 6.7 亿吨标准煤,占所有工业企业能源消费量的 47%,占全国能源消费总量的 33%。该通知要求这些企业在"十一五"期间进一步显著地提高能源利用效率,实现节约能源 1 亿吨标准煤。根据国家发展改革委的考核,截至 2008 年年底,列入国家考核名单的近千家企业共实现节能 10 620 万吨标准煤,完成"十一五"节能目标的 106.2%,提前两年完成了"十一五"节能任务。

类似的,在"十二五"期间,国家发展改革委等十二个部委于 2011 年 12 月 7 日下发《国家发展改革委等部门关于印发万家企业节能低碳行动实施方案的通知》。该通知所指的"万家企业"共 16 000 家,它们在 2010 年的能源消费量一般都超过了 1 万吨标准煤。在 2010 年,这 16 000 家企业的能源消费量占全国能源消费总量的 60% 以上。该通知要求这些企业进一步显著提高能源利用效率,"十二五"期间实现节约能源 2.5 亿吨标准煤。[②] 国家发展改革委办公厅于 2012 年 7 月 11 日下发《关于印发万家企业节能目标责任考核实施方案的通知》,建立了对万家企业节能目标责任考核的实施方案。[③]

从"万家企业"的节能进度来看,国家发展改革委于 2013 年 12 月 25 日公布了对 16 078 家企业 2012 年节能情况的考核结果。在 2012 年,有 1536 家企业因关停等原因未参加考核;参加考核的 14 542 家企业中:"超额完成"的占 25.9%,"完成"的占 50.4%,"基本完成"的占 14.3%,"未完成"的占 9.5%。在 2010 至 2012 年的两年间,这些企业已经实现节约能源 1.7 亿吨标准煤,完成了"十二五"目标的 69%。

三、能源问题的对策与展望

面对能源消费总量不断攀升的局面,中国政府解决能源问题的思路已经开始

---

① 中华人民共和国国家发展改革委员会等. 关于印发千家企业节能行动实施方案的通知(发改环资[2006]571 号),2006 年 4 月 7 日.

② 中华人民共和国国家发展改革委员会等. 关于印发万家企业节能低碳行动实施方案的通知(发改环资[2011]2873 号),2011 年 12 月 7 日.

③ 中华人民共和国国家发展改革委员会办公厅. 关于印发万家企业节能目标责任考核实施方案的通知(发改办环资[2012]1923 号),2012 年 7 月 11 日.

转变,新的思路包括两个方面,一是以能源消耗总量控制替代能源消耗强度控制;二是在推进能源生产革命的同时推动能源消费革命。

(一) 展望:两个思路转变

中国现有的能源政策,以能源消耗强度控制和推进能源生产革命为特点。对能源总量进行控制很可能会限制经济的增长,这使得中国政府长期不愿提出能源总量控制的目标,而使用能源消耗强度的目标。生产领域的能源消耗仍旧是中国能源消耗的主要来源,并且集中于"千家企业""万家企业",所以中国政府长期重视生产领域的能源管理,而对居民生活的能源消耗限制较少。

尽管如此,日益严峻的能源形势迫使中央政府开始转变思路,新的思路即前所述的两个方面,2011 年全国人大审议通过的《"十二五"规划纲要》明确指出"加快制定能源发展规划,明确总量控制目标和分解落实机制"。2012 年,党的十八大报告进一步要求"控制能源消费总量"。

2014 年,党和政府已经明确了解决能源问题的新思路。习近平总书记于 2014 年 6 月 13 日主持召开中央财经领导小组第六次会议,这次会议重点讨论和研究了中国当前的能源战略。习近平总书记在会上提出中国必须尽快进行能源生产和消费革命,这就包括尽量减少不合理能源消费,开始从消费端控制能源的使用量,还包括对能源消费总量进行控制,在社会的各个领域中节约使用能源。2014 年 11 月 12 日,国家主席习近平同美国总统奥巴马在北京举行会谈。会谈后,中美双方共同发表了《中美气候变化联合声明》,宣布了各自 2020 年后的行动目标,奥巴马宣布美国将于 2025 年实现在 2005 年基础上减排 26%～28%。习近平宣布中国计划 2030 年左右 CO_2 排放达到峰值,并将非化石能源占一次能源消费比重提高到 20%左右。

(二) 对策

实现以能源消耗总量控制替代能源消耗强度控制,当前可以从煤炭着手。而推动能源消费革命,当前可以从低碳试点省市着力。

1. 从煤炭着手,实现从强度控制到总量控制

由于煤炭的开采和使用带来了严重的环境污染和气候变化,应该首先对煤炭利用进行总量控制。按照 2030 年左右 CO_2 排放达到峰值的目标,煤炭消耗量应该在 2030 年前达到峰值。

在 2012 年雾霾逐步成为中国普遍性的污染之后,对煤炭的总量控制已经在部分地区出现。2012 年雾霾在北京爆发并蔓延于华北地区后,北京市 2012 年 3 月 21 日颁布了《北京市 2012—2020 年大气污染治理措施》,提出大气细颗粒物(PM 2.5)浓度 2015 年比 2010 年下降 15%,2020 年比 2010 年下降 30%。为实现这一目标,2015 年的煤炭消费总量应控制在 2000 万吨,2020 年的煤炭消费总量

应控制在 1000 万吨。[①] 天津市于 2012 年 7 月 26 日颁布了《天津市 2012—2020 年大气污染治理措施》,提出 2015 年天津地区大气细颗粒物浓度比 2010 年下降 7%,2020 年比 2010 年下降 15%。为实现这一目标,2015 年的煤炭消费总量应控制在 6300 万吨,2020 年的煤炭消费总量应控制在 6300 万吨。[②] 环境保护部等三部委于 2012 年 10 月 29 日颁布《重点区域大气污染防治"十二五"规划》,提出了更为严格的要求,即 2015 年北京市、天津市、河北省细颗粒物浓度在 2010 年基础上分别下降 15%、6%、6%左右。[③]

2013 年,雾霾成为了全国性的空气污染,对煤炭进行总量控制已经成为缓解空气污染的核心措施。国务院于 2013 年 9 月 10 日颁布了《大气污染防治行动计划》,该计划要求 2017 年北京市细颗粒物年均浓度控制在 60 微克/立方米左右,京津冀地区细颗粒物浓度在 2012 年基础上下降 25%左右,长三角地区下降 20%左右,珠三角地区下降 15%左右。[④] 环境保护部、国家能源局等六部委于 2013 年 9 月 13 日颁布了《京津冀及周边地区落实大气污染防治行动计划实施细则》,该细则要求在 2012 年至 2017 年的 5 年间,北京市的细颗粒物浓度下降 25%左右,对天津市和河北省的要求也是下降 25%左右。[⑤] 实行煤炭消费总量控制是实现这一目标的关键,从 2012 年到 2017 年,天津市原煤使用量必须削减 1000 万吨,北京市原煤使用量必须净削减 1300 万吨,山东省原煤使用量必须削减 2000 万吨,河北省原煤使用量必须削减 4000 万吨(表 7-4),这成为中国煤炭总量控制的开端。

表 7-4　京津冀地区煤炭消费总量控制目标　　　　　单位:万吨

地区	北京	天津	河北
2010 年实际	2635	4807	27 465
2012 年实际	2300	5200	38 900
2015 年目标	2000	6307	—
2017 年目标	1000	4200	34 900

资料来源:《北京市 2012—2020 年大气污染治理措施》《天津市 2012—2020 年大气污染治理措施》《京津冀及周边地区落实大气污染防治行动计划实施细则》。

---

① 北京市人民政府. 关于印发 2012—2020 年大气污染治理措施的通知(京政发[2012]10 号),2012 年 3 月 21 日.
② 天津市人民政府办公厅. 天津市 2012—2020 年大气污染治理措施(津政办发[2012]87 号),2012 年 7 月 26 日.
③ 中华人民共和国环境保护部,等. 重点区域大气污染防治"十二五"规划(环发[2012]130 号),2012 年 10 月 29 日.
④ 中华人民共和国国务院. 关于印发大气污染防治行动计划的通知(国发[2013]37 号),2013 年 9 月 10 日.
⑤ 中华人民共和国环境保护部,等. 京津冀及周边地区落实大气污染防治行动计划实施细则(环发[2013]104 号),2013 年 9 月 13 日.

2. 从低碳试点省市着力推动能源消费革命

随着居民生活用能的不断增加,着重改变居民生活用能方式的能源消费革命已经成为重点。但由于各地经济发展水平和环保意识不一,强制在全国推广某种生活方式应该慎重。中国的部分省市已经主动申请建立"低碳省份"和"低碳城市",这些省市应该成为中国能源消费革命的先锋和榜样。

2010 年,国家发展改革委正式开展低碳试点工作。在众多提出试点申请的省市中,国家发展改革委根据申请积极性、已有的工作基础、在全国的代表性等因素进行选择,于 2010 年 7 月 19 日发布了《关于开展低碳省区和低碳城市试点工作的通知》,确定广东、云南、辽宁、湖北、陕西、重庆和天津 7 个省(市)以及杭州、深圳等 6 个城市为中国第一批国家低碳试点省区和城市。[①] 两年之后,国家发展改革委于 2012 年 11 月 26 日发布《关于开展第二批低碳省区和低碳城市试点工作的通知》,北京市、上海市、海南省以及 26 个城市被纳入第二批低碳省区和低碳城市试点工作。[②] 至此,中国已确定了 10 个低碳试点省区、32 个低碳试点城市。在 31 个省级行政区当中,只有湖南、西藏、宁夏和青海四省没有开展试点,其余省区是试点低碳省份或有试点低碳城市(表 7-5)。

表 7-5　中国的试点低碳省份和城市

	省、直辖市	城市
第一批 (2010 年)	辽宁、广东、湖北、云南、陕西、重庆、天津	杭州、深圳、厦门、贵阳、保定、南昌
第二批 (2012 年)	北京、上海、海南	广州、武汉、石家庄、昆明、乌鲁木齐、秦皇岛、淮安、呼伦贝尔、宁波、晋城、镇江、吉林、温州、桂林、苏州、大兴安岭、南平、池州、金昌、赣州、济源、遵义、景德镇、延安、青岛、广元

资料来源:《关于开展低碳省区和低碳城市试点工作的通知》《关于开展第二批低碳省区和低碳城市试点工作的通知》。

在交通运输部的支持下,这些低碳省区和城市已经开始加快建设低碳交通运输体系。交通运输部于 2011 年 3 月 15 日发布《关于开展建设低碳交通运输体系城市试点工作的通知》,首批选定天津、重庆两个直辖市以及深圳等 8 个城市开展

---

①　中华人民共和国国家发展改革委员会. 关于开展低碳省区和低碳城市试点工作的通知(发改气候[2010]1587 号),2010 年 7 月 19 日.

②　中华人民共和国国家发展改革委员会. 关于开展第二批低碳省区和低碳城市试点工作的通知(发改气候[2012 年]3760 号),2012 年 11 月 26 日.

建设低碳交通运输体系试点工作,试点期限原则定为 2011 年 2 月—2013 年。① 交通运输部于 2012 年 02 月 07 日发布《关于开展低碳交通运输体系建设第二批城市试点工作的通知》,第二批城市试点工作选定北京市以及广州、昆明等 15 个城市开展低碳交通运输体系建设试点工作,试点期限原则定为 2012—2014 年。② 低碳交通运输体系建设的重点在于建设低碳交通基础设施、推广应用低碳交通运输装备等方面。在低碳交通基础设施方面,所有试点城市都计划大力发展公共交通,如杭州市提出居民绿色出行比例达到 35％以上,万人公交车拥有量达到 25 台。在推广应用低碳交通运输装备方面,厦门、南昌和广东省都提出发展新能源汽车产业、推广使用新能源汽车。

　　在推广低碳建筑方面,这些低碳省市的主要做法包括既有建筑的节能改造、严格执行新建建筑的节能标准、制定公共机构节能标准并监测用能等。在既有建筑的节能改造方面,湖北省以及杭州、南昌等市将建筑节能改造与建筑维护、城市街道整治、危旧房改善等工程结合起来,贵阳、深圳则开展了低碳改造试点示范。在严格执行新建建筑的节能标准方面,深圳市提出了严格执行《深圳经济特区建筑节能条例》和《公共建筑节能设计标准实施细则》等法规。在制定公共机构节能标准并监测用能方面,广东省提出了加强政府机关办公建筑和大型公共建筑的能耗监测和用能管理,深圳市提出建立公共机构能耗统计与监测平台,辽宁省要求政府办公建筑和大型公共建筑率先达到节能标准,天津市制定政府机构和大型公共机构建筑耗能定额等。

　　① 中华人民共和国交通运输部.关于开展建设低碳交通运输体系城市试点工作的通知(厅政法字[2011]58 号),2011 年 3 月 15 日.
　　② 中华人民共和国交通运输部.关于开展低碳交通运输体系建设第二批城市试点工作的通知(厅政法字[2012]19 号),2012 年 02 月 07 日.

第八章　中国主要污染物减排治理
实践发展报告

随着中国经济持续快速增长,能源紧缺和环境污染严重制约着经济社会的可持续发展,节能减排成为破解发展困境的重要突破口。"十二五"以来,国家高度重视主要污染物减排工作,形成了以改善环境质量为目标,以转变发展方式为核心,以削减排污总量为基础,以有效管控新增量为保障的理念,重视减排机制的建立与完善,通过工程减排、结构减排、管理减排相结合,全面落实建设生态文明的战略目标。

一、主要污染物总量减排总体进展

"十二五"时期,国家继续把主要污染物排放总量减少作为国民经济和社会发展的约束性指标,并将其作为调整经济结构、加快转变经济发展方式的重要抓手和突破口。国务院出台了《节能减排"十二五"规划》《"十二五"节能减排综合性工作方案》等相关政策及实施细则,明确提出了主要污染物排放总量及减排情况。总体看来,三年来各地区较好地完成了主要污染物减排任务,污染总量控制取得了一定的成效。

(一) 增加减排指标,逐级推进减排行动

"十二五"期间,中国在明确主要污染物减排目标的基础上,在各地、各行业逐级落实减排任务,总体上取得了一定成效,但仍然存在减排短板。

1. 全国主要污染物减排情况

从全国来看,2011—2013 年全国主要污染物减排总量控制基本合理,其中化学需氧量、氨氮和 SO_2 排放量均实现同比稳步下降,而氮氧化物减排总量则在波动中下降,2011 年同比较大幅度上升,比 2010 年上升 5.74%,具体如图8-1～图8-4 所示。化学需氧量、SO_2、氨氮、氮氧化物三年的平均降幅分别为 2.67%、3.4%、2.42%、0.68%,其中 SO_2 的平均降幅最大,而氮氧化物的平均降幅最小。

2. 各地主要污染物减排情况

"十二五"开局之年,国家对全国 31 个省级行政区和新疆生产建设兵团按照差异化和区别对待的原则进行减排任务的分配。三年来,各省份减排情况各异。

从主要污染物来看,三年来,各地化学需氧量的减排情况较好,除三个地区外,其他省份均是同比下降;氨氮排放情况次之,每年度均有个别省份排放量同比增长,但增幅逐步下降,由 2011 年最高达 2.56% 下降至 2013 年的 0.67%;SO₂ 排放量同比增长的省份逐年减少,2011 年有 8 个,2013 年仅有 2 个。按照出现同比增长省份数量来考核的话,氮氧化物的情况最不理想:2011 年除北京、上海两地出现同比下降,其他地区均为同比上升;2012 年、2013 年仍分别有 6 个、3 个地区出现同比增长。

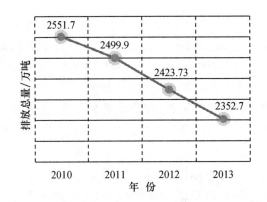

图 8-1   化学需氧量排放总量情况(2010—2013 年)

资料来源:中国统计年鉴.图 8-2～图 8-8 资料来源相同。

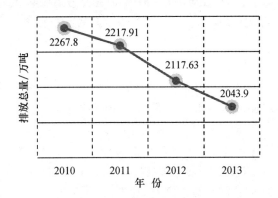

图 8-2   SO₂ 排放总量情况(2010—2013 年)

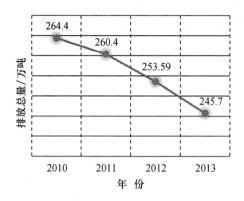

图8-3　氨氮排放总量情况(2010—2013年)

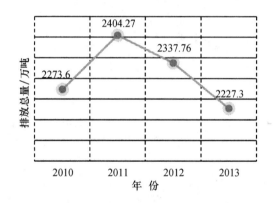

图8-4　氮氧化物排放总量情况(2010—2013年)

　　从上述主要污染物减排情况可以看出,全国多数省份基本完成减排任务,但各省三年来各约束指标的平均减幅又有所不同,综合考虑各省的情况,北京和上海三年来的平均降幅位居前列,北京三年来各项污染物排放量降幅在3%~7%,上海三年的降幅和北京相当,但其波动性比北京大,如图8-5、8-6所示。部分地区主要污染物减排在增量控制上仍存在突出问题,2011年和2012年新疆维吾尔自治区及新疆建设兵团四项主要污染物排放量全部同比上升;2013年SO_2和氮氧化物排放量均同比上升。相比较而言,新疆建设兵团各项污染物排放增幅大于自治区,这两个地区SO_2、氮氧化物的增幅大于化学需氧量和氨氮的增幅(图8-7,图8-8)。

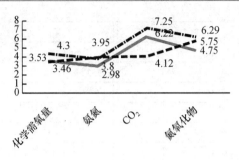

图 8-5　北京主要污染物减排降幅情况（**2011—2013** 年）
———2011，———2012，—·—·2013

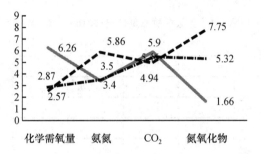

图 8-6　上海主要污染物减排降幅情况（**2011—2013** 年）
———2011，———2012，—·—·2013

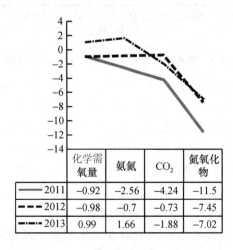

	化学需氧量	氨氮	CO₂	氮氧化物
2011	-0.92	-2.56	-4.24	-11.5
2012	-0.98	-0.7	-0.73	-7.45
2013	0.99	1.66	-1.88	-7.02

图 8-7　新疆维吾尔自治区主要污染物减排降幅情况（**2011—2013** 年）

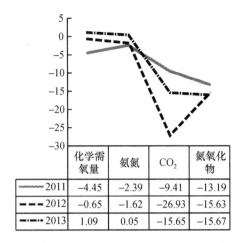

	化学需氧量	氨氮	CO₂	氮氧化物
2011	−4.45	−2.39	−9.41	−13.19
2012	−0.65	−1.62	−26.93	−15.63
2013	1.09	0.05	−15.65	−15.67

图 8-8　新疆建设兵团主要污染物减排降幅情况（2011—2013 年）

3. 重点行业主要污染物减排情况

从重点行业来看,2011—2013 年 8 家中央企业主要污染物排放量基本实现同比下降的趋势(表 8-1)。其中,2011 年减排情况相对较差,六大电力集团公司氮氧化物排放量均同比有较大幅度上升。2012 年中国石油天然气集团公司未完成化学需氧量下降 0.6% 的年度目标,中国石油化工集团公司未完成氮氧化物零增长的年度目标,这两个公司均未通过年度考核。2013 年 8 家中央企业四项污染物排放量均实现同比下降,但降幅差异比较大:在 SO_2 排放量方面,中国华能集团公司、中国华电集团公司的减排降幅高达 11%,而中国电力投资集团公司的减排降幅只有 2.54%;在氮氧化物减排方面,中国华能集团公司、中国大唐集团公司的减排降幅均在 16% 以上,而中国电力投资集团的降幅只有 7.16%。

总的来说,"十二五"开局三年来,主要污染物减排取得了一定成效,但仍然存在减排短板。一方面,部分地方政府和重点行业总量减排的任务没有完成;另一方面,部分地区形成了注重总量减排,却忽视增量控制的思路,因而呈现出主要污染物减排效果与环境质量改善不同步的问题。

(二) 着眼重点领域,结构与工程减排共进

"十二五"以来,在重点领域开展城镇污水处理设施建设、脱硫脱硝设施建设、农业源减排、落后产能退出等工作,凸显工程减排、结构减排措施的重要作用。

表 8-1　8家中央企业主要污染物总量减排情况（2011—2013 年）

单位：%

	化学需氧量			氨氮			SO₂			氮氧化物		
	2011	2012	2013	2011	2012	2013	2011	2012	2013	2011	2012	2013
中国石油天然气集团公司	−0.45	−0.08	−3.68	1.31	−1.33	−2.00	−2.73	−1.62	−7.52	4.86	3.26	−3.15
中国石油化工集团公司	0.33	−2.62	−3.17	−0.19	−1.91	−3.79	−2.24	−3.90	−9.43	1.22	1.28	−4.82
中国华能集团公司	—	—	—	—	—	—	−3.53	−11.98	−11.55	6.35	−9.93	−17.64
中国大唐集团公司	—	—	—	—	—	—	−3.1	−11.18	−9.17	4.95	−10.21	−16.62
中国华电集团公司	—	—	—	—	—	—	−2.97	−5.14	−11.30	9.43	−7.40	−8.91
中国国电集团公司	—	—	—	—	—	—	−4.19	−9.99	−8.76	7.04	−5.93	−14.66
中国电力投资集团公司	—	—	—	—	—	—	−6.94	−5.98	−2.54	7.86	−9.26	−7.16
国家电网公司	—	—	—	—	—	—	−6.52	—	—	4.13	—	—
神华集团有限责任公司	—	—	—	—	—	—	—	−4.26	−6.95	—	−5.45	−14.79
合计	—	−1.47	−3.36	—	−1.60	−2.71	−4.05	−7.96	−8.83	6.84	−7.68	−13.33

资料来源：环境保护部 2011、2012、2013 年度全国主要污染物总量减排情况考核结果。

1. 城镇污水处理设施建设

2011—2013 年,中国不断完善城镇污水处理设施建设,2012 年印染、造纸等新建废水深度处理及回用工程共 315 个,2013 年的重点项目高达 842 个。重点工程的建设,推进了"十二五"期间城镇污水处理能力的提升:2011—2013 年,全国新增城镇(含建制镇、工业园区)污水日处理能力在波动中提高,分别为 1100 万吨、1294 万吨、1194 万吨;城镇污水再生水日利用能力逐年提高,三年的总量各自为 130 万吨、301 万吨、319 万吨。

2. 脱硫脱硝设施建设

SO_2 一直是减排工作的重要指标,脱硫、脱硝对促进 SO_2 污染物的减排工作具有重要意义,更是"十二五"期间减排的重点领域。"十二五"头三年,中国不断完善脱硫、脱硝设施建设,并取得了一定成效,如表 8-2 所示。

表 8-2 脱硫、脱硝设施建设情况(2011—2013 年)

	新投运脱硫机组 /(10^4 千瓦)	新投运脱硝机组 /(10^4 千瓦)	脱硫机组容量 总装机容量 /(%)	脱硝机组容量 总装机容量 /(%)
2011	6800	4952	87.60	16.90
2012	4725	—	—	27.60
2013	—	20 500	—	50

资料来源:环境保护部 2011、2012、2013 年全国主要污染物总量减排情况考核结果。

从脱硫的效果来看,2011—2012 年新投运脱硫机组总量分别为 $6.8×10^7$ 千瓦、$4.725×10^7$ 千瓦。2011—2013 年陆续拆除脱硫设施烟气旁路,三年拆除烟气旁路的脱硫机组数量分别为 56 台、$2.37×10^7$ 千瓦;289 台、$1.27×10^8$ 千瓦;$2.03×10^8$ 千瓦。新增钢铁烧结机烟气脱硫设施烧结面积从 2011 年的 1.58 万平方米增加到 2012 年的 1.8 万平方米,再到 2013 年的 2.36 万平方米。脱硝设施建设也取得重要成绩,新投运的脱硝机组容量从 2011 年的 $4.952×10^7$ 千瓦增加到 2013 年的 $2.05×10^8$ 千瓦,2011—2013 年全国脱硝机组装机容量占火电装机容量的比重分别为 16.90%、27.6%、50%。

3. 农业源减排

农业源减排是"十二五"期间减排工作的一大亮点,并取得了重要成绩。一方面,全国规模化畜禽养殖场和养殖小区完善污水及固体废弃物处理设施不断增加,2011—2013 年该领域的设施总数分别为 5171、8630、12 724 个;另一方面,农业化学需氧量和氨氮减排效果初显,2012 年化学需氧量去除效率提高 9%,氨氮去除效率提高 28%,2013 年两者的去除效率分别提高 7% 和 27%。

4. 落后产能退出

与"十一五"相比,"十二五"期间淘汰落后产能增加了锌(含再生锌)冶炼、铜冶炼、制革、印染、铅(含再生铅)冶炼、化纤、铅蓄电池等 7 个行业,电石、电解铝、平板玻璃、铁合金、水泥、造纸等 6 个行业淘汰落后产能任务均有所增加。[①] 从具体效果来看,2011—2013 年逐步推进造纸、钢铁、电力、印染、水泥等落后产能淘汰工作,陆续关闭落后产能企业或生产线,2011 年关停 3.46×10^6 千瓦的小火电机组;继续推进淘汰黄标车工程,2012、2013 年分别淘汰 132 万辆和 183 万辆黄标车。

二、减排政策机制建立与治理结构

主要污染物减排是全面落实建设生态文明战略目标的重要举措之一,是环境保护的一项龙头工作。"十二五"期间,党和政府把减排机制的建立与完善作为主要突破口,从政策与标准的完善、任务分解与管理、协调联动机制的建立、绩效考核机制的建立与应用以及多元互动的治理结构等方面着力推进总量减排的制度与机制创新。

(一) 政策与标准的完善

政策体系的完善与科学化布局是减排工作的首要前提。2011 年以来,政府从注重政策协同、制定环境经济政策、完善排放标准体系等三方面入手,着力完善减排依据。

1. 注重政策协同,建立科学化政策布局

随着环境问题不确定性、复杂性和无序性的加剧以及减排压力的增大,减排政策的制定已超越了传统的政策领域边界,越来越成为需要多个系统协同参与的事项。这就要求政府在减排政策的制定过程中,既要注重减排目标与其他社会经济目标的协同推进,同时还要增强不同减排政策的协同效应、降低不同减排政策的阻碍效应以及非节能减排政策对节能减排政策的对冲效应。[②]

"十二五"以来,中国在主要污染物减排政策制定中开始注重政策协同问题。2011—2013 年间,各部门联合颁布的减排政策占所有减排政策的比例高达 30%,减排政策的协同效应明显增强。如 2011 年国家发展改革委、工信部、环境保护部、商务部、国家工商行政管理总局、国家质量监督检验检疫总局等部门继续深化限塑令;2012 年工信部、科学技术部、财政部联合推进工业减排先进适用技术遴选评估与推广政策;2013 年,财政部、国家发展改革委、工信部联合发布了《关于停止节能家电补贴推广的政策》。这意味着中国减排政策的制定中注重不断加强各部门间的合作,由单一部门主导逐渐向相关部门联合推进转变,减排政策的协同效应增强,但尚未形成健全的减排政策协同机制。

---

① 《淘汰落后产能工作考核实施方案》(工信部联产业[2011]46 号).
② 张国兴,等.政策协同:节能减排政策研究的新视角[J].系统工程理论与实践,2014,(3):546—559.

2. 制定环境经济政策,完善配套措施

制定有效而可持续的污染物减排经济政策是中国缓解环境压力的重要手段。为实现"十二五"减排总量目标,国家充分运用经济政策、技术政策和行政监管等政策工具,充分发挥激励和约束机制的作用。

在经济政策上,政府注重激励性和限制性经济政策相结合的"组合拳"效应,建立了比较完善的激励与约束机制。其中,通过财政、税费减免、金融扶持等激励性政策工具,鼓励企业积极参与环境保护;通过价格、收费和税收等限制性政策工具,使得企业承担环境污染的相应责任。2011 年,国务院出台了《关于加强环境保护重点工作的意见》,强调要实施有利于节能减排的经济政策,如对生产符合下一阶段标准车用燃油的企业,在消费税政策上予以优惠;严格落实燃煤电厂烟气脱硫电价政策,制定脱硝电价政策;对高耗能、非电力行业脱硫、脱硝和垃圾处理设施等鼓励类企业实行政策优惠等。[1] 经济政策更多地发挥着激励作用,有利于调动社会各方力量参与到减排工作中来。在技术支持上,随着减排工作的深入化,技术越来越成为减排工作的重要支撑。2013 年以来,中国特别注重污染物防治技术的发展,先后制定了石油天然气开采、制药、水泥等行业及硫酸、挥发性有机物、细颗粒物等污染物的防治技术政策,为减排工作提供了重要的保障。为继续推进总量减排工作的全面开展,2013 年 1 月,国务院转发《"十二五"主要污染物总量减排考核办法》(以下简称《办法》)。《办法》则多采用行政监管的手段,对未完成任务的地区及领导干部进行严格约束。

结合国家的统一部署及地方的实际情况,各地纷纷采取奖惩措施促进"十二五"减排工作的完成,部分地区成效甚佳。2011 年,江苏省政府出台了《省政府关于进一步加强污染减排工作的意见》,综合运用经济、行政、技术手段,建立长效减排激励和约束机制。如经济政策上,进一步加大财政投入力度,研究制定关停搬迁重污染企业和再生水利用管网建设的"以奖代补"等十余项经济激励政策;在技术支持上,强化科技支撑,将用于减排的共性关键技术列为科技攻关的重点领域和优先主题,并进一步推动技术的引进、研发和成果转化。[2] 广东省制定的经济激励政策,极大地推动了其节能减排任务的完成。它主要采用两方面的经济政策:一是"以奖代补,以奖促减"的财政政策,省财政对完成建设任务并发挥减排效益的项目给予资金奖励,极大地推进了重点工程项目建设;加大对淘汰落后产能的财政支持力度,省节能专项资金中划出部分资金专门用于鼓励落后产能提前退出;二是以市场为导向,深化减排价格管理机制,深化污水处理收费改革,提高污

① 参见《国务院关于加强环境保护重点工作的意见》.
② 参见《主要污染物减排工作简报》,2011 年第 7 期.

水处理收费标准;加强燃煤火电机组脱硫、脱硝电价管理,形成比较完善的差别电价体系,有效遏制了高耗能和高污染行业发展;积极推进氨氮、氮氧化物排污费征收标准改革,实行差别化排污费政策。[①]

多元化的奖惩机制可极大地推动减排工作的开展,而过分强调某一种方式,尤其是过分强调行政管制手段,效果往往是事倍功半。奖惩方式的单一化是影响地区、行业减排效果的重要因素。

3. 严格减排标准,完善排放标准体系

首先,完善减排指标体系,新增氨氮、氮氧化物排放约束性指标。《节能减排"十二五"规划》中明确指出"十二五"有 4 个污染物减排指标,在保留化学需氧量、SO_2 排放总量指标基础上,新增加氨氮、氮氧化物排放约束性指标,扩大了减排覆盖面;并从总量上设置了减排目标。此外,通过出台《"十二五"主要污染物总量减排核算细则》明确了减排核算的原则、方法和方式,为核算污染物新增排放量、削减量和实际排放量提供了科学化的依据。

其次,细化行业标准。为保证控制总量标准的完善,"十二五"开局之初,中国不断更新或新制订水污染物、大气固定源污染物及移动源污染物等方面的排放标准,为减排任务的完成奠定基础。2011—2013 年间,国家密集出台了涉及水污染物排放的标准 19 项,大气污染物排放的标准 22 项,如表 8-3 所示,污染物排放标准体系正在逐步完善,并有据可依。

最后,丰富标准体系。为进一步实现节能减排标准的科学化,在国家标准、行业标准、企业标准和地方标准之外,2011 年,中国节能减排标准化技术联盟正式启动,联盟由中国标准化研究院等 11 家单位共同发起,目前有 260 多名成员。[②] 该联盟是典型的非营利性技术组织,致力于节能减排的标准化工作,充分发挥认证机构、行业协会、研究机构、大专院校等组织的作用,共同打造"领先性联盟标准"。同年 7 月发布的《基于项目的温室气体减排成效评价技术规范》是中国第一项节能减排联盟标准,这意味着联盟标准将逐渐发挥作用。[③]

(二) 减排任务分解与管理

目前,主要污染物减排具有指令式强制减排的特点,减排任务的分解与管理则是在短期内动员地方政府和企业的减排资源,确保减排效果的重要基础。

1. 科学分解任务,逐级行政发包

大气、水等环境质量持续恶化,由其衍生的政治、经济和社会问题引起了中央

---

① 参见《主要污染物减排工作简报》,2013 年第 9 期.
② 全国节能减排联盟出台节能减排标准[J]. 有色冶金节能. 2011,(06):53.
③ 中国节能减排标准化技术联盟在北京成立[J].中国资源综合利用. 2011,(02):7.

的高度关注,并由此形成了自上而下的环境治理体系,短期内注重用行政手段解决环境治理的市场失灵问题。主要污染物的减排任务分解也具有很强的高位推动、行政发包的特点。[①]

首先,减排任务分解具有科学化和差别化的特征。一方面,运用统一的标准对各地方的减排潜力进行科学测算,确定在理想情况下各省四种污染物的减排能力,依照减排潜力初次分配各省减排任务;另一方面,实行东、中、西部地区差异化和区别对待的原则,将东、中、西部地区减排潜力转化为减排比例系数,按高、中、低取值,适当调整各区域和省份的减排任务。如对京津冀鲁地区、长三角、珠三角、联防联控重点地区、国家重点流域地区和重点企业实施重点控制,要求承担更多的减排任务;对福建、海南、西藏、青海、新疆兵团、广西以及宁夏、内蒙古等边疆和民族自治地区,考虑到经济发展水平、环境容量等因素,对减排指标适当放宽。[②]

表 8-3 "十二五"期间出台的主要污染物排放标准

序号	文件名	发布年份	所属领域
1	稀土工业污染物排放标准	2011	水污染物
2	磷肥工业水污染物排放标准	2011	水污染物
3	钒工业污染物排放标准	2011	水污染物
4	汽车维修业水污染物排放标准	2011	水污染物
5	发酵酒精和白酒工业水污染物排放标准	2011	水污染物
6	橡胶制品工业污染物排放标准	2011	水污染物
7	弹药装药行业水污染物排放标准	2011	水污染物
8	稀土工业污染物排放标准	2011	大气固定源污染物
9	钒工业污染物排放标准	2011	大气固定源污染物
10	平板玻璃工业大气污染物排放标准	2011	大气固定源污染物
11	火电厂大气污染物排放标准	2011	大气固定源污染物
12	橡胶制品工业污染物排放标准	2011	大气固定源污染物
13	摩托车和轻便摩托车排气污染物排放限值及测量方法(双怠速法)	2011	大气移动源污染物
14	铁矿采选工业污染物排放标准	2012	水污染物
15	钢铁工业水污染物排放标准	2012	水污染物
16	铁合金工业污染物排放标准	2012	水污染物
17	炼焦化学工业污染物排放标准	2012	水污染物

---

① 周黎安指出,"政府间的关系像是层层发包关系,行政和经济管理事务由中央逐级发包到最基层,基层作为最终的承包方,具体实施政府管理的各项事务"。参见:周黎安.行政逐级发包制 :关于政府间关系的经济学分析[EB/OL]. (2007-10-14)[2014-12-06]http://www.crpe.cn /06crpe /index /clinic/

② 参见《主要污染物减排工作简报》,2011 年 10 期.

（续表）

序号	文件名	发布年份	所属领域
18	纺织染整工业水污染物排放标准	2012	水污染物
19	缫丝工业水污染物排放标准	2012	水污染物
20	毛纺工业水污染物排放标准	2012	水污染物
21	麻纺工业水污染物排放标准	2012	水污染物
22	铁矿采选工业污染物排放标准	2012	大气固定源污染物
23	钢铁烧结、球团工业大气污染物排放标准	2012	大气固定源污染物
24	炼铁工业大气污染物排放标准	2012	大气固定源污染物
25	炼钢工业大气污染物排放标准	2012	大气固定源污染物
26	轧钢工业大气污染物排放标准	2012	大气固定源污染物
27	铁合金工业污染物排放标准	2012	大气固定源污染物
28	炼焦化学工业污染物排放标准	2012	大气固定源污染物
29	柠檬酸工业水污染物排放标准	2013	水污染物
30	合成氨工业水污染物排放标准	2013	水污染物
31	制革及毛皮加工工业水污染物排放标准	2013	水污染物
32	电池工业污染物排放标准	2013	水污染物
33	电子玻璃工业大气污染物排放标准	2013	大气固定源污染物
34	砖瓦工业大气污染物排放标准	2013	大气固定源污染物
35	水泥工业大气污染物排放标准	2013	大气固定源污染物
36	电池工业污染物排放标准	2013	大气固定源污染物
37	轻型汽车污染物排放限值及测量方法（中国第五阶段）	2013	大气固定源污染物

资料来源：笔者整理。

其次，实行污染物减排的双向分配模式，注重政策周期总指标与年度指标相结合。"十二五"减排指标分解调整了以往只注重五年周期目标的模式，增加了年度减排指标，对五年污染物减排累计指标进行各年度纵向指标分配。这种模式明确了政策周期内各个减排主体每年的减排强度，确保五年目标的实现。

因此，国家在确定"十二五"主要污染物总量减排目标后，遵循"行政发包"原则，对减排任务按地区、行业进行"打包"，并逐级"发包"。任务包的指令自上而下逐级传递，最后落实到最基层的承包方，减排任务发包的过程不是一个分工合作的关系，而是层层发包和监督、职责高度重叠和覆盖的关系。①

---

① 周黎安.行政逐级发包制：关于政府间关系的经济学分析[EB/OL].（2007-10-14）[2014-12-06]ht-tp://www.crpe.cn/06crpe/index/clinic/

2. 坚持责任导向,实行项目制管理

减排任务分解后,如何对任务进行管理将直接影响到最后的减排效果。国家主要将减排责任书作为约束性指标,并采用"项目制"的方式对减排任务进行管理。

首先,逐级签订减排责任书。在中央层面,环保部与 31 个省、自治区、直辖市人民政府和新疆生产建设兵团,以及华能、大唐、华电、国电、中电投、神华、中石油、中石化(集团)等公司的主要负责人签署"十二五"主要污染物总量减排目标责任书;在地方层面,省市政府按照相同的步骤,与下级地方政府签订主要污染物总量减排目标责任书。通过目标管理,层层签订目标管理责任书,实行污染物减排专项责任制,达到了强行政动员的目的,成为保障减排任务完成的政治约束。

其次,采用"项目制"运作方式。"十二五"时期,国家突出了项目减排的重要性,制定《中央财政主要污染物减排专项资金项目管理暂行办法》;公开发布《"十二五"主要污染物总量减排目标责任书》,提出 2012、2013 年完成的重点减排项目名单①;制定《项目申报技术指南》,引入招标、投标机制,并定期对项目进行核查,保证减排项目的顺利开展。在减排任务管理中设立主要污染物减排专项资金,制定减排重点项目,规范项目资金的申请和使用,跟踪项目进展及评估项目实施效果等,并采用"分级治理",在中央部委、地方政府以及企业的减排实践中形成"发包""打包""抓包"的不同机制。② 在减排项目中,中央部委拥有专项资金的分配权和管理权,各级地方政府为获取项目资金,积极申报减排项目,并接受中央部门的监督,如甘肃省完成 2011 年中央财政主要污染物减排专项资金"重点省市核与辐射应急监测调度平台及快速响应能力建设项目"招标工作。通过减排项目,国家可以实现减排任务的逐级推进,中央部门掌握的资金分配权对地方政府和企业形成了外在压力;项目专项资金则可极大动员地方政府和企业参与减排事业的积极性。

(三) 建立减排协调联动机制

"十二五"时期中国工业化和城市化快速发展,资源能源消耗持续增长,减排面临前所未有的压力。为推动经济与环境的协调发展,中国建立和逐步完善减排协调联动机制,已初步形成了政府内部、中央与地方之间、区域之间的协调系统。

1. 政府内部协调机制

从现实情况来看,减排工作所涉及的政府部门主要有国务院各部委、各地方

① 参见《"十二五"主要污染物总量减排目标责任书》要求 2013 年完成的重点减排项目.
② 陈水生.项目制的执行过程与运作逻辑——对文化惠民工程的政策学考察[J].公共行政评论.
2014,(03):133—156.

政府及其下属部门,结合中国行政管理体制,减排任务中政府内部协调主要包含国务院各部委之间的协调、地方政府与其他地方部门的协调。

目前,各部委之间主要通过部际联席会议制度来实现减排工作的协调。部际联席会议制度是行政机构最高层次的联席会议制度,各部委通过部际协调会议,加强彼此之间对于减排工作的沟通与合作,统一各部委在减排工作上的行动路径。2011 年,环保部首次邀请监察部、农业部、住建部派员参加部分省市总量减排核查工作,加强了部门间的沟通与协调,提高了减排现场核查质量。① 2012 年环保部联合工业和信息化部、财政部、国土资源部、住房和城乡建设部、水利部和农业部等部委及吉林、黑龙江、内蒙古三个省、自治区召开全国环境保护部际联席会议暨松花江流域水污染防治专题会议。② 全国认证认可工作部际联席会议成员单位紧紧围绕全面深化改革和"五位一体"建设布局,在加快推进认证认可在质量管理、节能减排、公共安全、新兴产业等领域的应用方面,发挥着积极作用。

各地方政府也在积极探索更加有效可行的协调机制以推动减排工作,部分地区取得了重大的突破。浙江省成立节能减排工作领导协调小组,细化部门分工,协调 20 个成员单位的减排工作职责;陕西省采用多部门联动协调机制,省环境保护厅联合财政厅、商务厅、公安厅、交通运输厅联合出台《陕西省机动车污染减排管理办法》,加强机动车污染减排管理,实现减排统筹协调;广东省环保厅、经济和信息化委、发展改革委、公安厅等有关部门联合印发实施污水处理厂及配套管网建设、机动车污染防治、农业源总量减排、工业锅炉整治等一系列专项减排工作方案,逐步形成了各部门减排协调联动机制。③

2. 中央与地方协调机制

中国环境危机问题某种程度上可以归结为地方环境治理的失败。条块交纵的环境行政管理体制以及环境法律在地方层面上缺乏认同使得环境政策执行效率大打折扣,这成为中国环境治理的主要障碍。为加强中央与地方在环境治理上的沟通,国家建立了广泛的沟通协调机制,在华南、西南、东北、西北、华东、华北六大区域陆续成立环保督查中心,作为中央与地方沟通协调的纽带,履行环境督查职能,寻求破解环境治理体制难题。

环保督查中心肩负减排总量督查和跨界协调两大重要任务,对区域内减排工作的推进发挥着重要的作用。结合所处地域的特点,各环保督查中心协调督查的污染物对象有所不一。华南环保督查中心侧重于水污染物排放的控制和协调,

① 参见《主要污染物减排工作简报》,2012 年第 6 期.

② 王亚京.全国环境保护部际联席会议暨松花江流域水污染防治专题会[EB/OL].(2012-05-23) [2014-12-4]http://roll.sohu.com/20120523/n343881198.shtml

③ 参见《主要污染物减排工作简报》,2013 年第 9 期.

"十二五"期间,该中心完成海南省环境保护和污染减排政策落实情况摸底检查,参与由环境保护部组织、住房和城乡建设部、水利部等部门成立的对湘、桂、鄂三省(区)落实《长江中下游流域水污染防治规划(2011—2015 年)》情况的联合考核组,推动粤、桂两省区跨界河流水污染联防联治协作,组织召开湘、桂两省扶夷江-资江流域水污染整治联动工作机制协调会等,对控制华南地区水污染物排放发挥了重要的协调作用。华北环保督查中心则侧重于大气污染物的排放,如排放重金属污染物上市公司环保后督查工作、华北地区城镇污水处理厂减排效能现状调查、华北片重点石油炼化企业专项督查、机动车尾气检验机构调研督查、机动车和发动机生产企业环保达标监督检查等,这些都有利于华北地区控制大气污染物的排放,有助于该区域减排工作的落实。

3. 区域协调机制

近几年,中国大气污染呈现出由局部地区污染向区域污染演变的趋势,区域性污染问题日益突出,这一方面是因为大气环流造成了城市间污染物相互影响,另一方面则是因为在治理大气污染过程中,往往形成了各个城市"各自为战"的治理格局,区域性治污合力缺失或者不足。为解决这一问题,中国在大气污染防治中实行区域联动的方式,打破原有以行政区划为单位的治理模式。

国家出台《重点区域大气污染防治"十二五"规划》,设定了大气污染联防联控的区域,其中将京津冀、长三角和珠三角地区设定为重点区域,希冀总结与借鉴北京奥运会、上海世博会和广州亚运会期间区域大气污染联防联控的经验,进一步积极探索区域大气污染联防联控机制。① 目前已初步建立起以上海市牵头的长三角大气污染防治协作机制和以北京市牵头的京津冀大气污染防治协作机制。②

京津冀及周边地区大气污染防治协作机制各单位联合制定大气污染防治专项资金、能源行业加强大气污染防治工作方案、耗煤项目煤炭减量替代管理办法、考核办法等《大气污染防治行动计划》(简称《大气十条》)的配套政策及《京津冀及周边地区国家环境空气质量监测网建设方案》,为区域联动控制污染物的排放提供良好的政策环境。长三角大气污染防治协作机制各单位共同讨论并制定《长三角区域落实大气污染防治行动计划实施细则》,提出到 2017 年实现 PM 2.5 浓度比 2012 年下降 10% 或 20% 的目标,此后力争再用五年或更长时间逐步消除重污染天气,全面改善空气质量。同时,各部门还协商出台了《长三角区域空气重污染应急联动工作方案》,基本统一预警启动条件和主要应急措施,明确信息互通和会

———————

① 参见《重点区域大气污染防治"十二五"规划》。
② 环保部 2014 的"三大战役"[EB/OL].(2014-02-13)[2014-12-4] http://www.chinastock.com.cn/yhwz_about.do? docId=3987939&methodCall=getDetailInfo

商机制,统一重污染情况分析口径。长三角大气污染防治协作机制自启动以来,初步建立了联防联控网络,探索深层次的合作机制。[①] 南京青年奥林匹克运动会与乌镇世界互联网大会期间的空气质量因此得到了有效保障。从具体操作来看,各区域联防联治主要集中在末端治理上,然而区域内各地情况各异,如何对区域内的总量进行科学合理的协调分配是目前各区域协调合作面临的主要问题。

(四)建立、健全污染减排绩效管理制度

绩效管理是提高政府行政效率的重要手段。"十二五"开局,环保部开展污染减排绩效管理试点工作,把绩效管理作为推动主要污染物减排的重要抓手。

1. 建立试点领导体制

为了推动污染减排绩效管理试点工作的开展,2011 年,环保部成立试点工作领导小组,统筹减排考核工作。领导小组由环保部主要相关领导组成,在总量司设立办公室。领导小组研究制定《污染减排政策落实情况绩效管理试点工作实施方案》,建立试点工作机制,为试点工作的顺利推进提供了组织保障。在环保部的指导下,部分地区和中央企业也建立了类似的领导小组和工作机制,确保减排试点工作成效。

2. 搭建绩效考核制度体系

在借鉴"十一五"污染减排考核的成功经验及充分运用绩效管理的理论和方法的基础上,"十二五"期间国家建立了绩效管理和考核检查有机融合的减排考核制度。目前,已基本形成了以国务院《"十二五"节能减排综合性工作方案》为指导文件,以《"十二五"期间全国主要污染物排放总量控制计划》为考核目标,以《"十二五"主要污染物总量减排目标责任书》为考核依据,以《"十二五"节能减排综合性工作方案部门分工》为开展部门减排绩效管理的基础,以《"十二五"主要污染物减排核算细则》为减排绩效考评指标体系的重要技术支撑,以《"十二五"主要污染物总量减排考核办法》为操作指南的系统考核体系。科学的绩效考评制度体系,对于促进"十二五"各项减排政策措施的落实,提升减排工作水平,确保减排任务的顺利完成,发挥着极大的推动作用。[②]

3. 创新考核方式,强化结果运用

考核检查是一种重要的监督机制,引导、激励政策行动者遵从政策指令的行为,而科学的考核方式是检测减排目标是否达成的重要途径。2011—2013 年期间,国家相关部门不断创新减排工作考核方式:一是采取日常专项检查和总体检

---

① 张赛男. 长三角大气污染防治协作机制启动[EB/OL]. (2014-01-09)[2014-12-4]. http://epaper. 21cbh. com/html/2014-01/09/content_88437. htm? div=-1

② 参见《主要污染物减排工作简报》,2012 年第 6 期.

查相结合的方式,对各级政府绩效管理情况进行检查评估;二是改进通报方式,自2011年开始在通报中明确指出各地考核过程中存在的突出问题并提出改进意见;三是创建主要污染物总量减排措施季度调度制度(简称"减排调度"),该制度从2012年开始施行,是总量减排"三大体系"建设的一项重要制度。其主要目的是对国家减排目标责任书及年度减排计划项目进展情况进行季度调度,是减排考核方式的重要创新之处。绩效考核方式的创新求变,有力促进了政府为主体,人大、政协监督,环保部门牵头组织协调,相关部门齐抓共管,企业切实承担责任,全社会共同参与监管的污染减排大格局的形成。①

考核结果的运用是落实减排考核的关键所在,是继续推进减排工作的主要因素。"十二五"期间,国家注重考核结果运用,强化问责工作,就问责对象、问责方式等进行了积极有益的探索尝试:对未通过年度考核的地方政府,实行"一票否决"制;并实行通报批评、诫勉谈话等②;由环保部长及副部长、总量司司长分别约谈减排任务完成较差的省级政府、中央企业主要负责人和地级市负责人,分析存在的问题并要求相关部门、企业进一步采取措施,保证减排任务的完成。

(五) 多元互动的治理结构

减排本质上是处理环境问题,实现经济与环境的健康持续发展。减排工作的不确定性和复杂性,意味着其治理需要由政府—市场—社会等多元主体通过开放、互动的治理机制来共同参与。

1. 充分发挥政府的调控作用

环境作为一种公共产品,需要政府规范自身管理行为,发挥积极的示范作用。通过建立激励和约束机制,倡导市场和社会共同参与到减排工作当中。在减排任务上,行政发包制下的"分级治理"(在"十二五"国民经济和社会发展规划中,规定了主要污染物减排约束性指标和任务,并逐级向下级政府分配并最后落实到生产企业),是中国政府进行减排治理的特有方式。③ 在"分级治理"模式下,委托方通过激励和约束机制,如市场准入、技术规范和排放标准,对代理方的减排行为产生压力,表现为典型的"压力型体制"下的政治激励模式。④ 这在一定程度上能带来减排工作的高效率,但同时也容易出现"官出数字,数字出官"的现象,导致政府公信力的下降。在改革开发的攻坚区和深水区,市场转型不断深化,政府减排治理

---

① 参见《主要污染物减排工作简报》,2012年第6期.

② 参见《主要污染物减排工作简报》,2013年第6期.

③ 朱旭峰.市场转型对中国环境治理结构的影响——国家污染物减排指标的分配机制研究[J].中国人口.资源与环境,2008,(06):80—86.

④ 周雪光,练宏.政府内部上下级部门间谈判的一个分析模型——以环境政策实施为例[J].中国社会科学,2011,(05):80—96.

制度要紧跟市场转型的步伐,积极发挥宏观调控的作用。

2. 创新市场配置机制

市场在配置资源的过程中发挥着基础性的作用,通过市场的配置,可实现资源的合理流动。在生产、分配、消费、交换等环节实行环境资源的有偿使用,一定程度上有利于在社会经济活动的全过程实现减排目标。[①]减排补贴、污染税、碳及其他主要污染排放交易是发挥市场在减排工作中作用的重要形式。"十二五"期间,市场机制在减排工作中发挥着越来越重要的作用,如 2012 年以来,中国逐步在北京、天津、上海、重庆、湖北、广东等省市以及深圳市开展碳排放权交易试点,部分学者认为中国有望在此期间建立碳排放交易系统。但中国碳排放市场存在着规模小、活跃度低等问题。在"十二五"的后两年里,我们要不断搞活主要污染物排放市场,积极创新市场配置机制。

3. 调动社会的参与和监管作用

社会公众与环境的距离是最近的,对环境的需求是最贴切的,对减排效果的感受也是最直接的,因此,他们能对减排治理提供关键而准确的信息。在减排治理中,积极调动社会各方的参与和监管作用,将切实保障减排任务的落实。"十二五"期间,政府通过宣传教育、信息公开等方式,提高社会参与和监管的积极性。2012 年,环保部收到脱硫设施在线监测弄虚作假的举报信共 5 封,是减排开展以来群众举报最多的时期,这表明中国减排工作的社会监管已初见成效。

三、主要污染物减排形势与展望

"十二五"开局以来,从全国范围来看,主要污染物减排的各项约束性指标均已基本实现,减排机制的建立与完善对总量减排贡献突出,尤其是创新性的开展污染减排绩效管理试点工作,在总量减排中发挥了积极作用。但在取得成效的同时,仍然存在总量减排周期性反弹、地方政府和企业减排内在动力不足、减排效果与环境质量改善不同步等问题,这为后续的减排工作提出了改进的方向。

(一) 打破条块分割,建立多元协同治理机制

当前,在中国的减排治理实践中虽已形成了多元互动的治理结构,但仍然具有条块分割、力量分散、效率低下的问题,并没有形成系统的协同效应。具体来说,政府主导了减排工作的推进,但减排效果却依赖于其他主体的行为;企业是减排的主要行动者,但缺乏参与减排的内在动力;社会组织与大众有参与减排的意愿,但渠道不畅通。推动主要污染物减排的深入而有效的开展,则首先需要破除

---

① 黄永忠.基于政府与市场的视角用激励与约束机制助推节能减排[J].有色冶金节能,2009,(06):03—06.

结构松散的障碍,建立多元协同治理机制,充分发挥政府、企业、社会组织和大众等行为主体各自在资源、知识、技术等方面的优势,通过完善法规机制、分工协调机制、资源共享机制、沟通机制、绩效考核机制、激励机制和监督机制等,在他们之间构建起一套良性的互动关系,破除纵向层级制安排和横向区域性安排的束缚,实现对减排"整体大于部分之和"的治理功效。①

(二)完善市场机制,激发减排内在动力

中国的减排政策与实践具有政府高位推动的特征。这种特征使地方政府高度重视减排目标的完成,甚至在某种程度上超过了重视确保 GDP 增长率的目标。但当通过常规措施难以达到减排目标时,地方政府和企业可能采取一些非常规的措施强行实现目标,或影响经济的正常运行,或形成数字造假。实际上,正是由于行政手段的过度使用和市场调节力量的缺失才产生了减排"变相达标"的风险。②而完善落实减排机制的根本在于提高地方减排的"自发性"意愿,即通过市场机制(准入机制、交易机制和退出机制等)激发行为主体的减排内在动力。其中市场准入与退出机制主要包括支持鼓励维度和限制约束维度,分别体现在行业、企业和产品三方面,而市场交易机制则包括排污权交易机制、市场融资机制、生态保险机制、绿色采购机制等。③

(三)强化激励政策,注重政策协同和可持续性

1. 注重政策协同,消除不同政策间"效益悖反"现象

政策是制度的产出,是治理实践的导向。主要污染物减排政策既需要考虑政策组合拳之间的协同性,又需要消除不同政策之间的"效益悖反"现象。一方面要协调减排政策和促进经济增长政策之间的关系。促进地方经济增长是地方政府及其主要官员的原始目标,尤其是后金融危机以来,政府需要保证 GDP 的增长来复苏经济,而减排工作的推进在一定程度上会以影响甚至牺牲经济增长为代价,二者之间互相增加了目标实现的难度。另一方面,要协调减排政策与人口政策之间的关系。在低生育率和人口老龄化加速的社会背景下,政府调整和完善人口政策,在继续坚持计划生育基本国策下,出台"单独二胎"政策。人口政策的调整势必会带来主要污染物排放量的增多,增加了控制减排增量的难度。因此,如何最大限度地消除减排政策与其他政策之间的"效益悖反"现象,是需要深入思考的问题。

① 黄德林,陈宏波,李晓琼.协同治理:创新节能减排参与机制的新思路[J].中国行政管理,2012,(01):23—26.
② 宏观经济研究院国地所课题组,卢伟."十一五"我国节能减排工作回顾及"十二五"政策建议[J].宏观经济管理,2011,(01):14—16.
③ 曾凡银.节能减排的市场机制研究[J].理论前沿,2008,(07):7—10.

2.完善政策设计,兼顾短期和长期双重导向

减排政策与实践的一大特点就是强制性。行政发包式的任务分解、目标责任制的管理和"一票否决"的问责考核等,使得行政压力在政策执行组织体系内自上而下逐级传递,地方政府及企业重视政策周期内减排目标的完成,甚至会形成只关注减排量本身,而忽视了减排结构调整的目标导向。政策短期效应明显,造成减排指标完成了,但环境质量却未提高的现象。同时,减排也呈现出周期内反弹的现象:一方面,政策周期内减排压力并不是均衡式分布,多数省份和企业会在完成上个政策周期目标后,根据减排压力的强度调整执行力度,如"十二五"开局之年氮氧化物减排总量的较大幅度上升;另一方面,部分省份和企业在推进减排中会进行横向比较和观望,政策周期内执行力度较大的省份和企业也会根据其他减排主体的执行力度调整自己的行为导向,形成"向下"攀比,从而放松减排增量控制,最终造成减排水平的回弹以及弱化减排效果。[1],[2]因此,应当兼顾政策的短期效能和长期效能,注重构建促进减排目标落实的长效机制,保证减排工作推进的常态化和有效性。

3.强化激励政策,从管控型政策向诱导型政策转变

中国减排政策的主要政策工具包括管控型、诱导型、宣传教育型三类。但从政策工具的分布以及效能上来看,则以管控型为主,强调政府对减排的高介入程度。减排政策是用以解决资源、能源消费的环境外部性及稀缺性问题的,减排效果则主要取决于行动主体的动机与意愿。因此,设计行之有效的激励政策则关系到减排政策实践的最终效果。目前,政府采取了限制性和激励性经济政策并举的做法,涵盖了价格、收费、税收、财政、金融扶持等政策工具,但这些政策工具更多地强调限制性功能,而激励性不足。此外,政策工具的激励供给与减排主体的需求是否匹配,以及能否最大限度地激发减排主体的内在动力则是政策制定者未来需要深入研究与讨论的问题。

① 朱旭峰.市场转型对中国环境治理结构的影响——国家污染物减排指标的分配机制研究[J].中国人口·资源与环境,2008,(06):80—86.
② 梅赐琪,刘志林.行政问责与政策行为从众:"十一五"节能目标实施进度地区间差异考察[J].中国人口·资源与环境,2012,22(12):127—134.

第九章　中国生态农业发展报告

纵观人类一万年的农业发展史,大体上经历了三个发展阶段:一是原始农业,持续约 7000 年;二是传统农业,持续约 3000 年;三是现代农业,发展至今约 200 年。现代农业有别于传统农业,是在吸收传统农业生产经验基础上,注重把现代科学技术和现代工业提供的生产资料和科学管理方法融入其中的社会化农业。改革开放以来中国农业的发展很大程度上得益于化肥、农药等石化农业投入品的大量使用。从 1978 年到 2013 年,中国粮食产量提高了 98%,油料产量提高了近 6 倍,水果产量提高了 37 倍多,水产品产量提高了 12 倍多,肉类产量提高了 86%,禽蛋产量提高了 46%,奶类产量提高了近 4 倍。与此同时,越来越多的人也注意到,石化农业作为现代农业的初级阶段,在给人们带来高效的劳动生产率和丰富的物质产品的同时,也造成了土壤质量下降、能源危机加剧、面源污染严重等问题。可以说,中国当前已进入全面改造传统农业、升级石化农业,走中国现代农业发展的高级阶段——特色生态农业之路的关键时期。

一、中国生态农业发展现状

石化农业发展受资源环境的硬约束日益增强,效益比较优势仍将持续减弱,这不仅直接威胁农业生产本身的可持续性,也将加剧由于城乡居民对粮食和食品的品质和安全要求越来越高而产生的供需矛盾。因此,中国农业迫切需要走兼顾经济效益、社会效益和生态效益的生态农业发展之路。

(一) 中国发展生态农业的主要背景

1. 石化农业的低效益引发农业"被抛弃"之忧

随着中国城镇化的快速推进,农村青壮年劳动力进城务工形成了中国特色的人口迁移大潮,据人力资源和社会保障事业发展统计公报显示,2013 年全国农民工总量达到 2.69 亿人,其中离土又离乡的农民工 1.66 亿人。20 世纪 80 年代后出生的新生代农民工外出务工比例超过了一半。大量农村青壮年劳动力进城务工,未来农村"谁来种地""谁来养猪"已成为无法回避的严峻问题。大量农民离土又离乡,其根本原因是传统石化农业的低效益,与进城务工收入相比,失去了农民仍旧愿意从事农业生产的利益底线,石化农业对农民的吸引力在逐步下降。

首先,粮食的"十一连增"并没有脱离粮食利润低的现实(图 9-1)。

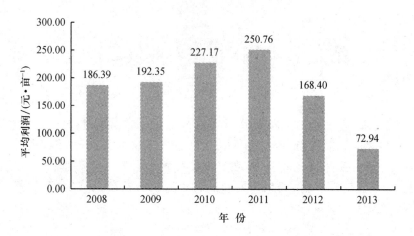

图 9-1　2008—2013 年三种粮食(稻谷、小麦、玉米)平均利润
数据来源:《全国农产品成本收益资料汇编 2014》。图 9-2～图 9-4 同。

从图 9-1 可以看出,近 6 年来,中国三种粮食(稻谷、小麦、玉米)的平均利润仅为 183 元/亩,最高的年份也仅为 250 元/亩,相当于进城农民工不到 3 天的工资。

其次,经济作物种植不仅利润低,而且风险大(图 9-2,图 9-3)。

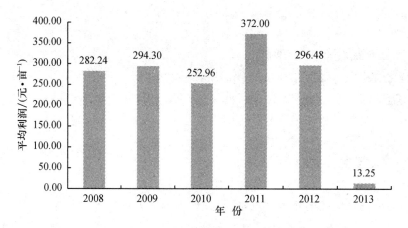

图 9-2　2008—2013 年两种油料(花生、油菜籽)平均利润
数据来源:《全国农产品成本收益资料汇编 2014》。

从图 9-2 和图 9-3 可以看出,两种油料作物和棉花近 6 年的利润总体较低,其中,两种油料作物利润最高年份是最低年份的 28 倍,而棉花种植的收益不稳定性更强,利润最高年份(2010 年)与最低年份(2013 年)相差 1200 元/亩。

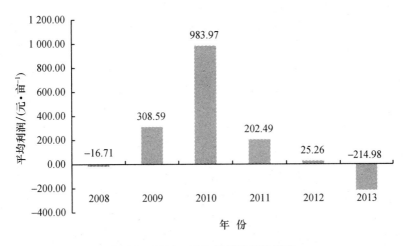

图 9-3　2008—2013 年棉花平均利润

最后,农业生产的低效益不仅体现在种植业领域,农业养殖业亦是如此(图 9-4)。

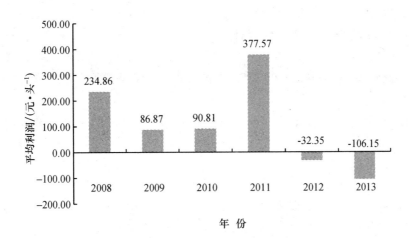

图 9-4　2008—2013 年生猪养殖平均利润

从图 9-4 可以看出,作为养殖面最广的生猪养殖,近 6 年来的平均利润也非常低,且由于生猪市场价格波动日益频繁,农户养殖生猪的收益风险也逐渐凸显。2011 年生猪养殖的利润在 377.57 元/头,而到 2013 年,生猪养殖的平均利润下降到 −106.15 元/头。

2. 石化农业受到的资源环境约束日益突出

目前中国农产品所实现的生产能力中,相当部分是以牺牲生态环境为代价换取的。石化类的农业投入品使用量快速攀升,单位面积化肥、农药使用量大大超过世界平均水平,也远远超过合理使用水平。同时,有近一半的农膜残留在土壤中,造成"白色污染"。由于长期超采地下水用于农业生产,华北平原已形成大面积漏斗区。全国约有 5000 万亩中度、重度污染耕地仍在继续耕种,这类耕地大多分布在农业高产地区。中国有 6000 多万亩陡坡耕地、4000 多万亩严重沙化耕地在继续耕作。[①] 这些都严重透支了生态,且在短中期内难以恢复,不仅影响国家生态安全和农业可持续发展,也影响粮食质量安全,最终危害人们的生存环境、生活质量,甚至是生命健康。

截至 2013 年,全国耕地面积为 1.217 亿公顷[②],从全国的耕地数量基本变化情况来看,除个别地区外,2012 年与 2000 年相比,大部分地区的耕地数量呈减少趋势,全国耕地面积合计共减少了 7.2%,若剔除因生态退耕导致的耕地减少这一因素,总体上来看,耕地数量减少与各地区的经济发达水平呈显著相关,即经济相对发达的地区其耕地数量减少也越多。

从省域的角度来看,各省份之间的人均耕地面积差异较大,如宁夏、甘肃、新疆、吉林、内蒙古、黑龙江等 6 个地区的人均耕地面积在 2.0 亩以上;而上海、北京、广东、天津等地区的人均耕地面积不足 0.5 亩。如果按照世界粮农组织(FAO)确定的人均耕地面积临界值 0.8 亩的标准,目前全国有 6 个地区,包括北京、天津、广州、上海、福建和浙江等,均不足 0.8 亩/人,显著低于 FAO 确定的标准。可见,耕地作为农业生产最基本的投入要素,中国人均占有量是严重不足的,这也成为制约农业发展的关键要素。

除了耕地资源外,水资源也将成为约束农业生产开展的关键因素,其影响面甚至要超过耕地资源。目前,中国较多地区过度使用水资源,影响到水资源安全和农业可持续生产(图 9-5)。

从图 9-5 可以看出,宁夏、上海、江苏、天津、山东、新疆、安徽和甘肃的地表水利用率均超过了 1/3,为过度使用区。同时,宁夏、上海、江苏、天津、山东、新疆等地地表水利用率超过了 40%,为严重过度使用区。

3. 农业食品安全问题引发社会各界高度关注

中国农产品供给不仅面临着数量压力,保障城乡居民消费农产品安全也将是一项长期而又充满挑战的艰巨任务。部分耕地严重污染,不适宜进行安全种植。

---

① 数据来源:李伟. 以改革创新持续提升中国粮食与食品安全保障能力[N]. 中国经济时报,2014-11-13.

② 第二次土地调查数据尚未公开,仅有 2012 年耕地总面积为 1.354 亿公顷,无具体详细数据. 官方年鉴关于耕地面积的数据一直采用 2008 年数据,2014 年《中国统计年鉴》公布的数据仍旧是国土资源部公布的 2008 年年底数据.

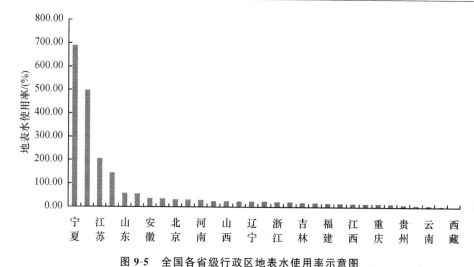

图9-5　全国各省级行政区地表水使用率示意图
　　① 地表水使用率＝地表水使用量/地表水资源量；② 一般认为地表水使用率超过1/3即
为过度使用。

农业部于2002年、2003年、2004年、2011年先后进行了四次农田污染调查,调查总面积达到4382.44万亩,其中超标面积446.79万亩,总超标率为10.2％,其中超标最为普遍的是镉,其次是砷、汞、铜、铅。另据国土资源部的调查表明,中国中东部农耕区有约1.2亿亩土壤存在潜在的生态危险,不符合农业安全种植的条件。长三角、珠三角、辽中南等经济活动比较活跃地区的耕地表层土壤中重金属累积,部分污染较重;湖南湘江流域、湖北大冶、江苏邳县、辽宁沈抚灌区等区域土壤重金属污染相对严重。

　　另据国家粮食局监测,2012年中国粮食重金属样品超标率为18.9％,其中,稻谷重金属超标率为21.5％,小麦重金属超标率为8.33％,部分地区蔬菜和肉类、乳制品以及水产品都存在重金属超标。同时,连续发生的重金属污染事件,不仅对消费者健康造成了严重威胁,也产生了较大的社会负面影响。尤其生活在大数据信息化时代里,局部的、个案的食品安全事件能通过网络等现代化信息传播手段快速扩散,引发整个社会的担忧,甚至积累社会不稳定因素。近年来食品安全问题是社会广泛关注的热点问题之一,也是一个令人头疼的问题。

　　4. 全面推进生态文明建设,呼唤农业形态创新

　　党的十八大报告以"大力推进生态文明建设"为题,独立成篇地系统论述了生态文明建设,将生态文明建设提高到一个前所未有的高度。报告指出,建设生态文明,是关系人民福祉、关乎民族未来的长远大计。面对资源约束趋紧、环境污染严重、生态系统退化的严峻形势,必须树立尊重自然、顺应自然、保护自然的生态

文明理念,把生态文明建设放在突出地位,融入经济建设、政治建设、文化建设、社会建设各方面和全过程,努力建设美丽中国,实现中华民族永续发展。

　　建设生态文明,是中国政府追求的目标,也是对子孙后代的庄严承诺。农业可持续发展是生态文明建设的重要内容之一,农业资源环境的可持续利用是农业现代化的重要目标,传统石化农业在经济上的低效益、石化产品的高投入,既无法满足保护自然的目的,也将丧失农业生产可持续的动力。因此,迫切需要破解石化农业高污染、低效益的困局。从实践上来看,西方发达国家在探索发展生态农业过程中,打破产业界限,形成了一产、二产、三产的有机融合,实现了较高的经济效益、生态效益和社会效益,这为中国加快实现从石化农业向生态农业的转变提供了很好的先例。

(二) 中国生态农业发展取得的主要进展

　　1. 逐渐研究形成了中国特色生态农业发展理论体系

　　生态农业最早兴起于 1924 年的欧洲,20 世纪三四十年代在瑞士、英国、日本得到发展;60 年代欧洲的许多农场开始转向生态耕作,70 年代末东南亚地区开始研究生态农业;至 20 世纪 90 年代,世界各国均有了不同程度的发展。中国在 20 世纪 80 年代初引入了生态农业概念,并迅速成为学术研究的热点问题。在生态农业模式、产业化条件、技术体系、效益评估等方面,开展了广泛的研究,并取得了丰富的研究成果。通过查询“中国知网”数据库,可以看出中国在研究形成中国特色生态农业发展理论体系方面取得了显著进步,参见图 9-6。

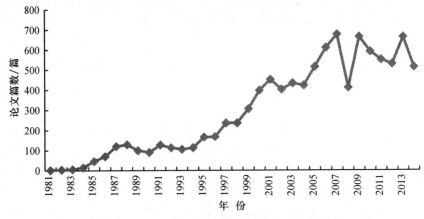

图 9-6　1981—2014 年中国发表“生态农业”主题学术论文情况
数据来源:“中国知网”数据库。

　　从图 9-6 可以看出,国内关于生态农业的理论研究成果呈现快速上升的态势,如果以 10 年为一个时间段来考察生态农业的理论研究成果,会呈现出明显的“井

"喷"状态(图9-7),这些研究成果为形成中国特色生态农业发展理论体系奠定了重要的理论基础。

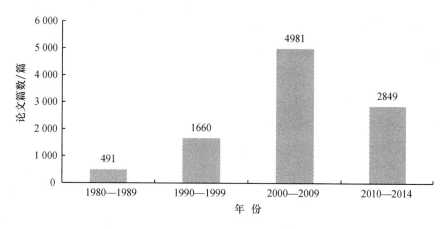

图9-7　中国不同时段发表"生态农业"主题学术论文情况
数据来源:"中国知网"数据库。

2. 探索了具有不同区域特点的生态农业发展模式

生态农业模式是指各地在农业生产实践中探索形成的能够兼顾农业的经济效益、社会效益和生态效益,实现结构和功能优化的农业生态系统。为了总结全国各地探索生态农业的发展经验,形成可推广的生态农业模式,农业部在2002年向全国征集了370种生态农业模式或技术体系,经过专家组反复研讨,遴选出具有代表性的十大类生态农业模式:① 北方"四位一体"生态农业模式;② 南方"猪—沼—果"生态农业模式;③ 平原农林牧复合生态农业模式;④ 草地生态恢复与持续利用生态农业模式;⑤ 生态种植农业模式;⑥ 生态畜牧业生产农业模式;⑦ 生态渔业农业模式;⑧ 丘陵山区小流域综合治理农业模式;⑨ 设施生态农业模式;⑩ 观光生态农业模式。

3. 出台了一系列旨在促进生态农业发展的新政策

在近30年来,生态农业从概念走向实践,全国各地纷纷探索建设生态农业。目前,在不同程度上开展生态农业建设的县超过300个,其中,国家级生态农业试点示范县102个,省级试点示范县200多个。生态农业在中国生根发芽,逐步成为农业发展的主导形态,离不开国家相继出台的一系列旨在促进生态农业发展的政策措施。

一是建立生态农业示范工程。生态农业示范工程最早出现在1984年国务院制定颁布的《国民经济和社会发展第八个五年计划》中,在这个《计划》中明确提出了建立生态农业示范工程。10年后,在1994年3月25日由国务院第16次常务会议批准的《21 世纪议程》中,特别强调了农业的可持续发展。同年,国家启动建设了全国第一批 50 个生态农业试点县;2000 年批准建设了第二批 51 个生态农业示范县,成为在国内外具有相当影响的农业可持续发展的示范工程。

二是加强生态农业法律法规保障体系建设。中国对农业可持续发展、农业自然资源及生态环境保护的规定在《宪法》《农业法》《土地管理法》《环境保护法》等国家层面法律法规以及地方性的规章条例中均有体现。如 2002 年中国新修订的《农业法》第五十七条规定:发展生态农业,保护和改善生态环境。同时,一些相关部委也出台系列标准、规定和条例。如农业部制定了《农药安全使用规定》《农业生态环境监测工作条例(试行)》《农田灌溉水质标准》《渔业水质标准》《农药安全使用标准》等农业生态环境保护的法律规章。

三是财政部会同各部委推出一系列生态农业补贴政策。借鉴发达国家经验,以及在符合 WTO 农业支持政策要求下,各部委设计了一系列生态农业发展扶持项目,给予财政补贴。如国家农业综合开发办公室推出"优势特色示范种养项目""秸秆养畜联户示范项目",给予 100 万的资金补助。又如农业部从 2014 年开始大力推进高毒农药定点经营示范和低毒低残留农药示范补贴工作。按照"试点先行、以点带面、稳步推进、全面实施"原则,每年在 5 个省分别创建 4～5 个高毒农药定点经营示范县,每个县确定 20 个左右示范门店,同时在 10 个省实施低毒生物农药补贴试点,示范带动高毒农药定点经营全面开展,引导农民减少高毒农药使用。最终目标是:"经过 3～5 年的努力,基本建立起规范化的高毒农药定点经营制度和低毒低残留农药使用补贴政策。"

二、中国生态农业发展面临的主要问题

中国在特色生态农业理论体系研究、生态农业模式探索、支持政策体系建设等方面已经取得了较大成绩,但是,仍旧存在着一些问题,阻碍生态农业的快速发展。

1. 中国特色生态农业理论体系不完备

生态农业是多学科理论共同支撑下的农业形态,不仅涉及大农学、生态学、环境科学,还涉及经济学、市场营销学等,可谓是典型的交叉学科理论支撑体系。对这其中任一单一学科来说,中国都建立了成熟的学科体系,研究也比较深入,但是,如何超越单一学科理论,实现跨学科理论的有机融合,仍旧面临着困难。尤其是搞技术的不了解经济,搞经济的不了解技术的情况较为严重,导致研发的一些生态农业技术只符合单一学科的理论要求,难以发挥综合优势,更没有形成生态农业理论体系。同时,中国发展生态农业具有自己独特的国情,受土地经营规模、农业生产经营主体特征、市场化程度等重要因素影响,迫切需要构建符合中国国

情和经济社会发展阶段的、具有中国特色的生态农业发展理论体系,这体系不能仅仅关注生态环境效益而忽视经济效益,应该通过研究寻求生态效益、经济效益和社会效益的综合平衡点,打造适合在中国大范围推广的生态农业模式。

2. 生态农业发展技术体系建设滞后

生态农业不仅仅追求生态效益,也对其产生的经济效益和社会效益有较高要求。这意味着,生态农业系统是个复杂的系统,不是一些简单技术或者是若干个单独技术能够支撑运转的,它需要把各种单一的、复杂的技术进行组织,形成技术体系。但是,这个技术体系的建设不能仅仅通过农民的探索来完成,虽然农民在实践中不断试验一些农业生产新模式,但其并没有足够的基础理论准备,无法对试验的新模式进行规律总结,并上升到理论层面。目前国内在生态农业技术研究上,更多的是跟进策略,即对西方已有的技术进行再研究,并试图在中国推广。这样的效果一般都较差,且直接导致在当前的技术研发推广中,低成本技术缺乏,而推广的技术又缺乏市场的局面。破解农业低效益的一个重要途径是研发一些能够降低农业生产成本和降低环境污染的关键技术,而此类技术是生态农业发展的重要技术支撑,显然,具有该特征的技术成果还比较缺乏,尤其是真正能运用到生产上的此类成果更少,生态农业发展技术体系建设滞后。

3. 生态农业支持政策体系有待完善

政策支持是生态农业发展的重要动力。生态农业对农民来说,还是个新鲜事物,在其发展的初始阶段,没有政府政策的引导和支持,生态农业短时间很难广泛发展。中国从中央到地方,都非常重视发展生态农业,但是目前专门针对发展生态农业的支持政策还较少,更是缺乏支持政策体系。纵观迄今为止的中国农业支持政策,基本涉及的是有关农业生产制度、农产品和农业生产资料价格改革、农产品经营和流通体制改革、税费改革、减轻农民负担、增加农民收益、扩大“三农”投入等方面,具有强烈的“增产、增收”支持理念。虽然在目前中国粮食数量仍旧处于紧平衡状态,但是社会对食品安全的关注也日渐高涨。因此,迫切需要构建生态农业支持政策体系,通过实施持续性的支持政策,加快中国生态农业发展。这些支持政策包括:

① 生态农业发展基础环境支持政策。生态农业发展的重要要求是环境友好型的安全食品生产。然而,水污染、土壤污染、大气污染都直接关系到生态农业发展基础。因此,需出台政策治理和保护生态农业的基本投入要素,使其无公害化和绿色化,如划定生态农业发展保护区,杜绝人为的生产环境污染。

② 生态农业产业发展支持政策。重点包括对生产环节的支持政策、营销环节的支撑政策、应对自然风险的支持政策等。在生产环节,不管是农户、家庭农场,还是农业经营企业,只要从事生态农业生产,均给予一定的金融扶持和生产补贴;

在营销环节,严格执行绿色农产品的认定标准,健全绿色产品市场销售监控机制,保障绿色产品生产者的利益;在应对自然风险方面,除了提供保险支持,还要建立重大自然风险救助机制。

③ 生态农业生产主体成长支持政策。生态农业不仅在理论上难以被普通农民所能理解,在生产技术掌握上也需要一个较长过程。中国当前农业生产者的文化水平与西方国家农场主还有较大差距,因此,在未来一段时间内,推广生态农业迫切需要加大从业者的技术培训,使他们掌握生态农业生产技能和营销能力,提升经济效益,进而逐渐吸引更多的人从事生态农业。

4. 农业社会化服务水平和能力有待提升

服务和技术对于生态农业发展来说是同等重要的。中国农业社会化服务体系建设滞后,主要表现在:一是农技推广机构发挥的作用非常有限,难以满足农业技术推广的要求;二是尚未有专业组织提供农业投入品施用服务,分散的小农户无法做到科学施用,造成严重的农业面源污染;三是农村金融服务能力非常有限。金融担保服务公司非常少,农户发展生态农业的前期融资贷款困难;四是农业信息服务渠道建设滞后,利用现代媒体技术为农民提供准确、快捷的信息的能力较差;五是适应生态农业发展需要,提供融合一、二、三产发展农业的模式咨询服务匮乏。为了更好支撑生态农业发展,农业社会化服务水平和能力迫切需要提升。

5. 农业产业化水平不高

生态农业相对于石化农业来说,不仅是实现经济效益的提升,更是要实现经济效益、生态效益和社会效益的统一。其中,在生态农业发展的起步期,首先要解决的是经济效益问题。生态农业要实现较好的经济效益,延伸农业产业链条是必由之路,提升农业产业化水平无疑是重要的方面。从前文的分析基本可以看出,当前大量青壮年劳动力进城而抛弃农业、大量农地被撂荒,其重要原因是农业生产不仅比较效益低,其绝对效益也非常低,只有显著提高农业的经济效益,生态农业才有可能被农民所接受,其生产模式才有可能得到推广。长期受以家庭承包为特征的小农户分散经营的影响,中国农业产业化水平长期低位徘徊,缺乏具有较强市场竞争能力的农业龙头企业,具有参与国际市场竞争力的农业跨国企业基本没有,中国主要农产品加工转化率仅 30% 左右,而发达国家的农产品加工率达到 80% 以上,较低的农产品加工转化率限制了产业链的延伸及农产品增值,直接影响到生产效益。

三、中国生态农业发展趋势与展望

中国要全面建成小康社会,需要彻底解决"三农"问题,但农业却一直是中国发展的短板。虽然中国农业实现了粮食产量"十一连增"、农民收入"十一连快",

但由于长期以来农业发展模式粗放,特别是人们对农业生态平衡问题认识不足,没有正确处理好发展生产和保护生态环境、资源开发利用和资源保护之间的关系,目前的农业发展不仅速度缓慢,而且生态状况日益恶化。同时,国际农产品贸易的绿色壁垒问题日渐突出,中国发展生态农业面临国内、国际双重机遇,但中国特色生态农业发展也面临着挑战。综合判断,中国生态农业发展具有以下趋势:

1. 生态农业将成为未来现代农业发展新方向

面对中国农业发展面临的高投入、低效益、造成严重农业面源污染等现实问题,2013 年下半年以来,中央和各地就农业生态问题和农业可持续发展模式进行了密集调研。如 2013 年 11 月 26 日,习近平总书记赴山东省菏泽市调研时指出要加快构建适应高产、优质、高效、生态、安全农业发展要求的技术体系。2013 年 12 月 23—24 日在北京举行的中央农村工作会议指出,要以保障国家粮食安全和促进农民增收为核心,努力走出一条生产技术先进、经营规模适度、市场竞争力强、生态环境可持续的中国特色新型农业现代化道路。其中的农产品质量和食品安全确定为今后农业工作的重点。基本可以确定的是,未来“可持续发展”将是中国农业发展的基本要求,“生态农业”逐步取代“石化农业”将成为未来农业发展的新方向。

2. 生态农业短期内仍将处于低效益、低技术和低参与的状态

相对于工业来说,农业受植物自身生长规律、气候等多因素影响,生产周期较长,尤其是大田生产,受自然因素的影响更加严重。生态农业虽然广泛采用现代科学技术和管理方法,但是,从中国目前对生态农业技术的研发情况来看,与西方发达国家仍旧有较大差距,很多先进技术都引自国外,支付技术本身的专利费用较高,再加上技术引进国内需要结合中国农业生产实际进行技术本土化投入,能够达到市场推广要求时,技术投资费用较高。同时,短期内,生态农业还无法实现一产、二产、三产的融合,农业衍生产品价值难以发挥,仅仅依靠农产品销售恐怕很难获得理想收益,甚至可能导致亏损。尤其是当前的市场缺乏生态农产品的认证标准的严格管理,导致标识“生态”的农产品鱼龙混杂,甚至发生“劣币驱除良币”的现象。

生态农业的全面建设能否成功,关键是农业生产主体的参与程度,而影响农业生产主体参与生态农业建设的关键是生产效益的比较优势。进入新世纪以后,中国出现了一个巨大的变化,就是工业化、城镇化加速,大量的农村劳动力向城镇转移,向二、三产业转移。从统计上看,农村劳动力已经有一半离开了土地,转向了二、三产业和城镇就业,其中外出务工离开本乡镇、到外地就业的农村劳动力是 17 567 万人,数量还在增长。生态农业与传统的石化农业相比,短期内还无法显现出经济利益上的比较优势,因此,短期内还无法吸引进城农村劳动力回流从事农业生产。这决定了生态农业短期内仍旧处于较低的参与状态。

3. 更加注重生态农业技术的研究、应用和推广

中国从 20 世纪 70 年代末开始发展生态农业,目前其发展足迹已至 30 个省级行政区,但仍然没有实现在全国范围内的广泛推广,发展进程缓慢。究其原因有外部的,更多的还是生态农业技术的研究、应用和推广能力发展滞后。现有的农业技术推广体系是由政府设立的,并由其直接领导,一般通过试验、示范、培训以及咨询服务等方式进行推广。但是,由于人员编制有限,推广机构运行经费紧张,不能与研究机构进行良好对接以形成合力,推广作用发挥非常有限,尤其是一些地区的基层农业技术推广站,推广功能形同虚设,大都是以销售种子、农药等生产资料为主。因此,现阶段迫切需要注重生态农业技术的研究、应用和推广,具体措施如下:

一是建立新型生态农业技术创新体系。建立以企业为主体,科研机构和高校为依托的技术创新体系,发挥企业在生态农业技术研发、推广过程中的主体作用,更好地把生产实践技术需求与技术研发有机结合起来,避免技术研发与生产实践需求严重脱节;企业根据市场实际需求信息反馈,与科研机构和高校合作,依托两者的科研实力和平台,共同开发生态农业技术,最终由企业负责推广,提高研发效率和推广效果。

二是建立适合生态农业发展的技术应用和推广体系。打破传统政府农技推广机构一家独大的局面,注重引入涉农企业,尤其是具有研发实力的农业龙头企业加入到生态农业技术研发、应用和推广中,逐步形成以农业企业推广为主,政府、科研机构、高校等推广为辅的适合生态农业发展的技术应用和推广体系,提高技术推广效率,加快生态农业发展。

4. 生态农业建设的标准及认证将进一步统一

农产品本身的安全和政府的安全管理都离不开行业标准、生产标准和产品标准的制定。中国在生态农业建设标准方面进行了一些探索,如 1994 年制定颁布了《全国生态农业建设技术规范》,开启了生态农业建设标准制定的道路。但是,近 20 多年来,世界各国对生态农业的探索不断推进,在生态农业发展模式及技术体系方面都有长足进步,这意味着 20 年前制订的生态农业技术规范已经不适应经济效益、社会效益和生态效益的要求,其环境控制标准、物质循环利用规程、信息服务和组织管理规程、技术标准、评价技术与方法等迫切需要调整和修改,以跟上生态农业技术发展需要。

在农产品认证方面,目前中国实行的是"无公害农产品、绿色食品和有机食品"三位一体的认证体系,其中,无公害农产品的标准最低,有机食品的标准最高,这与中国当前以石化农业为主体的农业形态结构是相适应的。但是,在实际操作

中,这三类认证标准之间的界限模糊,无论是在指导农业生产方面,还是在引导消费者消费认知方面,都存在着模糊空间,难以把握。因此,为了更好地适应生态农业发展,中国应充分吸收国际农产品相关标准制订的经验,把当前三类认证标准进行协调统一,制订并推行农产品的生态标签,指导生态农业生产,引导市场对生态农产品的消费,以更好地支撑生态农业的发展。

第十章　中国生态保护与建设发展报告

　　改革开放以来,中国取得了举世瞩目的经济发展奇迹,但是也付出了破坏生态环境的沉重代价。生态退化、环境污染、资源紧缺已经成为制约中国经济社会发展的瓶颈。开展生态文明建设就是要摒弃发达国家所走过的"先污染、后治理"的发展道路,破解传统的经济发展与生态破坏的必然联系,用生态文明理念将两者有机地统一起来,建立经济发展与生态保护的和谐关系。

　　全球生态危机已经成为人类生存与发展的最大威胁。2005 年联合国发布的《千年生态系统评估报告》指出,"近数十年来,人类对自然生态系统进行了前所未有的改造,使人类赖以生存的自然生态系统发生了前所未有的变化,有 60% 正处于不断退化状态之中。"健康且具有良好调节机制的生态系统是人类经济社会可持续发展的前提条件。生态保护与建设在环境保护、解决资源短缺、维护健康稳定的生态系统中发挥着重要作用,在生态文明建设中占有基础性、根本性的地位。

一、生态保护与建设的发展过程和现状

(一) 生态保护与建设的发展过程

　　中国生态保护与建设的发展与新中国成立以来所经历的不同历史阶段密切相关。新中国成立初期,中国森林覆盖率仅为 8.6%。全国开始了大规模群众植树造林、兴修水利活动,此阶段可称为生态保护与建设的起步阶段。此时的生态保护与建设的重点是防风固沙、防止水土流失、减少自然灾害,目的是要保证农业生产、保护农田和人民的生命财产安全。但由于对生态系统的自然规律认识不足,重视不够,同时社会主义新中国建设急需大量木材,木材采伐成为重要任务。加之造林技术比较落后,资金投入十分有限,生态保护与建设效果并不是很理想。比如建国后在东北、华北、西北"三北"地区开始了防沙、治沙的造林活动,但未能取得突破性进展。之后,在"大跃进""文革"等特殊的历史阶段,包括生态保护与建设在内的各项国民经济活动基本上停滞不前。

　　改革开放后,中国经济社会发生了巨大的转变,生态保护与建设开始得到重视。以 1978 年启动"三北"防护林体系建设工程为标志,拉开了政府利用财政资金实施大规模生态保护和建设的序幕。随后在 1983 年启动了国家水土保持重点建设工程,1986 年启动了太行山绿化工程,在 80 年代末期实施了沿海防护林体系

建设工程、长江中上游防护林体系建设工程,这些工程主要开展造林绿化、防止水土流失。90年代在全国范围开展防沙、治沙活动,并且开始重视流域治理,实施了珠江流域、淮河和太湖流域综合治理防护林体系建设工程以及黄河中游防护林体系建设工程。可以看出,改革开放至90年代,生态保护与建设受到了国家的重视,其主要任务是实施造林绿化、防护林体系建设等生态工程,具有一定规模,取得了一定效果,为中国构建了生态保护与建设的基本架构。但是与长期的资源过度消耗、人为破坏严重等对生态系统造成的损失相比,生态保护与建设应受到重视的程度、资金投入与建设的规模远远不足。

在20世纪末生态保护与建设迎来了基于生态文明思想指导的系统化推进的新阶段。生态文明研究始于20世纪八九十年代,随着中国生态环境问题恶化,生态文明思想受到了学界、政府的高度关注,并最终由学术研究走向了国家大政方针,对中国经济社会各个方面产生了巨大影响。党的十八大指出"加大自然生态系统和环境保护力度。良好生态环境是人和社会持续发展的根本基础。要实施重大生态修复工程,增强生态产品生产能力,推进荒漠化、石漠化、水土流失综合治理,扩大森林、湖泊、湿地面积,保护生物多样性。"对全国生态保护与建设的重视达到历史上未曾有过的高度。

1998年长江、松花江流域的特大洪水给国民经济和人民生命财产安全带来了巨大灾害,中央政府强烈意识到开展生态保护与建设的紧迫性和重要性,中国生态保护与建设进入了全新的局面。一方面,中央政府在加强原有生态工程项目的基础上迅速启动了退耕还林还草工程、天然林资源保护工程、京津风沙源治理工程、"三北"和长江中下游防护林体系建设工程、野生动植物保护及自然保护区建设工程以及速生丰产用材林基地建设工程,这些工程被称为六大林业重点工程。除速生丰产用材林基地建设工程外,其他均为林业生态工程。这六大工程的启动开始了推进大型林业生态工程的黄金时期,标志着中国林业政策已经实现了全方位生态转向。另一方面,国家加快了全国生态保护与建设的统筹布局。1998年国务院颁布了《全国生态环境建设规划(1998—2050年)》、2000年颁布《全国生态环境保护纲要》,开始了全国生态保护与建设的整体布局。2003年《中共中央国务院关于加快林业发展的决定》中指出要大力推进以生态建设为主的林业发展战略,林业成为生态建设的主力军。2007年环境保护总局出台《国家重点生态功能保护区规划纲要》,2010年国务院颁布了《全国主体功能区规划》,为中国经济发展、生态保护与建设进行了详细的空间布局。2013年由国家发展改革委、中国气象局等12家部委联合发布了《全国生态保护与建设规划(2013—2020年)》,成为当前和今后一个时期全国生态保护与建设的行动纲领,指出要构建"两屏三带一区多点"为骨架的国家生态安全屏障,即构建青藏高原生态屏障、黄土高原-川滇生态屏障、北方防沙带、东北森林带、南方丘陵山地带、近岸近海生态区等集中连片区域和其他点块状分布的重要生态区域。伴随着国家和地方政府一系列关于生态保护与建设的重大决策,在原有生态工程基础上,一些森林、农地、湿地、草原、水利等新的生态工程也开始实施。

在这个新阶段,国家更加重视生态保护与建设,具体表现在以下几个方面:以生态文明思想为指导,依据生态系统恢复和经济社会发展的客观规律,系统化地推进生态保护与建设,并且在指导思想层面趋于完善;生态保护与建设实施统筹布局,逐渐实现了由单个行业部门分头进行向全国各个行业同步进行、经济社会发展和生态保护与建设同步进行的格局,同时实施全国功能区划分,区域统筹布局,优化了国土空间利用格局;加大生态工程投入,生态工程建设力度前所未有;生态保护与建设相关规划和技术更为合理、科学;相关法律制度加速制定和逐渐完善。中国生态保护与建设在生态文明思想指导下进入了一个国家高度重视、系统化、科学化推进的新阶段。

(二) 生态保护与建设的现状

经过 60 多年的努力,中国在造林绿化、森林资源保护、荒漠化治理、野生动植物及生物多样性保护、湿地保护、自然生态系统功能改善等方面取得了巨大的成就。很多地区荒山变成了绿地,青山绿水、鸟语花香又回到了人们生活中。

1. 森林生态系统功能恢复良好

被誉为"绿色水库""地球之肺"的森林生态系统是陆地上最大的生态系统,在调节气候、防止水土流失、水源涵养等方面发挥着重要作用。为了恢复健康的森林生态系统,国家实施了天然林资源保护工程、退耕还林工程、"三北"防护林体系建设工程、沿海防护林体系建设工程,还有长江、珠江流域及农田防护林体系建设工程等(表 10-1)。

表 10-1　生态系统重大修复工程列表①

森林生态系统	天然林资源保护工程
	退耕还林工程
	"三北"防护林体系建设工程
	沿海防护林体系建设工程
	长江、珠江流域及农田防护林体系建设工程
湿地生态系统	湿地保护与恢复工程
荒漠生态系统	京津风沙源治理工程
	岩溶地区石漠化综合治理工程
生物多样性保护	全国野生动植物保护及自然保护区建设工程
	全国极小种群野生动植物拯救保护工程

① 本表根据 2013 年国家林业局《推进生态文明建设规划纲要(2013—2020 年)》制作而成.

　　2014年第八次全国森林资源清查结果与第七次清查结果相比,森林资源状况有了很大的改善(表10-2)。在森林资源数量方面,森林面积为2.08亿公顷,森林覆盖率达21.63%,森林蓄积量增加到151.37亿立方米;天然林和人工林资源稳步增加,人工林面积继续居世界首位。在森林质量方面,森林每公顷蓄积量增加到89.79立方米;林木和林地资源资产价值总量显著增加。森林生态系统多种功能明显增强。中国森林植被总碳储量达84.27亿吨,可以较好地发挥森林吸收CO_2、减少大气中的温室气体、缓解气候异常的功能。全国森林植被年涵养水源量5807.09亿立方米,年固土量81.91亿吨,年保肥量4.30亿吨,年吸收污染物量0.38亿吨,年滞尘量58.45亿吨,这些数据都可以清晰表明森林在涵养水源、防止水土流失、减少污染等方面发挥的重要作用。[①] 2014年10月国家林业局与国家统

表10-2　中国森林资源和生态系统服务功能变化[②]

项目		全国森林资源清查		增加数量
		第七次	第八次	
		2004—2008 年	2009—2013 年	
森林资源数量与质量	森林面积/亿公顷	1.95	2.08	0.13
	森林覆盖率/(%)	20.36	21.63	1.27
	森林蓄积量/亿立方米	137.21	151.37	14.16
	每公顷蓄积量/立方米	85.88	89.79	3.91
	林地资源资产实物存量/亿公顷	3.04	3.10	0.06
	林地资源资产实物价值量/万亿元	5.52	7.64	2.12
	林木资源实物存量/亿立方米	145.54	160.74	15.2
	林木资源实物价值量/万亿元	9.47	13.65	4.18
天然林资源	天然林面积/万公顷	11 969	12 184	215
	天然林蓄积/亿立方米	114.02	122.96	8.94
人工林资源	人工林面积/万公顷	6169	6933	764
	人工林蓄积/亿立方米	19.61	24.83	5.22
森林生态系统功能	森林植被总碳储量/亿吨	—	84.27	—
	年涵养水源量/亿立方米	—	5807.09	—
	年固土量/亿吨	—	81.91	—
	年保肥量/亿吨	—	4.30	—
	年吸收污染物量/亿吨	—	0.38	—
	年滞尘量/亿吨	—	58.45	—
	全国森林生态服务年价值量/万亿元	10.01	12.68	2.67

---

　　① 国家林业局.中国森林资源简况——第八次全国森林资源清查[EB/OL].2014.中国绿色时报.第八次全国森林资源清查结果公布——全国森林面积2.08亿公顷森林覆盖率21.63%[N].中国绿色时报社,2014-2-26(001).

　　② 本表根据国家林业局2009年《第七次全国森林资源清查报告》、2014年《第八次全国森林资源清查报告》和2014年《中国森林资源核算报告》制作而成。

计局联合对外发布了《中国森林资源核算报告》。该报告是基于第七次和第八次森林资源清查结果,对森林资源资产以及森林生态系统功能进行了评估。报告显示,全国森林生态系统每年提供的生态服务价值达 12.68 万亿元,人均达 0.94 万元。其中生物多样性保护价值较高,涵养水源价值次之,农田防护与防风固沙价值偏低。[①]

2. 加强湿地河湖生态系统恢复

被誉为"淡水之源""地球之肾"的湿地,是地球上水陆相互作用形成的独特生态系统,在抵御洪水、调节径流、补充地下水、改善气候、控制污染、美化环境和维护区域生态平衡等方面有着其他生态系统所不能替代的作用,越来越受到人们的关注。

中国是亚洲拥有湿地面积最大的国家。自 1992 年正式签署《国际湿地公约》后,中国十分重视保护湿地河湖生态系统,2003 年,国家林业局会同国家发展改革委、财政部等 9 个部门共同编制《全国湿地保护工程规划(2002—2030 年)》,作为湿地保护的长期规划。在 2004 年 2 月 2 日全球第八个"世界湿地日"宣布启动全国性湿地保护工程,中国湿地保护事业走上了迅速发展道路。随后,又相继制定了《全国湿地保护工程"十一五"实施规划》《全国湿地保护工程"十二五"实施规划》。现在中国已经建立了一批湿地自然保护区和湿地公园,已指定国际重要湿地 46 块,总面积达 405 万公顷。[②]

2014 年最新公布的第二次全国湿地资源调查结果显示,全国湿地总面积 5360.26 万公顷,湿地面积占国土面积的 5.58%,其中,自然湿地面积 4667.47 万公顷,占全国湿地总面积的 87.08%。目前中国启动湿地保护工程已有 10 年,湿地保护初见成效,但由于气候变化、城镇化发展和人为活动的影响,湿地保护面临着极大的压力,需要进一步加强。

3. 土地沙化进入了"整体遏制,局部恶化"的新阶段

中国是土地沙化危害最严重的国家之一,全国荒漠土地面积 262 万平方千米,占国土面积 27%,有超过 1/4 的土地被沙漠覆盖,或者正在遭受沙漠化的侵袭。多年来,北方地区深受沙尘的危害。中国政府自 1978 年以来实施了一系列重大防沙、治沙生态工程,如"三北"防护林体系建设工程、京津风沙源治理工程和退耕还林还草工程,采取综合治理措施营造了北方生态保护屏障,经过多年努力,取得了明显成效。从 2010 年国家林业局《中国荒漠化和沙化状况公报》的监测数

---

① 中国绿色时报.中国森林资源核算研究成果彰显绿色力量[N].中国绿色时报社,2014-10-23.
② 国家林业局.中国湿地资源(2009—2013 年)[EB/OL].http://www.forestry.gov.cn/main/58/content-661210.html,2014.

据可以看出,全国荒漠化、沙化土地面积连续净减少,沙化土地年均减少 1717 平方千米;最近几年沙尘暴发生次数已经明显减少,土地沙化进入了"整体遏制,局部恶化"的新阶段,荒漠生态系统得到一定改善。① 中国荒漠化土地大多原本是草原用地,通过实施退耕还草工程、退牧还草工程、沙化草原治理工程、西南岩溶地区草地治理工程、草原防灾减灾工程、草原自然保护区建设工程、草地开发利用工程、牧区水利工程等生态工程以及岩溶地区石漠化综合治理工程,草原、荒漠生态系统也得到一定的修复。②

4. 生物多样性保护成效明显

生物多样性具有生态系统、物种和基因的多样性三个层次。生物多样性丰富与否可以衡量自然生态系统是否完整以及是否健康。生物多样性保护早已是国际社会生态保护与建设关注的焦点。

栖息地减少、退化和破碎化是威胁物种安全、破坏生物多样性的主要原因,建立自然保护区是化解这类问题、保护生物多样性的最佳方式。中国在 1956 年建立了第一个自然保护区——广东鼎湖山自然保护区。进入 21 世纪,随着中国对生物多样性保护愈加重视,自然保护区建设发展很快,截至 2013 年底,全国各类自然保护区数量已经达到 2697 个,总面积 14 631 万公顷,占国土面积的 14.77%。

中国是生物多样性最丰富的国家之一,早在 1981 年就加入《濒危野生动植物物种国际贸易公约》。2001 年国家林业局组织印发了《全国野生动植物保护及自然保护区建设工程总体规划》,实施"全国野生动植物保护及自然保护区建设工程"和"全国极小种群野生动植物拯救保护工程。"2010 年国务院审议通过了《中国生物多样性保护战略与行动计划(2011—2030 年)》和《联合国生物多样性十年中国行动方案》,生物多样性保护进展良好。经过多年努力,在保护森林、湿地、荒漠、草原和海洋等自然生态系统以及野生动植物等方面已经形成了较为完善的保护网络,为中国有效实施生物多样性保护构筑了良好的基础,生物多样性保护效果明显。

5. 中国是世界人工造林面积最大的国家

人工林是生态系统的重要组成部分,也是木材供给的重要来源。中国大力实施人工造林以及地区木材速生丰产基地建设,不但可以恢复生态系统的活力,而且为中国经济高速发展提供重要的木材。建国 60 多年来,中国一直坚持植树造林活动,大规模人工造林成效显著,第八次全国森林资源清查结果显示,中国人工

① 国家林业局.中国荒漠化和沙化状况公报[EB/OL].(2011-01)http://www.china.com.cn/zhibo/zhuanti/ch-xinwen/2010-08/31/content_21669628.htm.
② 农业部.全国草原保护建设利用总体规划[EB/OL].(2007-01-01)http://www.moa.gov.cn/gov-public/XMYS/201006/t20100606_1534928.htm.

林面积达 6933 万公顷,早已成为世界上人工造林面积最大的国家。联合国粮农组织(FAO)发布的《2010 年世界森林资源评估》(Global Forest Resources Assessment 2010)指出,全球森林面积有 40 亿公顷,2000—2010 年间全球森林面积每年减少 520 万公顷,已低于 1990—2000 年间每年减少 830 万公顷的速度,下降趋势有所缓和。这在一定程度上归功于中国大规模的植树造林活动。

(三) 中国生态保护与建设的运行模式

当前中国生态保护与建设运行模式可以概括为:"以政府为主导、重大生态工程为主干、各个生态系统同步、持续推进模式。"其特点是政府强势推动,投资金额巨大,建设周期长,生态环境改善虽然缓慢但效果明显。

1. 政府在生态保护与建设中发挥主导作用

生态保护与建设关系到国家生态安全和经济社会发展,并直接与人们的生活福祉息息相关。一方面,生态安全是国家安全的基础。自然资源的过度消耗和对生态系统的过度干扰,势必引起各种生态灾难,产生生态难民,危及国家安全。政府代表国家管理各种事物,必须利用各种有效手段管理好各种自然资源,保证生态系统功能正常发挥,确保国家生态安全。另一方面,中国经济高速发展,工业生产规模日益扩大,成为世界第一制造业大国和第一大出口国,创造了丰富的工业产品,但是生态产品供给却不足。所谓生态产品,是指维系生态安全、保障生态调节功能、提供良好人居环境的自然要素,它包括清新的空气、清洁的水源和宜人的气候等。[①] 生态产品是一种准公共品。主导实施重大生态工程,修复生态系统功能,向社会大众提供优质生态产品,是政府的职责。发挥政府主导作用,依靠政府这只看得见的手拥有的强大力量,有助于迅速修复生态系统的自我调节机制,维护国家生态安全。这种政府主导模式,在当前中国经济高速发展、同时潜藏各种生态危机爆发危险的时期具有重要意义。

2. 以重点生态工程为主干,实现生态系统和经济系统的耦合

中国生态保护与建设以重点生态工程为主干,不但改善生态系统功能,而且工程区农牧业生产得到发展,发挥了很好的生态效益、社会效益和经济效益。

生态文明建设并非只要生态而抛弃经济发展,而是要两者兼顾,实现可持续的发展。在自然界的生态系统与人类社会的经济系统之间,只有物质循环、能量转化、价值增值、信息传递的合理有序运行,才能实现经济发展与生态保护的和谐。自然界的生态系统是独立于人的意志而存在的,生态系统与经济系统无法实行自动耦合,需要通过人类劳动来完成这个重要的衔接。而当人类为了追求自身

---

① 国务院.全国主体功能区规划[EB/OL]. (2010-06-08) http://www. gov. cn/zwgk/2011-06/08/content_1879180. htm.

利益的满足而对自然界的利用超出了自然界的生态阈值,就会引起生态系统失衡。恶化的生态系统将会以各种自然灾害、疾病以及随之引发的社会动荡等人类不愿意看见的方式回馈人类社会,给人类生存带来威胁,对经济发展带来制约。

生态工程以劳动为基础,以生态系统持续发展技术为支撑,通过改善生态环境、提高土地生产条件、促进农牧业的生产等,化解经济发展与生态保护的对立,实现人类社会的可持续发展。因此,人类不得不采用生态工程来修复或者重建生态系统,使生态系统重新达到新的平衡状态,与经济系统进行良好耦合。

世界上很多国家和地区都采用了大规模、长时期的生态工程来修复已经遭受破坏的生态系统,这是人类对自然生态系统的强烈干预行为。在 20 世纪上半叶,一些国家就开始了以造林为主的生态工程建设,如美国 1934 年实施的"罗斯福工程",苏联 1948 年实施的"斯大林改造大自然计划",日本 1954 年启动的"治山计划"等。

中国生态工程主要是以造林、护林为主的林业生态工程,其数量最多、历史最长、资金投入和建设规模最大,在生态保护与建设中发挥着重要作用。与世界其他国家相比,中国造林生态工程,在规模上和难度上都更具有挑战性。中国"三北"防护林体系建设起步于 1978 年,虽然比"罗斯福工程"晚了 40 多年,但是规模大,时间长,被誉为"世界生态工程之最"和"绿色万里长城"。另外,始于六七十年代的中国平原绿化建设、80 年代末的长江中上游防护林体系、沿海防护林体系建设和中国太行山绿化工程也取得了成功。

在重点生态工程的项目管理上,政府设置专门项目管理机构,履行项目实施和管理,并自始至终负责项目规划、组织实施、管理以及组织评估等全过程。以天然林保护工程为例,国家林业局设立"天然林保护工程管理办公室",各地成立"天然林保护工程领导小组",林业厅、林业局相应设置天然林保护办公室等机构,通过垂直机构的设置保证天然林保护工程的实施和管理。

实施生态工程,在保护生物多样性、维持生态系统平衡,防止土地退化、提高农牧业生产、增加农民收入、消除贫困以及吸收 CO_2、减缓气候异常等方面发挥了巨大作用,对中国乃至全世界都产生了巨大的生态效益。但是,我们也要认识到,单靠生态工程这种人类改造自然的行为是有局限性的,不管人类如何努力,都不可能彻底改变自然因素和资源禀赋,终将无法改变自然界。要实现生态系统和经济系统的和谐,最根本的是人类的经济活动行为不能超越生态系统可能承受的阈值,发展经济绝对不能成为牺牲生态的理由。与其说生态工程作用巨大,不如说人类真正做到尊重自然规律、约束自身行为、善待自然更为重要。

3. 中国生态工程投资大、周期长、范围广

中国生态保护与建设投资大、周期长、范围广,通过采用综合治理的方式,保证了生态系统功能的稳定恢复,夯实了地方经济发展的资源基础和能源基础,促

进当地农牧业生产和经济发展。

　　随着国家经济实力的逐渐增强,国家支付巨额财政资金用于实施重点生态工程。表 10-3 为中国部分重大生态工程资金投入预算表。"三北"防护林体系建设工程、京津风沙源治理工程、天然林资源保护工程以及退耕还林还草工程等十一项工程的投入资金概算高达 14 258.31 亿元。

表 10-3　中国部分重大生态工程资金投入预算①

编号	生态工程名称	启动时间	工程期限	投资预算/亿元
1	"三北"防护林体系建设工程	1978 年	Ⅰ期(1978—1985 年)	17.1
			Ⅱ期(1986—1995 年)	32.32
			Ⅲ期(1996—2001 年)	78.57
			Ⅳ期(2001—2010 年)	354.12
			Ⅴ期(2010—2020 年)	900
2	国家水土保持重点建设工程	1983 年	Ⅰ期(1983—1992 年)	3
			Ⅱ期(1993—2002 年)	4.5
			Ⅲ期(2003—2007 年)	2.8
			Ⅳ期(2008—2012 年)	6.1
3	全国平原绿化工程	1988 年	Ⅰ期(1988—2000 年)	—
			Ⅱ期(2001—2010 年)	—
			Ⅲ期(2011—2020 年)	457.82
4	长江中上游防护林体系工程	1989 年	Ⅰ期(1989—2000 年)	11.36
5	退耕还林还草工程	1999 年	Ⅰ期(1999—2010 年)	4300
6	京津风沙源治理工程	2000 年	Ⅰ期(2002—2012 年)	558.65
			Ⅱ期(2013—2022 年)	877.92
7	天然林资源保护工程	2000 年	Ⅰ期(2000—2010 年)	1186
			Ⅱ期(2011—2020 年)	2440.2
8	野生动植物保护及自然保护区建设工程	2001 年	近期(2001—2005 年)	398.07
			中期(2006—2010 年)	354.71
			远期(2011—2030 年)	603.76
9	长江流域防护林体系工程	2001 年	Ⅱ期(2001—2010 年)	94.11
			Ⅲ期(2011—2020 年)	1257.93

　　① 本表主要根据《"三北"防护林体系建设四期工程规划》《国家水土保持重点建设工程规划(2013—2017 年)》《全国平原绿化三期工程规划(2011—2020 年)》《京津风沙源治理工程规划(2001—2010 年)》《天然林资源保护工程二期规划》《全国野生动植物保护及自然保护区建设工程总体规划》《长江流域防护林体系建设三期工程规划(2011—2020 年)》《全国湿地保护工程实施规划(2011—2015 年)》《全国沿海防护林体系建设工程规划(2006—2015 年)》等资料制作而成。

（续表）

编号	生态工程名称	启动时间	工程期限	投资预算/亿元
10	湿地保护工程	2004 年	Ⅰ期（2005—2010 年）	90.04
			Ⅱ期（2011—2015 年）	129.39
11	沿海防护林体系建设工程	2006 年	2006—2015 年	99.84
合计				14 258.31

目前中国重点生态工程项目一般按照 10 年为一期限进行详细规划,制定中期和长期工程规划,周期都较长。从图 10-1 可以看出中国改革开放以来部分重点生态工程的启动时间和实施周期。在 20 世纪 70 年代末 80 年代初实施了一批生态工程,其中"三北"防护林体系建设工程于 1978 年启动,期限长达 73 年,分 3 个阶段、8 期工程进行,预计于 2050 年完成,至今已经实施 36 年,覆盖中国北方 13 个省级行政区的 551 个县(旗、市、区),建设范围东起黑龙江省的宾县、西至新疆维吾尔自治区乌孜别里山口,总面积 406.9 万平方千米,占国土面积的 42.4%,是中国最早、世界最大型的生态工程。由于 1998 年长江、松花江流域特大洪水灾害的影响,在 21 世纪初又较为集中地启动了一批保护森林资源、恢复森林植被的生态工程,如退耕还林还草工程、天然林资源保护工程、京津风沙源治理工程、野生

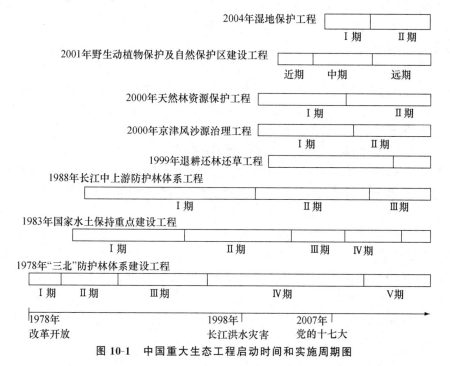

图 10-1　中国重大生态工程启动时间和实施周期图

动植物保护及自然保护区建设工程等重点生态工程。

4. 实施跨地区、跨行业综合治理

中国开展的生态保护与建设采取跨地区、跨行业的综合治理模式,在恢复自然生态系统功能的同时,也促进了项目区域、工程区域的农业生产,在生产生态产品的同时也使当地农民受益。例如,2000 年启动的京津风沙源治理工程,其目的是防止华北地区沙尘暴或浮尘天气给生活在首都以及周围地区的人们带来的危害。该工程覆盖北京、内蒙古等 5 个省级行政区的 75 个县、旗、市、区,主要治理措施包含林业建设项目、农业项目、水利措施以及生态移民等。采用综合治理的方式,具体包括采取荒山荒地人工造林、退耕还林还草、沙地禁封、封山造林、人工种草、飞播牧草、小流域治理、水源工程配套设施建设等。国家林业局编写的项目年度监测报告显示,在京津风沙源治理工程一期(2000—2012 年),工程实施样本县森林和草原面积持续增加,沙化耕地面积不断减少,工程区内过度开垦、放牧的状况基本得到遏制;生态环境改善,改变了原来恶劣的农业生产条件,促进了工程区粮食生产的提高,夯实了地方经济发展的资源基础和能源基础。[1]

二、生态保护与建设存在的问题与分析

改革开放以来,政府强势推动,大规模开展生态保护与建设,取得了显著成就。但是,中国生态系统依然面临严峻的压力,生态保护与建设中还存在很多问题需要认真解决。

(一) 生态红线维护压力大

在全球范围内存在着生物多样性减少、气候变化异常、森林减少、臭氧层破坏、酸雨、土地荒漠化、水资源减少、土地资源减少等问题,生态系统结构失衡、功能退化,生态危机依然存在。

在中国,土地沙化已成为中华民族生存和发展的心腹之患,沙化、荒漠化面积依然很大,沙漠化及沙尘暴危害依然严重。水土流失面积仍很大,水土流失损毁耕地,严重影响了经济社会特别是农村的发展。洪涝、旱灾等气候灾害频发,物种灭绝、生物多样性减少风险高于世界平均水平。

林业作为生态建设的主战场,国家林业局结合中国生态基础和资源禀赋等实际情况提出了到 2020 年时的林地和森林红线、湿地红线、沙区植被红线、物种红线,这四条生态红线无疑为生态保护与建设提出了具体目标。[2] 现有森林面积

[1]　国家林业局经济发展研究中心,国家林业局发展规划与资金管理司.国家林业重点工程社会经济效益监测报告 2013[M].北京:中国林业出版社,2014.

[2]　国家林业局.推进生态文明建设规划纲要(2013—2020 年)[EB/OL].(2013-10-25)http://www.forestry.gov.cn/portal/xbg/s/1277/content-636413.html.

2.08 亿公顷(约 31.2 亿亩),森林蓄积量 151.37 亿立方米,离森林面积不低于 37.4 亿亩、森林蓄积量不低于 200 亿立方米的森林红线还有一定距离;现有湿地面积 5360.26 万公顷(约 8 亿亩),基本达到了湿地面积不少于 8 亿亩的红线目标,但第二次湿地资源清查结果显示,与第一次同口径湿地资源清查相比,湿地面积有所下降,减少率为 8.82%,这值得我们警惕。中国沙漠化治理取得了一些效果,但由于气候变化和一些不合理的人为因素的影响,干旱地区和半干旱地区沙漠化压力依然较大,要达到沙区植被红线(全国治理和保护恢复植被的沙化土地面积不少于 56 万平方千米),任务十分艰巨;生物多样性保护是一个长期的过程,特别是极少物种的保护难度较大,需要坚持不懈地努力。

过去 30 多年间迅速发展的工业化和城镇化,对生态系统造成了过度干扰,生态透支、生态赤字现象十分严重,严守生态红线难度很大。由世界自然基金会和中国科学院等机构联合编写的《中国生态足迹报告 2012》揭示,在 2009 年只有西藏、青海、新疆、内蒙古、海南和云南 6 个内地省、自治区存在生态承载能力盈余,其他 25 个省、自治区、直辖市都出现了生态承载能力赤字。[①] 中国经济发展给生态系统带来的压力依然严峻,生态危机依然不可忽视,生态红线维护难度依然很大。

(二) 生态补偿相关法律制度不健全

当前中国关于生态保护与建设的法律和制度还不健全,尤其是生态补偿制度不完善。主要表现在以下三个方面:第一,当前中国国家层面没有专门针对生态补偿的法律和制度,国家发展改革委同有关部门起草了《生态补偿条例》,《生态补偿法》还没有制定;第二,中国现行的与生态保护相关的单行法并没有突出"生态补偿"或仅是原则性地提及要建立生态补偿制度,具体的操作细节没有明确规定,容易导致执行过程中的争议[②];第三,缺乏科学合理的制度安排和配套措施。

以森林生态补偿为例,现行的生态效益补偿制度存在补偿标准低、补偿形式单一、补偿范围不足等问题。2013 年陕西省调研显示,经估算每亩公益林管护成本约 30 元,农民普遍反映现行的每亩 10 元生态补偿金不足以抵消森林管护费用;同时只有 65% 的国家公益林能够及时获得补偿。[③] 相对于中国"一刀切"的简单的、静态的生态补偿架构,世界上其他国家的补偿标准、补偿方式以及补偿资金来源等更具有多元化和动态化的特点。一些发达国家的补偿标准较高,还辅之以其他各种税收优惠、项目支持等;除了强制性法律约束,政府还提供专项基金,同时

① 世界自然基金会,中国科学院,等. 中国生态足迹报告 2012 [R]. 世界自然基金会,2012.
② 林黎. 中国生态补偿宏观政策研究[M]. 成都:西南财经大学出版社,2012,69—71.
③ 吴守蓉,冀光楠. 我国重大生态保护工程政策工具选择研究——以天保工程区集体公益林为例[J]. 中国行政管理,2014,(1);93—96.

也利用市场化政策工具,如森林碳汇、生态标签项目、生态税、生态产品认证等,拓宽生态效益补偿的方式以及资金来源。因此,中国需要尽快改变现阶段生态补偿水平低、相关法律和制度不完善的现状。

(三) 生态产品供给主体过于单一

中国当前主要通过政府主导的生态工程实施生态保护与建设。为社会提供准生态产品,是政府主导的供给模式。这种供给模式优点是力度大,影响大,但也存在投入产出效率难以估算,难以避免财力、人力、物力浪费等问题。

生态保护与建设可以采用多种主体分别主导或者协同进行的方式开展,企业、社会组织以及民众都可以参与其中,充分发挥政府、市场和社会的力量,这样可以提高生态保护与建设效率,节约投入成本。如美国在 20 世纪 30 年代发生了特大洪水和严重的沙尘暴等自然灾害后,实施了土地休耕保护计划(Conservation Reserve Program)和保护支持计划(Conservation Security Program),政府与农场主签订长达 10~15 年的保护退耕补偿协议,采用市场机制与政府计划相结合,实施效果明显,土壤质量得到了恢复。[①] 这些经验都是值得借鉴的。

(四) 生态工程总体规划和管理的科学性、有效性有待加强

生态工程是一项人类改造自然的行为,需要投入大量的人力、物力和财力,如果失败,就会造成严重的经济损失,也会延迟生态系统的恢复,给人们生活带来损害。中国幅员辽阔,各地自然条件差异很大,实施生态工程时采取全国一刀切的办法是不合理的。因此,生态工程项目立项前必须根据客观规律,进行科学的规划、缜密的设计和严格的论证,避免走进解决了一时问题、继而又产生新的问题的困境,防止因未能及时发现更科学合理、既可改善生态质量、又可促进经济发展的决策方案而造成不必要的损失。

当前实施生态工程的区域存在一些问题,如尚未建立配套的封育管护制度,适地适树、林种布局问题等有待科学规划和调整;未能按照生态学、生态经济学和可持续发展理论,调整工程区内农、林、牧业的产业结构和布局;规划范围相互重叠,功能上相互交叉,造成管理上的混乱、资金上的浪费;在生态工程的施工、检查、验收、监理等环节,缺少有效的衔接和质量控制;一些工程监管单位独立性不够,从而导致工程监管不力;部门之间争夺工程项目和工程资金,缺乏沟通和合作,职责分工不清晰,影响了工程实施的有效性。因此,在对生态工程进行总体规划和管理时要加强科学性和有效性。

(五) 生态保护与建设的科技支撑不足

生态保护与建设是一项十分复杂的系统工程,需要生态学、林学、林业工程

---

① 林黎.中国生态补偿宏观政策研究[M].成都:西南财经大学出版社,2012,24—29.

学、环境科学、土地经济学、生态经济学等学科和技术为支撑,中国生态保护与建设还有一些科技难题未能攻克,科技支撑不足。中国是世界上人工造林面积最大的国家,这要归功于政府长期不懈地对植树造林在资金和人力上的巨大投入。但不可否认,某些地区的造林技术难关依然未能攻克,存在造林成活率不高、造林质量低下、造林成本高等问题。生态系统结构和功能监测技术,生态系统服务功能和生态保护、治理措施的效应评估技术,区域生态系统保护和治理的规划技术以及生态系统修复工程技术等都有待于加强。①

三、生态保护与建设的对策及展望

加强生态保护与建设,保护自然资源、维护生态系统健康和生态安全,是中国经济社会可持续发展的重要基础。中国生态保护与建设应该从思想认识、战略统筹设计和实施模式等方面全方位展开,系统推进。

(一) 充分认识生态保护与建设在生态文明建设中的基础性地位

在认识生态、资源和环境三者的关系上,要充分认识到生态系统的基础性地位。生态与资源、环境之间是"一体两用"的关系。生态系统是一个有机整体,是一切生物之"全体"。环境和资源是"用",都包含在生态系统当中,是生态系统这个"体"相对于人而言的两种功用。生态系统具有更基础、更重要的地位和作用,环境和资源都依赖于生态系统的支撑,离开了生态,环境和资源都必然成为无源之水、无本之木。② 因此,在生态文明建设中,必须充分认识到,与环境污染治理、资源可持续利用相比,生态保护与建设具有基础性地位和重要作用。只有良好健康的生态系统,才能对环境和资源发挥支撑作用,为人类生存和经济社会可持续发展提供坚实的基础。

(二) 基于生态思维,做好生态保护与建设的时间、空间的战略统筹设计

生态系统由相互作用、可产生能量流和营养循环的生物和非生物组成,具有整体性、关联性、有机性、多样性、动态性、复杂性等特征。生态系统不仅是人类社会可以利用的对象,在其内部孕育的强调相互依存、协同进化、关注未来、适度节约的价值观③,也为我们提供了重视整体性、关联性、互动性和协调性的生态思维。生态保护与建设是一项漫长的、耗资大的系统工程,迫切需要运用生态思维进行时间维度、空间维度的战略统筹设计,系统推进,最终使自然生态系统能够发挥其

① 李秀彬,郝海广,冉圣宏,朱会义,田玉军.中国生态保护和建设的机制转型及科技需求[J].生态学报,2010,(12):3340—3345.
② 严耕主编.中国省域生态文明建设评价报告(ECI 2013)[M].北京:社会科学文献出版社,2014,13—14.
③ 王国聘.现代生态思维的价值视域[J].清华大学学报(哲学社会科学版),2006,21(4):138—144.

整体功能,造福于人类。在时间维度上、要重视近期、中期和长期的生态目标的制定,保证重大生态建设项目实施的连续性、长期性;在空间维度上,要结合中国实际情况、面向国际社会,开展跨地区、跨行业以及流域综合治理。在规划和实施中要以生态学、生态经济学等科学为基础,注意资源整合、部门协调,切实提高生态保护与建设的效果,实现生态系统与经济系统的双向耦合,实现人与自然的和谐。

(三) 创建政府、市场、大众和国际社会广泛参与的生态保护与建设新模式

十八届三中全会强调市场经济在资源配置中起决定性作用。随着中国社会主义市场经济体制的完善,在生态保护与建设中同样应该发挥市场经济在资源配置中的高效率。生态保护与建设是让全社会受益的事业,要依靠全民来完成。因此,要形成政府、市场和社会大众共同参与的多元化的生态保护与建设新模式。

生态危机并不局限于某一地区或者某一个国家,具有无边界特性(border less),因此跨区域、跨国家的国际合作治理十分必要,全球合作共同抵御生态危机已成为趋势。实现多元化的生态保护与建设新模式,要充分发挥非政府组织和国际组织的作用,加强区域和国际间合作。

中国参与执行《联合国防治荒漠化公约》《联合国生物多样性公约》《国际植物新品种保护公约》《联合国气候变化框架公约》《濒危野生动植物种国际贸易公约》《关于特别是作为水禽栖息地的国际重要湿地公约》《京都议定书》《国际热带木材协定》《国际森林文书》等国际公约,积极融入全球生态保护与建设的大潮之中,与国际社会一道共同抵御生态危机。

生态系统遭受破坏导致功能退化是一个快速的过程,但是恢复生态系统功能却是一个十分漫长的过程。不过,我们有理由相信,通过长期不懈的努力,可以让我们的家园"山更绿、水更清、天更蓝、空气更清新"。

第十一章　中国生态文明法治建设报告

　　生态文明建设是一个系统工程,牵涉到制度、文化、法律、教育等方方面面,但是有一点是肯定的,那就是没有法治的保障,不走法治化的道路,生态文明建设绝不可能顺利进行。无数事实表明,法治滞后是制约生态文明的关键因素。因此,生态文明建设和法治建设是相辅相成的关系。一个国家的法治水平和程度,在一定意义上决定了其生态文明建设的水平和程度。自新中国成立以来,中国的生态文明法治建设,无论是法律法规的出台、司法解释的颁布、环境标准的制定,还是监管机构的建设和司法保障的强化等方面,均取得了巨大的成就,但是问题与成就相伴而行。本报告本着实事求是的科学态度,对中国生态文明法治建设方面已经取得的成就进行梳理,并对其中存在的问题及根源进行揭示,从而对今后的生态文明法治建设提出建议。

一、生态文明法治建设的成就

　　法治同样是一个系统工程,由立法及法律的实施等环节构成,而法律的实施包括执法、司法和守法。在过去六十多年生态文明法治建设过程中,已经取得了引人注目的成就。具体而言,主要表现在:

(一) 搭建起了生态法制的基本框架

　　经过长期不懈努力,中国生态法治建设取得了长足进展,生态法制的基本框架已初步形成。搭建起了以生态环境"基本法"①为核心,以生态环境事务法、生态环境手段法为细化的,涵盖法律、行政法规、地方性法规等各种文件的规范性体系。

　　1. 生态环境"基本法":《中华人民共和国环境保护法》

　　中国的生态环境立法采用的是基本法的模式。1979 年,在《关于〈中华人民共和国环境保护法〉(试行草案)的说明》中,立法机关指出"《环境保护法》是一个基

---

　　① 按照《立法法》第 7 条的规定:"全国人民代表大会制定和修改刑事、民事、国家机构的和其他的基本法律。全国人民代表大会常务委员会制定和修改除应当由全国人民代表大会制定的法律以外的其他法律……"据此定义,《环境保护法》并不属于严格意义上的基本法,学界为了研究的方便,并考虑其在生态环境法律体系中地位之重要,故称其为"基本法"。

本法,主要是规定国家在环保方面的基本方针和基本政策,而一些具体的规定,将在大气保护法、水质保护法等具体法规和实施细则中去解决"①。从而确立了《环境保护法》在中国的生态环境法中的基本法地位。

从 1979 年开始试行至今,《环境保护法》为中国生态环境保护事业的发展作出了巨大的贡献。2014 年 4 月,第十二届全国人大常委会第八次会议表决通过了新的《环境保护法》,并以国家主席令颁布,于 2015 年 1 月 1 日起实施。新《环境保护法》的修改过程历时四年之久,该法对未来国家及社会发展具有重要意义,与公民权保护紧密联系,必将产生深远的生态法治效应。

新的《环境保护法》在自然资源保护、污染防治、区域治理、环境监测与环境损害、风险预警、公民环境权保护等诸多方面都有制度创新,建立了较为完善的环境保护基本法制度体系。具体而言:

① 为自然资源保护确立了生态保护红线制度。根据党的十八届三中全会的精神,规定国家在重点生态功能区、生态环境敏感区和脆弱区等区域划定生态保护红线。

② 确立了跨行政区域联合防治机制。根据中国的现实和经验,《环境保护法》规定,国家建立跨行政区域的重点区域、流域环境污染和生态破坏联合防治协调机制,实行统一规划、统一标准、统一监测、统一防治的措施。此外,还规定了总量控制和区域限批制度。

③ 在污染防治方面确立了一系列的预防制度。将排污许可证管理制度法律化,要求生产经营者排污时必须获得排污许可证,并且,按照排污许可证的要求排放污染。与此同时,该法进一步完善了环境影响评价制度。

④ 确立了环境应急制度。该制度包括三项内容:第一,县级以上人民政府应当建立环境污染公共监测预警机制;第二,企业事业单位应当制订突发环境事件应急预案,并且在发生突发环境事件的时候迅速采取应急措施,并迅速向有关方面报告;第三,人民政府的有关部门应当及时对环境事件造成的影响和损失进行评估,并向社会公布评估结果。

⑤ 在环境监测与环境损害方面,针对实践中环境监测重复建设、缺乏规划、信息发布不统一、规范不一致的情况,规定了环境监测制度和环境与健康监测、调查和风险评估制度。

⑥ 确立了信息公开和公众参与制度。该法增加了"信息公开和公众参与"一章,确立了公民的环境知情权、参与权、举报权和监督权,与此同时对提起环境公益诉讼的社会组织范围进一步作出了明确的规定,此外,新法还要求各级人民政

---

① 吕忠梅.环境法导论[M].北京:北京大学出版社,2008,39.

府的环境保护主管部门和其他相关部门应当依法公开环境信息、完善公众参与程序,为公民、法人和其他组织参与和监督环境保护提供便利。

2. 生态环境事务法

生态环境事务法直接规范生态环境具体事务,包括污染防治法、自然资源保护法和特殊区域保护法。现分述如下:

(1)污染防治法

现代生态环境法是从污染防治法发展而来的。在生态环境单行法中,污染防治法所占的比重最大。根据污染对象的不同,中国的污染防治法主要包括:《水污染防治法》(1984年制定,1996年、2008年修改)和《大气污染防治法》(1987年制定,1995年、2000年修改)以及相关的法规、规章和司法解释。根据污染物质的不同,中国的污染防治法主要包括:《固体废物污染环境防治法》(1995年制定,2004年修改)、《环境噪声污染防治法》(1996年)、《放射性污染防治法》(2003年)以及相关的法规、规章和司法解释。

(2)自然资源保护法

自然资源保护法以保护某一环境要素或自然资源为主要内容,同时包括对自然资源的管理和防止该类资源的污染和破坏等内容。根据性质的不同,自然资源可以分为可再生资源和不可再生资源。基于此,自然资源保护法也相应地由两部分组成:可再生资源保护法和不可再生资源保护法。

中国的可再生资源保护法主要包括:《海洋环境保护法》(1982年制定,1999年修改)、《森林法》(1984年制定,1998年修改)、《草原法》(1985年制定,2002年修改)、《土地管理法》(1986年制定,1988年、1998年、2004年修改)、《渔业法》(1986年制定,2000年、2004年修改)、《水法》(1988年制定,2002年修改)、《野生动物保护法》(1988年制定,2004年修改)、《水土保持法》(1991年制定,2010年修改)、《防沙治沙法》(2001年)、《海域使用管理法》(2001年)、《可再生能源法》(2005年制定,2009年修改)以及相关的法规、规章和司法解释。

中国的不可再生资源保护法主要包括:《矿产资源法》(1986年制定,1996年修改)和《煤炭法》(1996年制定,2009年、2011年、2013年修改)以及相关的法规、规章和司法解释。

(3)特殊区域保护法

特殊区域,是指各类对于维护自然生态系统的平衡具有特殊作用以及在科学、文化、教育、观赏、旅游等方面具有特殊价值的环境结构。特殊区域既包括野生动植物和生物多样性资源以及具有科学和美学价值的自然风景名胜、自然保护区、森林公园,也包括具有历史、艺术或者科研价值的人工风景名胜区、人类文化遗址、历史建筑、人类工程等文化遗迹。

中国目前还没有制定专门的特殊区域生态环境保护法,但是《环境保护法》《森林法》《文物法》中有关于这方面的规定。例如,《环境保护法》第 29 条规定的生态保护红线制度:"国家在重点生态功能区、生态环境敏感区和脆弱区等区域划定生态保护红线,实行严格保护。各级人民政府对具有代表性的各种类型的自然生态系统区域,珍稀、濒危的野生动植物自然分布区域,重要的水源涵养区域,具有重大科学文化价值的地质构造、著名溶洞和化石分布区、冰川、火山、温泉等自然遗迹,以及人文遗迹、古树名木,应当采取措施予以保护,严禁破坏。"中国的《自然保护区条例》(1994 年)和《风景名胜区条例》(2006 年)也对特殊区域的生态环境保护作出了专门的规定。此外,一些规章和司法解释也涉及本部分的内容。

3. 生态环境手段法

生态环境手段法是关于生态环境保护基本手段和方法的规范。"手段"是指用于生态环境保护的具体方法,这些方法包括但不限于以下各项:

① 环境规划方面的法律。中国目前尚无专门的"环境规划法",但是关于生态环境某一要素的规划立法已经出现,如《城乡规划法》(2007 年)。此外,一些法规、规章以及司法解释中也涉及环境规划的内容。

② 环境影响评价方面的法律。《环境影响评价法》(2002 年)是这方面的专门法律规定,主要包括"规划的环境影响评价"和"建设项目的环境影响评价"两部分。2009 年由国务院颁布的《规划环境影响评价条例》对相关问题作了更加细致的规定。

③ 调控环境监测方面的法律。中国目前尚未制定专门的"环境监测法",但是一些生态环境立法中有关于这方面的规定。例如,《环境保护法》第 17 条第 1 款规定:"国家建立、健全环境监测制度。国务院环境保护主管部门制定监测规范,会同有关部门组织监测网络,统一规划国家环境质量监测站(点)的设置,建立监测数据共享机制,加强对环境监测的管理。"此外,一些法规、规章以及司法解释中也有这方面的规定。

④ 激励资源节约方面的法律。《节约能源法》(1997 年制定,2007 年修改)是这方面的代表性立法。该法涉及工业节能、建筑节能、交通运输节能、公共机构节能以及重点用能单位节能,并规定了节约能源的激励措施。

⑤ 规制清洁生产方面的法律。《清洁生产促进法》(2002 年)是这方面的专门性立法,主要规定了政府的清洁生产实施职责以及各个领域实行清洁生产的要求,并对清洁生产的鼓励措施作了规定。《循环经济促进法》(2008 年)也可以看成是这方面的专门法律规定。

⑥ 促进环境纠纷解决方面的法律。环境纠纷的解决包括程序规定和实体规

定两个方面。关于环境纠纷解决的程序规定主要见于《民事诉讼法》《行政诉讼法》和《刑事诉讼法》中。关于环境纠纷解决的实体规定则散见于中国的生态环境立法以及其他相关的部门法中。例如,《环境保护法》第 58 条规定:"对环境污染、破坏生态,损害社会公共利益的行为,符合下列条件的社会组织可以向人民法院提起诉讼:(一) 依法在设区的市级以上人民政府民政部门登记;(二) 专门从事环境保护公益活动连续五年以上且无违法记录。符合前款规定的社会组织向人民法院提起诉讼,人民法院应当依法受理。提起诉讼的社会组织不得通过诉讼牟取经济利益。"《侵权责任法》第 68 条规定:"因第三人的过错污染环境造成损害的,被侵权人可以向污染者请求赔偿,也可以向第三人请求赔偿。污染者赔偿后,有权向第三人追偿。"此外,一些法规、规章以及司法解释中也对环境纠纷解决的问题作了规定。

(二) 建立起了以环保部为核心的环境执法体系

法律的生命力在于实施,立法只是创制了白纸黑字式的规则,规则并不必然会走向社会现实,规范人的行为。要把纸面上的法律变成人们日常生活中的"活法",离不开法律的实施。法的执行是法律实施的一个重要环节。党和政府长期以来重视法律的执行工作,强调执法体制的建设,最为显著的成就是,以中华人民共和国环境保护部为核心的环境行政执法机构的建立及具体环境执法制度的形成。

中华人民共和国环境保护部(下文简称"环保部")最早可以追溯至 1971 年国家计划委员会针对工业"三废"污染的管理和综合利用设立的"三废"利用领导小组,这是新中国建立以后中国中央政府设立的第一个环境保护机关。中间经过了国务院环境保护领导小组办公室(1973)——国务院环境保护领导小组(1974)——环境保护局(1982)——国家环保局(1984)——环保总局(1998)。直到 2008 年 3 月,为探索实行统一的大部门体制,国务院再次进行机构改革,国家环境保护总局升格为环保部,从国务院直属机构变为国务院组成部门。

(三) 尝试建立了专门化的环境司法制度

中国对环境司法问题一直处于理论探讨向实务操作的转变阶段,对其具体实现形式,从 2000 年以来,全国各地纷纷进行了多种环境司法专门化的有益尝试,开展较为成熟的地方主要有贵州省、江苏省、云南省等。截至 2014 年 6 月 24 日,全国已有 22 个省、直辖市共设立各类环保法庭 310 家(表 11-1),其中设立在高级人民法院的有 6 家,设立在中级人民法院的有 52 家,设立在基层人民法院的有 252 家。

总结中国各地的试点情况,环境司法专门化的事件类型主要有环境保护审判庭、环境保护合议庭和环境保护巡回法庭。

表 11-1　各地环保法庭设置情况

级别	高级法院		中级法院			基层法院				合计
模式	审判庭	合议庭	审判庭	合议庭	巡回法庭	派出法庭	审判庭	合议庭	巡回法庭	
数量	4	2	24	26	2	8	58	175	11	310

就目前的运行来看,环境司法确实在创新环境司法机制、保护公众的环境权益方面发挥了不可替代的作用,开创了中国环境保护工作的新局面。此外,环境司法的现实意义还体现在它能够有效增强政府和公众的环保意识,提高对排污企业的威慑力,提升环保执法的效果。总体而言,环境司法对中国生态法治建设整体的保障起到了至关重要的作用,为生态法治的发展和完善保驾护航。

(四) 拓宽了公众参与生态法治建设的渠道

公众参与对于生态文明法治建设而言,意义极为重大。公众参与的直接后果是,让决策者在做出决策时能够倾听公众的意见,并且按照利益相关的公民的意见来制定生态环境政策,从而使得生态环境政策更加符合公众的利益。另外,在影响生态环境的公共决策中,让公众参与可以及时发现该政策的偏差与失误,从而使得该政策更加合理科学。《环境影响评价法》《环境影响评价公众参与暂行办法》《政府信息公开条例》《环境信息公开办法(试行)》等法律、行政法规的出台为生态环境法制建设中公众参与拓宽了制度渠道。

二、生态文明法治建设中存在的问题及其根源

改革开放以来,中国生态文明法治建设取得显著成就,生态文明的法律体系粲然大备,生态文明的执法建设稳中有进,生态文明的司法建设锐意进取。然而,中国环境状况总体恶化的趋势还没有得到根本性的遏制,许多地区主要污染物排放量超过环境容量。部分地区生态损害严重,生态系统功能退化,生态环境比较脆弱。人民群众环境诉求不断提高,突发环境事件的数量居高不下,环境问题已成为威胁人体健康、公共安全和社会稳定的重要因素之一。[①] 在充分肯定中国生态文明法治建设的巨大成就和进步的同时,应当清醒地看到,中国的生态环境法治现状与实现"生产发展,生活富裕,生态良好"以及公平正义和谐融合的生态文明基本目标和要求存在诸多不适应,与科学立法、严格执法、公正司法的法治总目标还存在不小的差距。生态环境法治建设面临着十分严峻的挑战。

---

① 参见《国家环境保护"十二五"规划》"一、环境形势".

(一) 立法目的片面强调经济发展，立法理念滞后

"目的是全部法律的创造者。"立法目的是立法者将一定社会的价值观在成文法上作出的表现和反映，而法律规范的具体内容则是在这种价值观的指导下制定的[①]，立法的目的决定立法的指导思想和法律的调整方向，法律原则、制度则是实现立法目的的手段。因此，设定立法目的在立法过程中最为重要。中国的大部分环境保护法律制定于 20 世纪八九十年代，受改革开放后以经济建设为中心的思想观念的影响，当时的立法理念强调以追求经济增长为主。如 1979 年《环境保护法(试行)》第二条规定："中华人民共和国环境保护法的任务，是保证在社会主义现代化建设中，合理地利用自然环境，防治环境污染和生态破坏，为人民造成清洁适宜的生活和劳动环境，保护人民健康，促进经济发展。"1989 年制定的《环境保护法》将立法目的定位为"为保护和改善生活环境与生态环境，防治污染和其他公害，保障人体健康，促进社会主义现代化建设的发展"。大多数的污染防治单行法的立法目的沿袭了这一规定，绝大多数的生态保护和自然资源单行法也以"保障经济持续发展"或"促进经济的增长"作为立法的根本目的。以促进经济和发展为中心的立法目的适应了改革开放初期中国以经济增长作为优先任务的需要，符合最广大人民群众根本利益的需要。

但环境立法强调环境保护作为促进经济发展的一种方法或手段，在很大程度上带来了工具理性的极度膨胀，从而可能导致环境法律以牺牲环境保护为代价换取经济发展的悖论。[②] 法律实施中片面追求经济增长，以 GDP 论英雄，忽视环境资源保护，忽视人与自然的协调。进入 20 世纪后，中国大多数环境法目的条款调整为"促进经济社会的可持续发展"。如 2008 年修订的《水污染防治法》第一条规定"为了防治水污染，保护和改善环境，保障饮用水安全，促进经济社会全面协调可持续发展，制定本法。"但这一立法目的没有科学阐述经济、社会发展和环境保护的平衡关系，仍然体现的是唯经济和社会发展的理念，忽视了环境优先理念。[③] 实际上，党和政府自 2003 年起已提出要在国家和社会发展中树立科学发展观的思想。科学发展观的重要内容之一，就是强调社会经济的发展必须与自然生态的保护相协调，在社会经济的发展中实现人与人、人与自然之间的和谐。在国家环境政策与环境保护观念转变的情况下，中国一些环境立法也体现出这些理念。如环境影响评价法、可再生能源法、循环经济促进法更加重视源头治理与预防性立法理念的应用，开始强调环境信息公开与公众参与的重要性。但从总体来看，现

---

① 汪劲.环境法律的理念与价值追求[M].北京:法律出版社,2000,12.
② 王小钢.对"环境立法目的二元论"的反思——试论当前中国复杂背景下环境立法的目的[J].中国地质大学学报,2008,4:57—63.
③ 常纪文.我国生态文明建设的法治思路[J].前进论坛,2013,6:35—37.

行环境立法的目的理念滞后,已不适应以生态文明建设为总目标的当前中国的社会背景。

(二)生态环境法律体系整体性、协调性不足

当下,中国基本形成了以《环境保护法》为基础性法律,涵盖污染防治法、自然资源法、生态保护法、特别法(清洁生产法与循环经济法等)以及民法、刑法等部门法中的相关法律规范,由宪法、法律、行政法规规章、地方性法规等构成的多层次法律保障体系,一定程度上起着促进和保障生态文明建设的作用。生态文明建设要求对于节约资源和保护环境进行整体考量,对空间格局、产业结构、生产方式、生活方式进行同步构造,并使其融入经济建设、政治建设、文化建设、社会建设各方面和全过程中,因此,这就需要建立一套系统完整的法律保障体系。按这一标准审视,中国现行生态环境法律体系的缺陷在于:

① 缺乏一部确立生态文明建设的指导方针和原则、能够统筹各种利益关系的生态文明建设基本法。1989 年制定的《环境保护法》的立法定位是"环境保护基本法",但其法律位阶与其他污染防治、自然资源与生态保护的单行法平级;立法内容偏重污染防治,对自然资源与生态保护规定很少,更未涉及节能减排和循环经济等内容;且因修改滞后,立法内容与后来制定的单项污染防治法相冲突,致使其无法作为基本法对各单项法进行统领和指导,法律体系内部纵向协调不足。

② 生态环境法各单项法之间协调不足,法律体系碎片化。受制于行政部门主导国家立法的体制,污染防治、资源开发、生态保护等领域采取分割立法的方式,资源管理与污染防治不仅有不同的立法,而且分属不同的部门管理,导致法律体系和管理体系条块分割、左右掣肘、上下脱节。[①] 实践证明,中国的污染问题与资源问题同步恶化与这种分割立法不无关系。[②]

③ 法律体系结构不完整。国土空间优化整治、能源、气候变化等一些新兴领域立法缺失。土壤污染防治、电磁污染防治、震动污染防治、能量污染防治等专项污染防治立法几近空白。尤为突出的是生态保护立法薄弱。生态保护法是指调整在维持生态平衡、保护整体生态环境和生态功能以及特殊自然环境过程形成的社会关系的法律规范。目前生态保护法仅限于生物多样性和地域环境的保护,缺少专门的生态保护法。[③]

④ 地方性立法缺乏地方特色。生态系统的区域性特点要求地方性立法应根据生态系统的实际状况和具体特点,因地制宜,采取有针对性的保护措施。目前

---

① 王灿发. 论生态文明建设法律保障体系的构建[J]. 中国法学,2014,3:34—53.
② 周珂,欧阳杉. 部门法体系下环境资源保护的一体化[J]. 人民论坛,2011,9:88—89.
③ 黄锡生,史玉成. 中国环境法律体系的架构与完善[J]. 当代法学,2014,1:120—128.

的地方立法机械地从属于中央立法,以至于照抄、照搬中央立法,沦为国家立法的翻版,很少有结合省情、市情的新内容和新措施,使得地方环境立法对中央立法的具体化、补充性功能弱化,操作性不强。

(三) 环境权没有得到法律上的确认

以法律甚至宪法确认公民的环境权,是世界生态立法的潮流。目前世界上有60多个国家在法律上确认了公民的环境权,其中有50个国家是以宪法的形式确认的。确认环境权的既有发达国家,如法国、韩国等;也有发展中国家,如刚果、俄罗斯、白俄罗斯、蒙古、厄瓜多尔等。中国作为一个大国,中国的宪法和法律中没有关于环境权的规定,这与中国的国际地位和国际形象不符。

环境权没有法律上的依据成了许多群体性事件爆发的根源。最近几年群体性事件此起彼伏,许多群体性事件都与公民的生态环境权益受到侵害有关,如2011年的浙江"海宁事件"、大连"PX事件"和2012年的四川"什邡事件"、浙江"镇海事件"等。这些群体性事件爆发的原因与地方政府片面追求GDP,忽视甚至漠视人民的环境权益有关。由于没有明确的法律依据,公民的环境权益不构成对地方政府权力的有效制约。也是因为没有明确的法律依据,人民不能通过法律的手段维护自己的生态环境权益,所以只能走上街头表达自己的诉求,从而引发群体性事件,威胁社会的和谐与稳定。

(四) 生态环境法律领域权力(权利)与责任(义务)不对称

权利是古今中外法治实践的基本范式。法治以权利为核心,赋予人们自由并构筑行为边界和确定政府责任。[①] 中国生态环境立法具有强烈的行政法色彩,侧重体现政府公权力对环境保护事物的直接管理,强调政府的权力,忽视政府的义务,强调公民保护环境的义务,忽视公民的环境权利。《环境保护法》与其他污染防治、自然资源和生态保护的单行法采取以行为引导、义务设置和政府保障相结合的法律逻辑设计方法。法律中权利与义务配置不均衡,具体而言,一是程序性权利配置存在理念偏差,公众监督作用有限。现行法律仅规定了检举权和不明确的控告权[②],缺乏知情权、参与权、表达权、监督权等权利的原则性规定,公众参与基本上是对环境污染和生态破坏发生后的参与,对于政府及其环境资源管理部门怠于职守、疏忽监管的不作为,特别是当行政决策呈现隐患时,缺乏公众参与的有效途径和配套制度。二是公民的权益得不到有效救济。按照现行的法律规定,对于环境监督管理机关不作为或不当作为导致的环境污染和生态破坏,公民财产

---

① 江必新.生态法治元论[J].现代法学,2013,35(3):3—10.

② 《中华人民共和国环境保护法》的第6条规定:"一切单位和个人都有保护环境的义务,并有权对污染和破坏环境的单位和个人进行检举和控告。"该法没有对这一政策性宣示做出制度安排和程序设计,致使其实践中不可操作。

权、人身权受到侵害,只能对侵权主体提起民事侵权诉讼,不能提起行政诉讼;对于公民所在生活环境的环境质量因环境污染或破坏而低于或极有可能低于环境质量标准,公民的人身和财产尚未因污染或破坏而发生实质损害,公民尚不能提起环境权之诉。不少学者认为,中国有关生态权益的实体性规定不足是中国环境法治存在诸多问题的根本原因之一,也是中国环境法律制度与发达国家环境法相比的主要差距。[①]

(五)生态环境法律制度结构失衡

中国生态环境问题根源于发展决策层面的产业和区域发展的布局结构[②],决策中缺乏对环境与发展的关系的统筹考虑是导致资源浪费、环境污染的直接原因。现行法律对于政策、规划和计划等宏观决策活动,缺乏环境影响评价或其他环境约束的明确法律规定;同时也没有建立相应的监督检查机制对宏观发展决策的内容和程序进行检查监督;更是缺乏必要的法律责任制度。立法内容没有触及产生环境问题根源的结构性问题,这是法律实施软弱无力的根本原因。

其一,立法重环境污染防治,轻自然资源保护。从生态系统的角度来看,环境污染是生态系统的物质变换、能量转换和信息交换平衡被打破的结果,必须从战略性高度采取"源头"控制措施。[③] 现有污染防治立法未能从调整能源消费结构、产业结构、资源价格、资源管理体制和资源有效利用等更大尺度的问题方面着手,采取"只见树木不见森林"的狭隘立法视角和"头痛医头,脚痛医脚"的末端治理方式,导致立法实效大打折扣。[④]

其二,忽视区域环境问题,对区域环境不公应对无力。中国长期坚持东西部发展"两个大局"的战略构想,在这一发展过程中,西部地区在为东部发展提供能源资源支持的同时,却付出了资源耗竭、生态环境破坏的巨大代价。目前法律尚未完全建立起均衡地区间发展的生态补偿制度,一些以东部沿海为中心的污染治理制度安排促使东部的高耗能、高污染产业逐步向中西部地区转移,立法不仅没有缩小地区间的经济差距和环境质量的差距,反而使环境区域不公的问题不断恶化。

其三,忽视农村环境问题。与中国城乡经济的二元体制相适应,中国的环境

---

① 周珂. 生态文明建设与环境法制理念更新[J]. 环境与可持续发展,2014,2:72—74. 罗丽. 论生态文明理念指导下的环境法体系的完善[J]. 环境与可持续发展,2014,2:75—78.

② 潘岳. 用"战略环评"解决发展痼疾[N]. 2008-11-26. http://money.163.com/special/002532SI/panyue.html

③ 严耕. 从战略高度破解环境污染难题[N]. 人民日报,2013-07-28. http://xz.people.cn/n/2013/0728/c138901-19173011.html

④ 张梓太,郭少青. 结构性陷阱:中国环境法不能承受之重——兼议我国环境法的修改[J]. 南京大学学报,2013,2:41—50.

立法表现出重城市、轻农村的特征,或对农村环境问题不做规定,或作零星规定,或授权地方立法另行规定,从而直接将农村生活环境问题排除在外。这种城乡立法二元模式使得农村环境问题被边缘化,农民的环境权益不断受到侵害,最终导致环境非正义。[①]

(六) 生态环境管理体制不畅

基于生态环境的整体性和系统性,要求由统一的管理机构直接或者协调相关部门进行步调一致的管理。中国环境执法监管体制实行"统管"与"分管"结合的监管模式。环保部门对环境保护工作实施统一监督管理,国家海洋行政主管部门、港务监督以及各级土地、矿产、林业、农业、水利、海洋等行政主管部门依法分管某一类污染源防治或某一类自然资源的保护监管工作。实践中,统管与分管部门之间、分管部门相互之间职能交叉,缺位、错位现象大量存在,不仅在各部门之间形成内耗,还极大地影响了环保执法的效率。[②] 此外,国家环保部门的统一监督管理职能与环境质量地方政府负责制之间存在冲突,国家环境保护的强烈政治意愿在地方被打折扣。地方与地方之间由于缺乏有效的协调和问责,以邻为壑的经济发展[③],导致地方政府环境负责制难以落实。

(七) 生态环境执法受多种因素的制约,效果不彰

首先,法律对环境保护部门的授权有限。环境保护部门对环境直接负责,却没有完整的处罚权和强制执行权。这种法律授权与职责配置的分离,使环境监督执法缺乏力度甚至流于形式。[④] 其次,环境执法手段单一。行政命令、行政处罚等强制性行政措施尽管能够取得一定的执法效果,但可能招致行政相对人的强烈抵触,限制了环境执法效益的提升。[⑤] 再次,执法监督不到位。环境执法监督机关的职能没有得到充分的发挥,也没有充分调动社会监督的积极性,未形成全社会共同监督的机制。行政监督机制的弱化,影响了环境执法的有效性、公正性和严肃性,削弱了政府部门环境管理的效能。最后,环境执法机构人力、财力、技术和执法能力诸方面都存在不足,存在执法装备差、监控手段落后、环保人员少而且素质参差不齐、经费难以保障等问题[⑥]。这些问题不同程度地影响了环境执法的能力和效力。

---

① 谷德近. 区域环境利益平衡:《环境保护法》修订面临的迫切问题[J]. 法商研究,2005,4:126—130.
② 汪劲. 中国环境法治三十年:回顾与反思[J]. 中国地质大学学报,2009,5:3—9.
③ 巩固. 政府激励视角下的《环境保护法》修改[J]. 法学,2013,1:52—65.
④ 直彦. 影响我国环境严格执法的主要原因剖析[J]. 环境保护,2007,22:33—35.
⑤ 张丽. 环境执法中引入环境非强制行政行为的价值分析[J]. 西北农林科技大学学报,2011,2:110—114.
⑥ 陆新元,陈善荣,陆军. 我国环境执法障碍的成因分析与对策措施[J]. 环境保护,2005,10:22—27.

(八) 生态环境司法独立性欠缺、体制不合理

在目前的司法体制内,各级法院的人力、财力、物力由本级政府统筹管理,致使司法独立性欠缺。地方政府受传统的经济增长观和政绩观制约,过多支持本地的企业和经济而忽略了环境保护。① 许多环境案件在涉及本部门、本地区利益时受到地方政府及其职能部门的不当干预,一些大规模环境侵权案件被法院归入敏感或疑难案件,不予受理。② 环境行政执法机关执法不力、移送案件不足、以罚代刑,刑事司法机关难以介入环境犯罪,同时行政处罚缺乏有力司法保障而难以执行到位。③ 犯罪判定严重依赖于行政机关的认定结果,使得环境行为的司法控制难以有效发挥作用。政府及职能部门的不当干预是环境司法保障不足的最重要的原因。

中国现行环境资源案件由刑事庭、民事庭、行政庭分庭审理,并未充分考虑环境案件本身的特殊性和环境法律的专门规定,以致案件审理质量不高,甚至有失公平、公正,引起当事人的不满。④ 环境侵害具有的潜在性、隐蔽性、受侵害主体广泛性等特点,环境案件的审理在诉讼主体、举证责任、诉讼时效、判决执行等方面的程序要求与普通案件的处理程序均有所不同。现有的民事诉讼、行政诉讼规则对起诉资格、可诉利益设置过于狭窄,诉讼时效过短,不能满足环境案件的特殊需要。2012 年新修订的《民事诉讼法》确立了公益诉讼制度,但仍存在着制度设计不完整、法律适用难点多等问题。环境公益诉讼中普遍存在着主体资格难确定、诉讼费用难计收、因果关系难鉴定、损害后果难评估、诉讼利益难判定、生态环境难修复等问题。⑤ 环境行政公益诉讼面临立法确认不清、司法的受理范围不清以及对于诉讼原告主体资格的界定不清等问题。⑥

三、生态法治建设的对策及展望

生态文明法治建设是一个覆盖政治、经济、文化、社会、自然等多个方面和涉及生产、流通、消费、处置等各个环节的系统工程。生态文明法治建设任重而道远,不可能一蹴而就,我们认为今后在生态文明法治建设方面应该从以下五个方面进行:

---

① 张晏. 中国环境司法的现状与未来[J]. 中国地质大学学报,2009,5:22—27.

② 《山东省高级人民法院新类型、敏感、疑难案件受理意见(试行)》(鲁高法发(2006)3 号).

③ 董帮俊. 论我国环境行政执法与刑事司法之衔接[J]. 中国地质大学学报,2013,6:1—8.

④ 王树义. 论生态文明建设与环境司法改革[J]. 中国法学,2014,3:54—71.

⑤ 徐本鑫,李媛媛,李庆枝. 中国环境司法乏力的制度原因与因应策略[J]. 内蒙古农业大学学报,2014,16(74):140—141.

⑥ 赵惊涛,丁亮. 环境执法司法监督的困境与出路[J]. 环境保护,2014,21:64—66.

(一) 生态法治建设必须始终贯彻实施依法治国的核心理念

党的十八届四中全会进一步强调了依法治国的核心理念。依法治国必须多管齐下,首先,要加强宪法实施,完善社会主义法律体系;其次,要严格依法行政,建设社会主义法治政府;再次,要公正司法,提高司法的公信力;最后,要引导全民守法,树立守法光荣的良好观念。建设中国特色的社会主义生态文明法治体系,首先要做到有法可依,这就要求必须坚持立法先行,发挥立法的引导和推动作用,提高立法质量。

生态法治建设必须坚持宪法的核心地位,可以积极推进将公民的环境权写入宪法之中,使环境权涵括个体的权利和群体的权利。在宪法上做原则性规定,佐以法律、法规的形式进行具体化规定。对宪法位阶的环境权做出明确定义,即宪法环境权是公民所享有的在安全、健康的环境中生存以及拒绝不当环境退化的权利。"这一权利包含两个层面,从积极方面来说公民具有追求良好生存环境的权利,它要求国家应积极给付保障环境权的实现;从消极方面来说则是公民有权对抗导致环境恶化的行为,它要求国家和第三人不得实施侵犯环境权的行为"①。完善公民环境权受侵害后的救济制度,为生态环境公益诉讼提供制度保障,降低公益诉讼门槛,逐步推进公民作为诉讼主体提起公益诉讼的改革。

推动生态法治政府的构建。秉承习近平总书记把"权力关进制度笼子"的治国理念,减少或者下放生态环境领域的行政审批项目,构建权力清单制度,进行大部制改革,整合生态环境执法权,明确与生态文明建设相关的政府部门的权力和责任,做到有权必有责,用权受监督,侵权须赔偿。

把市场机制和市场准入机制有机地结合起来,通过环境税费、产品出口、企业信贷、污染物排放指标分配、证券上市等方面的改革措施以促使企业对自己的环境行为负责。"通过立法,克服各级地方人民法院的地方保护主义,把人民法院的强制执行权和环境保护部门的执法权有机地衔接起来;规范行政管理行为,建立环境保护行政问责制度。通过机构改革来重新给环境保护工作定位,通过制度和创新来使环境保护部门真正负起责任,使环境监管工作到位而不越位、错位、缺位。"②

(二) 生态法治建设必须融入系统完整的生态文明体系之中

党的十八大报告强调要"把生态文明建设放在突出地位"。党的十八届三中全会更是提出了必须建立"系统完整的生态文明制度体系"的要求,落实责任追究

---

① 张一粟、陈奇伟.论我国环境权入宪的基本架构[J].法学论坛,2008,23(118):109—114.

② 孙佑海.中国环境法治的历史、现状与走向——中国环境法治30年之评析[J].昆明理工大学学报(社会科学版),2008,8(1):1—9.

制度、损害赔偿制度、源头保护制度。在由"发挥市场基础性作用"向"发挥市场决定性作用"转变的过程中,生态文明建设也步入了一个新的发展阶段。欲实现具有中国特色的生态文明制度构建,离不开立法、行政与司法三方面机制的相互协调与配合。[1] 然而,当前中国的生态法治建设困难重重,现行部分立法不具可操作性,法律规定之间常常自相矛盾,生态环境执法力不从心,未能形成公众普遍守法的法制环境。[2] 诸多现实问题亟待解决。

首先,怎么建设生态文明,生态文明建设的具体阶段如何划分,每个阶段应该达到什么样的目的都缺乏明确的规划。因而,中国急切需要进一步地健全与完善环境法律机制与格局。我们应抓住中央设立经济体制和生态文明体制改革领导小组的时机,尽快起草和出台《生态文明建设基本法》,为生态文明建设作出全面而又系统的规划,从而为健全和完善生态文明法制建设奠定基础、积累经验。[3]

其次,在《生态文明建设基本法》之下,我们应当将生态文明的建设真正落实到制度建设之中。"根据自然资源属性的多样化特征,通过比较广泛的地方试点示范,逐步修改完善现行法律有关国有和集体所有资源的产权制度规定,分类建立多样化的所有权体系。建立完整的自然资源资产的调查、评价和核算制度,并完善国有和集体自然资源资产代理或者托管及其经营管理的制度体系。"[4]

第三,建立长效的生态文明文化制度,在价值观层面践行生态文明建设。积极培育绿色生活方式,反对过度消费主义,促使党政机关、国有企业和事业单位开展生态文明单位的建设活动,采取各项环保节能措施,实行生态友好的生产方式,从而达到节约能源资源,保护生态环境的目的。强化企业社会责任感和荣誉感,形成以"保护生态环境为荣"的道德风尚,对企业家进行生态环境及可持续发展教育。

(三) 生态法治建设必须始终坚持社会经济建设与环境保护协调发展

新修订的《环境保护法》中首次将可持续发展理念写入立法之中,凸显了现阶段中国社会发展的主要任务之一便是要更加注重环境保护与资源的可持续利用。如何正确处理好经济建设与环境保护之间的平衡关系成为摆在我们面前的首要难题。越来越多的事实表明,单纯追求高增长的模式已经难以为继。这种粗放型增长方式在实现量的急剧扩张的同时造成了高投入、高消耗、低产出、低效益的恶性循环,可谓快而不好。而且随着经济规模越来越大,其负面效应愈加显现,在一

---

① 任洋.生态文明视域下的环境法律保障机制研究——兼论《矿产资源法》修改的必要性[J].绿色科技,2014,4:261—264.

② 高军.试论我国生态环境法治建设[J].北大法律信息网【法宝引证码】CLI.A.030662.

③ 杨朝霞.破解生态文明法制建设的五大瓶颈问题[J].环境与可持续发展,2014,2:82—85.

④ 中国科学院可持续发展战略研究组.2014中国可持续发展战略报告[M].北京:科学出版社,2014.

些地方则表现得尤为突出,如环境污染,效率低下,能源资源供应不足,人们生活环境的质量下降等。人类必须在尽量减少资源消耗的基础上提高资源的利用率,做到少投入,多产出,促进可再生资源的利用,使系统内部相互协调,在物质、能量的转化率达到最佳效果的情况下来满足人们的需求。在消费时尽可能地多利用,少排放,以减少自然的负荷,使系统的结构和功能保持良好状态,已经成为人类与自然环境相互协调的可持续发展下的新型消费模式。

现阶段,中国尚未确立起符合生态文明要求的法律保障机制。因此,错综复杂的环境问题的解决在依赖技术进步的同时更需要进行法律制度上的创新。构建好生态保护法律的梯级层次,使生态法制形成内容协调、衔接,效力层次清楚、周延的结构体系。在生态法律体系建构中尤其要健全生态法律责任追究制度。①建议增加对一些严重破坏生态环境行为的打击力度,增加刑事责任的适用范围。

生态法治建设还必须不断地平衡社会利益、调节社会关系、规范社会行为,使中国社会在深刻变革中既生机勃勃又井然有序,实现经济发展与生态良好的双重目标,更好地发挥法治的引领和规范作用。② 全面推动中国的经济发展与环境保护工作相协调,坚持保护环境与经济增长并举,综合运用法律、技术、经济等必要的手段处理生态问题。

(四) 生态法治建设必须正确处理好国家环境管理与公众参与有序进行的关系

孟德斯鸠曾说"一切有权力的人都容易滥用权力,这是万古不易的一条经验。有权力的人使用权力,一直遇到界限时方休止。"③法律终止之处,乃是自由裁量权发轫之地。④ 在中国现行的法律制度体系之下,自由裁量在法律实施尤其是执法的过程中是在所难免的,环境领域的执法也不例外。环保部门在执法过程中,由于现行立法规定难以覆盖所有的环境违法行为,即使有与该违法行为相关的规定,也难免由于立法滞后、语言模糊等不可抗拒的原因,而无法完全依照法律做出处罚决定。如此一来,有关是否予以处罚、选择何种处罚,或者处罚幅度的大小等问题在做出时难免就会掺入个人主观的判断,并容易受到其他因素的影响。我们认为,在这种情况下,只要自由裁量权的运用并未超出立法的初衷,那么都可以算是法定权限内的裁量。不过,自由裁量权的存在并不能因其不可避免而不加以改变,故各环境执法部门应尽快落实具体明确的实施细则,通过"准立法"的方式增加执法过程的确定性。

环境行政执法部门在对环境违法行为进行认定的过程中,应当对该行为的主

① 杨正华.论法治视野下的生态文明建设[J].法制与社会,2010,(7):22—23.
② 参见十八届四中全会公报.
③ [法]孟德斯鸠著.论法的精神[M].北京:商务印书馆出版社,1961,154.
④ 王锡锌.自由裁量与行政正义——阅读《戴维斯自由裁量的正义》[J].中外法学,2002,1:3.

客观条件进行全面的综合分析,只有与立法规定的相关构成要素基本符合的行为才能被认定为违法行为。为了增强认定的准确性,建议在各环境单行法中进一步明确和划分违法行为的认定规则。并且,我们还应当改变当前较为单一、传统、机械的环境行政处罚模式,将更多的人文、社会、道德等因素加入环境行政处罚之中,以更好地实现处罚之目的。具体而言,可以对环境违法行为人采用"税收减免、税收抵扣、融资便利、环保保证金提取与奖励、出口补贴、环境信用评估等手段,进行环境综合执法"①。一改当前相对简单粗暴的执法模式,转而以引导、鼓励等正面的方式进行规劝指导,提升环境行政执法中的道德底蕴、人文色彩。

反思中国的环保行政执法现状,想要实现环境保护的最终目的,仅仅依靠经济制裁手段是远远不够的,必须广泛运用其他的方法。"私人在法之目的的实现当中承担着并不亚于政府的重要角色。无论在政治上,还是在法律上,民主主义均不得缺少公民的积极参与,私人积极运用法律对于合理规制社会生活具有重要意义。"因此,广大人民群众应当在环境保护的进程中贡献出自己的一份力量。

人民权益与法律权威是互相作用的,法律的权威需要人民来共同维护,而人民的权益也需要法律来保障。因此,我们必须大力弘扬社会主义法治精神,全面建设社会主义法治文化,培养全社会遵守法律、厉行法治的积极性,在全社会营造出一股守法光荣、违法可耻的氛围,使人民大众养成崇尚法律、遵守法律、捍卫法律的习惯。不仅如此,我们还需要推动生态文明法治意识的树立,开展生态文明法治教育的宣传,在国民教育体系和精神文明创建活动中加入生态文明法治教育的内容。最后,生态文明法治建设还必须建立、健全各种法律机制,如依法维权和化解纠纷机制、利益表达机制、社会矛盾预警机制、协商沟通机制、救济救助机制,并使群众利益协调和权益保障的法律渠道有效畅通。

(五)生态文明法治建设必须始终坚持立法、执法、司法齐头并进

法律是治国之重器,良法是善治之前提。因此,执法和守法的最重要前提就是健全和完备立法体系。比如,中国现行的关于环境行政处罚的立法以及关于罚款制度的规定仍不完善。虽然新修订的《环境保护法》首次引入了按日计罚制度,但该制度的执行力度以及实际绩效究竟如何尚有待实践的检验。为应对部分违法企业持续排污、拒不改正违法行径的难题,从具体制度设计的角度来看,应当将司法习惯和现存的执法情况相结合。因此,对持续性违法行为的罚款处罚规定应当被纳入到《大气污染防治法》《水污染防治法》《固体废物污染环境防治法》等各相关环保法律法规中,虽然新《环境保护法》首次突破了旧有罚款制度和处罚标准的限制,但不得不承认的是,仅仅依靠一部《环境保护法》是不足以应对中国日益

---

① 黄锡生,王江.中国环境执法的障碍与破解[J].重庆大学学报,2009,1:81—84.

凸显的生态环境问题的,而仅仅依靠按日计罚制度也难以应对和解决所有的环境违法行为和事件。

　　法律的生命力在于实施,法律的权威也在于实施。司法是法律实施的重要环节,因此要使得环境司法专门化的理想效果得到充分发挥,就必须推动其完整的制度构建。这种完整的制度构建应在关注当前环保法庭实践困境的基础上,充分总结各地的实践成果,借鉴国外的建设经验,并为上述困境的解决提出可行性的建议,以规范环保法庭的实践,保障环保法庭的持久活力,最终实现环境审判的专门化。"目前在中国成立专门的法院还不是很适宜,可以考虑先从环境法庭来突破。"①在中国当前的四种环保法庭审判模式中,环境保护审判庭的实践最为普遍,积累的经验也最为丰富。未来中国环保法庭的建设应逐步趋向于采用环境保护审判庭的模式。

---

① 　陈媛媛.如何以司法手段保障环境权? [N]中国环境报,2008-09-19.

第十二章　中国生态文明理念学术 研究进展报告

　　生态文明建设是中华民族伟大复兴征途上的一次绿色新长征,是社会主义市场经济改革后又一次深刻的大变革,是中国特色社会主义现代化建设史上的又一次全新探索,也是人类文明发展史上的又一次伟大新创举。中国生态文明理念学术研究,是中国当下最重要的研究课题之一,使命光荣,任务艰巨。

　　中国学术界对生态环境问题的关注,始自改革开放。生态文明理念,也可追溯至改革开放起始之时。截至目前,中国生态文明理念学术研究大致可分为三个阶段,分别是早期探索阶段、全面推进阶段和深入挖掘阶段。经过三十余年的发展,逐渐凝聚形成了关于生态文明内涵、建设意义及建设途径的共识,并于最近产生了一些创新观点。可以说,中国特色社会主义生态文明的理论体系已经初具雏形,生态文明制度建设和法制建设全面展开,"五位一体"建设生态文明的基本框架初步搭成,生态立国理念呼之欲出。

　　然而,在理论上,生态文明仍然属于新课题,目前中国仍有诸多生态文明难点问题亟待深化研究;在实践上,中国生态文明建设是一项艰巨的历史任务,全社会同心合力建设生态文明的良好局面尚未形成。这些理论上的困惑和实践上的困局,导致中国生态文明建设目前成效尚不尽如人意。[①] 生态文明理念学术研究仍任重道远。

一、发展历程及最新趋向

　　学者们在总结生态文明理念的发展历程时,一般都会回溯至《寂静的春天》发表(1962年)等重要事件。20世纪中叶以来,西方社会爆发了系列环境公害事件。作为对这些事件的回应,《寂静的春天》《只有一个地球》《增长的极限》等著作相继发表,1970年4月22日,美国举行了首次世界地球日活动,联合国首次人类环境会议也于1972年6月召开,同年11月,苏联《哲学问题》杂志专门召开"人及其居

---

　　① 据最新的研究数据显示,在有数据可比的105个国家当中,中国2012年的生态文明指数(ECI)排名倒数第二位。参见:严耕,等. 中国省域生态文明建设评价报告(ECI 2014)[M]. 北京:社会科学文献出版社,2014,53.

住环境"问题圆桌会议,至此,西方发达国家和苏联都开始关注生态环境问题。

然而,在改革开放之前,鉴于中国当时的生态状况、政治局势和国际关系形势,中国学术界并没有充分重视生态环境问题,甚至有学者否认社会主义国家业已存在或可能存在生态危机,生态危机论述曾被扣上"资产阶级观点"和"修正主义货色"的帽子而加以批判。1978年十一届三中全会召开以后,中国整体形势发生了变化,生态环境问题研究状况也随之改变。1979年,有学者开始撰文指出,虽然对人类环境的前途始终抱乐观态度,但应该对生态危机给予必要的注意。[①] 余谋昌先生指出,生态危机不论在历史上还是在现实中,都是存在的。[②] 进入20世纪80年代,许多高校纷纷复建生态学学科,学界开始对生态环境问题展开科学研究。可见,中国学术界对生态环境问题的关注,始自改革开放。因此我们认为,生态文明理念学术研究,也可追溯至改革开放起始之时。

1985年2月18日,《光明日报》发表短文《在成熟社会主义条件下培养个人生态文明的途径》。据考证,这是最早正式提及"生态文明"的文章。[③] 当时大家没料到,这粒偶然闪光的理论金子,兆示生态文明是一座可以不断深挖的学术富矿。

(一) 生态文明理念学术研究三个发展阶段

这座学术富矿的发掘,截至目前可大致分为前期探索(1978—2007年)、全面推进(2008—2012年)和深入挖掘(2013年以来)三个阶段。[④]

这样分期的根据是,前期探索阶段——生态文明提法从无到有,此阶段提出了"生态文明",重点明确了生态文明建设的战略意义,探讨了生态文明的涵义;全面推进阶段——生态文明研究从"有"到"热",此阶段生态文明理念研究成为热点,重点探索要从哪些方面建设生态文明,如何建设生态文明;深入挖掘阶段——生态文明研究从"热"到"实",此阶段生态文明理念研究开始扎根实践,重点落实如何建设生态文明。

1. 前期探索阶段:出现"生态文明"一词

1978—2007年,是中国对环境问题的认识越来越深刻并最终导致生态文明理念成型的阶段,也是中国生态文明理念学术研究的前期探索阶段。该阶段的一个重大成果,就是提出了"生态文明"一词。

中国至少有三位生态文明研究的先行者。一位是环境哲学家余谋昌,他1979

① 唐仲簏,夏伟生.论"生态危机"[J].社会科学,1979,(4):89—95.
② 余谋昌.环境科学的几个哲学问题[J].新疆环境保护,1979,(3):12—26.
③ 刘思华.对建设社会主义生态文明论的若干回忆——兼述我的"马克思主义生态文明观"[J].中国地质大学学报(社会科学版),2008,8(4):18—30.
④ 有人总结中国生态文明建设学术话语经历了三个阶段:初步萌芽阶段(1985—1995)、逐渐形成阶段(1996—2006)、成熟完善阶段(2007年以后)。参见:张首先.中国生态文明建设的话语形态及动力基础[J].自然辩证法研究,2014,(10):119—121.

年就提倡研究生态环境问题;1986 年作了一个题为"关于生态文化问题"的报告,正式提出了"生态文化"概念,强调生态文化是一种替代现代工业文化的新文化,将开启人类生态文明的新时代。[①] 另一位是生态学家叶谦吉,在 1987 年召开的全国生态农业研讨会上,针对中国生态环境日益恶化的趋势,大力提倡生态文明建设,认为"所谓的生态文明,就是人类既获利于自然,又还利于自然,在改造自然的同时又保护自然,人与自然之间保持着和谐统一的关系。"[②]该论断曾引起较强烈反响。还有一位是生态经济学家刘思华,他提出了生态经济协调发展论,指出物质文明、精神文明、生态文明的高度统一,才是社会主义现代文明[③],并于 1991 年明确提出,社会主义现代化建设的一项战略任务就是创造社会主义生态文明,并一再强调马克思主义的中国特色社会主义生态文明观点。[④]

中国第一篇以"生态文明"为主题的论文,于 1990 年发表。[⑤] 此文提出的生态文明,是指对生态环境的理性认识及其积极的实践成果,属于精神文明的一个组成部分,与今天所理解的生态文明涵义有所不同。[⑥] 此后 10 年间,少数几位学者发表了一些生态文明研究论文。[⑦]

在此期间,也出版了为数不多的几部生态文明研究专著。据查证,最早以生态文明为题的专著应该是 1992 年出版的《生产实践和生态文明》[⑧]。此外,还有《生态文明论》(1999 年)、《生态文明建设理论与实践》(2001 年)、《人在原野——当代生态文明观》(2003 年)、《21 世纪生态文明:环境保护》(2005 年)、《生态文明研究前沿报告》(2006 年)、《生态文明论》(2007 年)等。

20 世纪 90 年代,生态文明开始进入课题研究阶段。1996 年,第一个生态文明相关的国家社科基金重点课题——"生态文明与生态伦理的信息增值基础"(96AZX022)立项。2007 年,国家社科基金重大项目"我国生态文明发展战略研究"(07&ZD020)立项。

1998 年,中国第一篇"生态文明研究综述"发表,总结了这个时期生态文明研究的一些主要议题,包括生态文明的涵义、价值观、地位、独立性,生态文明与科技

① 余谋昌.生态文明论[M].北京:中央编译出版社,2009,序言.余教授是在广义上使用"生态文化"概念的,与今天理解的生态文明基本同义.
② 刘思华.对建设社会主义生态文明论的若干回忆——兼述我的"马克思主义生态文明观"[J].中国地质大学学报(社会科学版),2008,8(4):18—30.
③ 刘思华.理论生态经济学若干问题研究[M].南宁:广西人民出版社,1989,275,276.
④ 刘思华.正确认识和积极实践社会主义生态文明[J].马克思主义研究,2011,(5):14.
⑤ 卢风等著.生态文明新论[M].北京:中国科学技术出版社,2013,2—3.
⑥ 李绍东.论生态意识和生态文明[J].西南民族学院学报(哲学社会科学版),1990,(2):104.
⑦ 刘湘溶,申曙光,邱耕田等学者于 20 世纪 90 年代发表的一些生态文明相关论文.
⑧ 卢风,等,著.生态文明新论[M].北京:中国科学技术出版社,2013,3.

的关系、与可持续发展的关系以及生态文明建设所呼唤的一系列转型等。①

国内学者研究生态文明,是由于认识到传统的末端环境治理模式效果不佳,可持续发展模式困境重重;西方率先采用的生态现代化道路不一定符合中国的新型现代化要求,生态社会主义的理论探索也不一定符合中国国情。因此,要跨越中国现代化建设和中华民族伟大复兴当中的生态危机这只拦路虎,就必须有不同于以往也不同于别国的新思路,要站到人类文明转型的高度来审视中国的环境问题,进而逐渐明确生态文明建设的战略意义。

该阶段探讨的核心问题是生态文明的涵义,并且初步形成了广义和狭义两种理解:"从广义上讲,生态文明是人类文明发展的一个新的阶段,即工业文明之后的人类文明形态。从狭义上讲,生态文明则是指文明的一个方面,即人类在处理与自然的关系时所达到的文明程度,它是相对于物质文明、精神文明和制度文明而言的。"②绝大多数学者坚持广义的理解③,少数学者比较明确地坚持狭义的理解,认为"生态文明就是在改造自然以造福自身的过程中为实现人与自然之间的和谐所做的全部努力和所取得的全部成果,它表征着人与自然相互关系的进步状态。"④也有学者将二者概括为"超越论"和"修补论"的生态文明观,认为分歧主要在于对"文明"的界定、生态文明建设与市场经济的关系、生态文明建设和科技进步的关系理解不同。⑤ 还有个别学者试图在某种意义上调和这两种理解。⑥

2. 全面推进阶段:生态文明理念研究成为热点

在前期学术探索的推动下,2007 年,生态文明建设写入了党的十七大报告。⑦此后从 2008 至 2012 年的五年间,生态文明研究迅速成为一个理论热点,就"生态文明是什么""为什么建设生态文明""怎样建设生态文明"等基本观念问题,展开了全面研究,进入了全面推进的新阶段。生态文明学术研究与国家制定生态文明方针、政策之间,也开始呈现出良性互动状态。

2008 年生态文明研究成果显著增加。生态文明相关论文发表数急剧上升,生态文明专著大量出版,丛书就出版了好几套,包括"生态文明丛书"(2009 年),"中国生态文明研究丛书"(2011 年),"浙江省生态文明建设丛书"(2012 年)等。中央

① 邹爱兵. 生态文明研究综述[J]. 哲学动态,1998,(11):6—8.
② 李景源,杨通进,余涌. 论生态文明[N]. 光明日报,2000-04-30.
③ 参见:余谋昌. 生态文化问题[J]. 自然辩证法研究,1989,5(4):1—9;刘湘溶. 生态文明论[M]. 长沙:湖南教育出版社,1999,30;杨志华,左高山. 现代文化批判与生态文化构想——卢风教授访谈录[J]. 现代大学教育,2006,(5):1—10;廖福霖. 生态文明建设理论与实践[M]. 北京:中国林业出版社,2001,26.
④ 俞可平. 科学发展观与生态文明[J]. 马克思主义与现实,2005,(4):4—5.
⑤ 卢风,等,著. 生态文明新论[M]. 北京:中国科学技术出版社,2013,4—5.
⑥ 潘岳. 社会主义生态文明[J]. 绿叶,2006,(10):16.
⑦ 胡锦涛. 高举中国特色社会主义伟大旗帜 为夺取全面建设小康社会新胜利而奋斗——在中国共产党第十七次全国代表大会上的报告. 2007-10-15.

文献出版社和新华出版社联合出版了《姜春云调研文集——生态文明与人类发展卷》(2010)。

北京林业大学生态文明研究中心从 2010 年开始出版的生态文明绿皮书《中国省域生态文明建设评价报告(ECI)》,是这一时期的一项标志性研究成果,对各省域的生态文明建设水平、发展动态、类型、驱动因素等,展开了量化分析研究,在国内外学术界产生了重大影响,标志着中国生态文明定量研究取得重大突破。[①]

在此期间,生态文明相关研究课题纷纷设立,研究机构如雨后春笋般出现。2007 年 11 月 29 日,北京大学生态文明研究中心成立,2007 年 12 月 28 日,北京林业大学生态文明研究中心也正式成立,随后成为国家林业局生态文明研究中心。这是最早的两个专门的生态文明研究中心。在学术界成立研究中心的同时,一些省市区、政府职能部门也纷纷成立了一些生态文明研究机构。这标志着中国生态文明理论研究进入了成立专门研究机构的新阶段。

特别值得一提的是,2012 年,北京林业大学正式成立了全国乃至全世界第一个以"生态文明建设与管理"命名的博士点。这不只是一个学术研究平台,更标志着中国生态文明研究进入高水平人才培养阶段。

该阶段的研究,学者们仍然基于狭义和广义两种生态文明概念涵义展开,存在诸多的理论分歧,但也慢慢地在凝聚共识。因为所谓狭义和广义的区分,都是相对的,而且二者都强调生态环境治理,倡导可持续的经济社会发展模式和更加公正合理的社会制度[②],因此二者完全可以统一于中国特色社会主义生态文明建设历程之中。

此外,在学界研究基础上,中国逐渐明确了生态文明建设的基本方面,那就是围绕资源短缺、环境污染和生态退化这三个核心问题,既要加强资源节约型、环境友好型社会建设,也要加强生态保护和建设。

3. 深入挖掘阶段:生态文明理念研究开始扎根实践

2012 年底召开的党的十八大,充分吸收了学界生态文明观念研究成果,深刻认识到生态文明建设的伟大意义,生态文明首次在党的报告当中单独成篇,而且提出了一系列生态文明新观点、新任务、新目标、新举措、新格局。报告明确要求,要树立一个理念:尊重自然、顺应自然、保护自然的生态文明理念;要明确两个目标:实现永续发展,建设美丽中国;要解决三个问题:环境污染、资源短缺和生态退化;要落实三个发展:绿色发展、循环发展和低碳发展;要采取四项措施:优化国土

---

① 国家林业局. 我国生态文明建设定量评价取得突破[EB/OL]. http://www. gov. cn/gzdt/2011-05/30/content_1873341. htm.

② 参见:李景源,杨通进,余涌. 论生态文明[N]. 光明日报,2004-04-30.

空间开发格局、全面促进资源节约、加大自然生态系统和环境保护力度以及加强生态文明制度建设;要将生态文明建设融入经济、政治、文化和社会建设的各方面和全过程,促进中国形成经济建设、政治建设、文化建设、社会建设和生态文明建设"五位一体"的中国特色社会主义现代化建设新布局,真正走出一条中国特色的绿色发展、低碳发展和循环发展之路。

十八大以来,以习近平同志为总书记的新一届中央领导集体,积极探索生态文明建设实践经验,推动生态文明建设理论创新,形成了一系列生态文明新观点,非常重要的观点至少就有:第一,实现中华民族伟大复兴的中国梦的重要内容之一,就是走向社会主义生态文明新时代,建设美丽中国;第二,良好生态环境是最公平的公共产品,是最普惠的民生福祉;第三,要正确处理经济发展同生态环境保护的关系,首次提出要牢固树立"保护生态环境就是保护生产力、改善生态环境就是发展生产力"的新理念,决不以牺牲环境为代价去换取一时的经济增长,不以GDP论英雄;第四,要紧紧围绕建设美丽中国深化生态文明体制改革,加强顶层设计,加快建立生态文明制度。①

在十八大报告和习近平总书记新论断的鼓舞下,2013 年以来,中国生态文明研究再次掀起新高潮。

研究成果大量涌现,可以说汗牛充栋。2013 年发表的生态文明相关研究论文,差不多比 2012 翻倍。截至 2014 年底,公开发表的生态文明研究综述,就不下40 篇。以"生态文明"为主题的相关著作,截至 2014 年 12 月 19 日,超过 3 000 种。新出版了《生态文明建设》(理论卷/实践卷)、《生态文明时代的主流文化——中国生态文化体系研究总论》"生态文明决策者必读丛书""生态文明知识科普丛书"等重要作品。尽管理论界的研究存在主题重复、成果良莠不齐等问题,但所形成的这种研究热潮,仍是一个难得一见的学术胜景。

在生态文明大众教育和公务员教育方面,取得了新突破,国家级精品视频公开课"令人憧憬而困惑的生态文明"建成并正式上线②,《中国生态文明建设》纳入国家行政学院的港澳和外国公务员研修培训用书系列。③

国家级别的高水平论坛和研究机构得以建立。2013 年 1 月,生态文明贵阳国际论坛正式获党中央、国务院批准举办,成为国内唯一以生态文明为主题的国家级国际论坛。目前已经成功举办了两届,形成了生态文明"贵阳共识"等标志性成果。国家主席习近平为 2013 年贵阳论坛专门发来了贺信,李克强总理和联合国

① 参见张高丽. 大力推进生态文明 努力建设美丽中国[J]. 求是,2013,(24):3—11.
② 严耕,等. 令人憧憬而困惑的生态文明. 中国大学视频公开课之一,网易公开课网址:http://v. 163.com/special/cuvocw/shengtaiwenming.html
③ 严耕,王景福主编. 中国生态文明建设[M]. 北京:国家行政学院出版社,2013.

秘书长潘基文向生态文明贵阳国际论坛 2014 年年会致贺信,多国国家元首和政要出席会议并发表演讲,联合国相关机构及国际组织、有关部委负责人、知名专家学者等来自几十个国家和地区的数千名嘉宾参加会议。2014 年 6 月初,由中国生态文明研究与促进会和北京林业大学共建共管的中国生态文明研究院在北京林业大学挂牌成立。①

在此期间,生态文明研究还出现了一个新情况,党和国家领导人开始公开发表论文,回应学界的一些理论纷争,深入阐释了党和政府的生态文明观点。②

尽管如有人总结的,20 年来,学术界一直都在围绕"生态文明是什么""为什么建设生态文明"及"怎样建设生态文明"等问题展开研究,很多研究主题还是 1998 年发表的生态文明研究综述所提到的③,然而,学术界越来越清楚地认识到,随着多年研究的推进和生态文明共识的扩展,"生态文明是什么"和"为什么建设生态文明"这两个问题,已经变得不再那么重要,现在的核心问题是怎样建设生态文明,这是一个需要深耕细挖的课题。随之中国的生态文明研究也开启深入挖掘新阶段,生态文明理念研究开始扎根实践。

(二) 生态文明理念学术研究的实践转向及其表现

在 2013 年 8 月 18 日举行的"中国生态经济建设·杭州论坛"上,有学者曾尖锐指出,生态文明研究要警惕西化、标签化、功利化、庸俗化、异化等"五化"④。应该说,这些现象在研究中不同程度存在。但据我们观察,中国生态文明观念学术研究进入深入挖掘阶段以后,出现了实践转向的最新趋势。具体来讲,有五个方面的表现。

1. 研究视域:抽象理念向具体问题转换

从 2014 年开始,关于生态文明涵义、意义、辩证关系等问题的一般理论研究论文少了,更多的是关于生态文明建设具体实践课题的研究,努力尝试回答"怎样建设生态文明"的问题,并且往往具体研究某一个地域(省市县甚至村镇社区)、某一个行业(如农业、林业、工业、金融业、旅游业等)、某一个专题(如法律、能源、科技、教育、建筑、交通、企业管理、城市规划、景观园林等),研究开始深入到政策规划和实践操作层面。

① 新华网.中国生态文明研究院在北京林业大学成立[EB/OL].http://www.bj.xinhuanet.com/bjyw/2014-06/03/c_1110968489.htm.
② 张高丽.大力推进生态文明 努力建设美丽中国[J].求是,2013,(24):3—11. 马凯.坚定不移推进生态文明建设[J].求是,2013,(9):3—9.
③ 张传能."生态文明"列入中国特色社会主义总体布局之路——20 年来中国生态文明研究综述[J].理论与改革,2013,(3):201—204.
④ 刘思华.生态文明研究要警惕"五化"[J].海派经济学,2013,(4):41.

2. 研究取向:概念研究为主向实践探索为主转换

与研究视域转换到具体问题相连,生态文明学术研究取向也开始向实践探索为主转换,研究的实践取向逐渐增强。一方面,开始强化对生态文明建设实践的实证研究,如生态文明建设量化研究、调查研究、案例研究等;另一方面,加强了对一些生态文明建设难题的专题攻关,比如,雾霾治理、气候变化、绿色经济、制度建设等。

3. 研究态度:批判性反思向建设性建言转换

生态文明的提出,是从观念上批判反思现代资本主义工业文明的反自然性开始的。在研究早期,这方面的成果很多,甚至形成了生态文明"后现代研究范式"和"可持续研究范式"①。批判性反思取得的显著成果,就是中国确立了生态文明建设战略。目前,中国生态文明研究与国家战略之间已经形成了一种良性互动机制,因此,接下来的侧重点是建设性地探索生态文明的实现路径,这需要深入到制度创新和生产生活方式转换等层面,应该说,研究任务更加艰巨。

4. 研究方法:单一学科研究向多学科协同创新转换

研究视域、取向、态度的转换,需要有新的研究方法做支撑。从上文梳理的生态文明研究发展历程来看,早期的生态文明研究,主要从马克思主义、哲学、伦理学、生态学、经济学等学科展开。然而,当下的生态文明研究则需要深入到具体问题,探索中国特色的生态文明建设路径,比如,如何科学建立并不断完善中国特色的生态文明制度体系,如何将生态文明建设融入其他四个建设的各方面和全过程,这是任何单一学科研究难以胜任的,甚至跨学科研究都勉为其难,需要多学科,包括哲学社会科学、自然科学、数学和统计科学、信息技术等的协同创新。

5. 研究立场:西方学术话语向中国问题意识转换

在生态文明研究早期,人们往往借用西方提出的学术概念,一般地加以论述。即使在今天,在论述生态文明时,仍然有人会追溯到西方率先兴起的环保运动、可持续发展、生态现代化、生态社会主义等理论和话语。这些理论与生态文明确实有关联,是生态文明可资借鉴的理论资源。可深入分析会发现:一方面,它们在精神实质上与生态文明相去甚远;另一方面,中国建设生态文明的国情和世情也与西方国家显著不同,因此,现在有越来越多的学者,开始自觉地坚持中国立场,立足中国生态文明建设问题,强调生态文明的中国路径和模式。正如有学者指出的,中国的生态文明研究在借鉴西方经验时,必须根据中国具体国情和经济社会发展的具体阶段,结合马克思主义的立场、观点和方法,建立适合时代特点和中国

① 王雨辰. 略论我国生态文明理论研究范式的转换[J]. 哲学研究,2009,(12):11—17.

国情的马克思主义生态文明理论。[1]

二、理论共识及创新观点

"党的十六大、十七大特别是十八大以来,我国各领域专家学者在生态文明研究上百花齐放,百家争鸣,在关于生态文明的内涵、生态文明的哲学基础和历史渊源、生态文明与经济发展、生态文明与制度建设、生态文明与道德文化、生态文明与环境保护、生态文明建设指标体系等方面进行了深入研究和广泛探讨,取得了一大批成果,生态文明的理论体系正在逐渐形成。"[2]为了避免学术研究的低水平重复,也为学术新长征找准出发点,在此梳理中国生态文明学术研究所取得的理论共识及最新进展。

本生态文明建设发展报告以后将逐年梳理上一年度新形成的重要理论成果,以记录中国十八大之后生态文明研究的动态发展轨迹。

目前生态文明研究成果已经多到不胜枚举,因此需要按照一个框架来加以审视和观照。

生态文明内涵丰富。我们认为,具体来看,生态文明的 4 个层次及主要内容如下[3]:

表 12-1　生态文明的 4 个层次及主要内容

生态文明层次	器物层次	行为层次	制度层次	精神层次
特性	公共性	可持续性	公平性	和谐性
具体内容	永续资源	生态经济	生态政策	生态文明观念
	良好环境	绿色生活	生态法制	生态道德观念
	健康生态	绿色科技	生态伦理	生态科学知识

基于生态文明的丰富内涵,生态文明理念学术研究的范围也是很广泛的,包括对"为什么""是什么""怎么办"这三个生态文明一般理论问题的探讨,也包括对生态文明的器物、行为、制度、观念四个具体方面的论述。本报告拟从以上三个生态文明一般理论问题及四个具体方面,简要归纳总结当前所形成的共识和取得的新观点。

(一) 理念共识:中国生态文明建设应该且能够大有作为

根据我们的观察并参考其他学者的论述,当前学界普遍认为,中国生态文明

---

① 赵东海. 生态文明研究的态势分析[J]. 自然辩证法研究,2010,(12):81—87.

② 陈宗兴. 加强生态文明理论研究,促进生态文明建设. //陈宗兴主编. 生态文明建设(理论卷/实践卷)[M]. 北京:学习出版社,2014,前言.

③ 严耕,王景福主编. 中国生态文明建设[M]. 北京:国家行政学院出版社,2013,43—44.

建设意义重大,而且建设思路日益清晰,应该且能够大有作为。美国人文科学院院士、著名思想家小约翰·柯布(John B. Cobb, Jr.)一再强调,生态文明的希望在中国。[①]

1. 生态文明建设与中国特色社会主义现代化建设具有内在一致性

首倡生态文明建设战略任务,并提出走向社会主义生态文明新时代的战略目标,是对生态文明建设与中国特色社会主义现代化建设内在一致性深刻认识的结果,也是对社会主义本质和基本特征深化认识的结果。

一方面,建设生态文明,跨越生态退化、环境污染和资源短缺这道坎,是中国特色社会主义现代化建设的必由之路。具体来说,第一,是保持中国经济健康可持续发展的迫切需要;第二,是坚持以人为本的基本要求;第三,是实现中国梦的重要内容;第四,是实现中华民族永续发展的必然选择;第五,是应对全球气候变化的必由之路。[②]

另一方面,生态文明与社会主义是内在契合的,建设生态文明,是中国特色社会主义现代化建设的本质要求。这可以从两方面来理解:第一,生态文明坚持了社会主义人道主义与自然主义相统一的基本原则。社会主义和生态文明都强调以人为本的人道主义原则,认为人是价值的中心,但不是自然的主宰,促进人与自然和谐共存恰好是以人为本的体现,也是尊重自然规律的体现,二者都反对极端人类中心主义与极端生态中心主义。另外,社会主义与生态文明都坚持公平公正和可持续发展。[③] 第二,生态文明只能是社会主义的,资本主义没有也不会有生态文明。[④] 美国等西方发达资本主义国家,重视本国资源节约和环境治理,积极应对生态危机的挑战而探索绿色转型,企图走出一条生态现代化之路[⑤],实现经济发展与环境污染之间的脱钩发展和"可持续发展"。在进入后工业时代后,西方发达资本主义国家环境状况也普遍好转。然而,一方面源于资本主义国家资本逐利的本性,另一方面源于西方发达国家能够采取污染转移和全球攫取资源等生态殖民主义手段,他们缺乏建设生态文明的动力和热忱。资本主义发达国家的本质只能使本国实现环境好转,而不会对全世界承担起该负的环境责任。[⑥]

2. 中国特色社会主义生态文明是建设过程与理想形态的统一

生态文明的广义和狭义理解现在还普遍流行。狭义的理解更加注重生态文

---

① 柯布,刘昀献. 中国是当今世界最有可能实现生态文明的地方[J]. 中国浦东干部学院学报,2010,(3):5—10.

② 张高丽. 大力推进生态文明 努力建设美丽中国[J].求是,2013,(24):3—4.

③ 潘岳. 论社会主义生态文明[N].中国经济时报,2006-09-26.

④ 刘思华. 正确认识和积极实践社会主义生态文明[J].马克思主义研究,2011,(5):15.

⑤ 与以工业化、城镇化为典型特征的一次现代化或经典现代化相对,又叫二次现代化或绿色现代化。

⑥ 潘岳. 论社会主义生态文明[N].中国经济时报,2006-09-26.

明建设的现实过程,而广义的理解强调生态文明形态的理想结果。不过,学术界和中国政府的认识逐渐在向广义的生态文明理解扩展。如果说,十七大报告所理解的生态文明,主要还是狭义上的生态文明,那么,十八大报告则结合了狭义和广义两种理解。一方面,生态文明建设是中国特色社会主义事业"五位一体"总体布局的一个有机组成部分,与其他四个建设并列,这是狭义的理解,主要强调资源节约、环境保护和生态建设;而另一方面,生态文明建设又必须融入其他四个建设的各方面和全过程,并且最终走向社会主义生态文明新时代,这就是一个广义的理解。总之,越来越多的人认识到,中国目前正在建设的中国特色社会主义生态文明,是现实性与理想性的统一,具体建设任务和途径是现实的,但以人与自然、人与社会、人与人之间的和谐为理想追求目标。

习近平总书记指出,"建设生态文明,不是要放弃工业文明,回到原始的生产生活方式,而是要以资源环境承载能力为基础,以自然规律为准则,以可持续发展、人与自然和谐为目标,建设生产发展、生活富裕、生态良好的文明社会。"[①]对中国特色社会主义生态文明的这种理解,就把生态文明的现实建设与理想形态统一了起来。

3. 生态文明建设立意高远,是对环保运动的超越

在本质上,生态文明是人与自然和谐双赢的文明,要全面系统地克服生态退化、资源短缺和环境污染问题,是而不只是治理环境污染。在这三大类问题中,生态退化还是第一位的问题,这也是我们提"生态文明"而不是"环境文明"的用意所在。

因此,中国的生态文明建设立意高远,它包括环境保护,又高于环保运动,志在避免"局部改善、整体恶化"的覆辙。生态文明建设重点在于,通过转变思想观念,调整政策法规,引导人们改变不合理的生产生活方式,发展绿色科技,在增进社会福祉的同时,实现生态健康、环境良好、资源永续,逐步化解文明与自然的冲突,确保人类社会的可持续发展。[②]

4. 生态文明建设与其他四个建设是一个有机整体

中国特色社会主义现代化建设,离开了生态文明建设是不行的;但生态文明建设也不是孤立的,必须渗透到其他四个建设当中去,其他四个建设也要按照生态文明建设的新要求,开始新的改革创新。"经济建设、政治建设、文化建设、社会建设和生态文明建设是一个有机的整体。经济建设是中心和基础,政治建设是方

---

① 中共中央宣传部编. 习近平总书记系列重要讲话读本[M]. 北京:学习出版社,人民出版社,2014,121.

② 严耕,等. 中国省域生态文明建设评价报告(ECI 2011)[M].北京:社会科学文献出版社,2011,摘要.

向和保障,文化建设是灵魂和血脉,社会建设是支撑和归宿,生态文明建设是根基和条件,它们相辅相成、相互促进,共同构筑起中国特色社会主义事业的全局。"①

5. 推进生态文明建设要坚持重点突破和全面开展两手抓

不管人们对生态文明如何理解,正确处理人与自然的关系,是生态文明的核心问题。② 目前人与自然之间还存在比较严重的冲突,生态退化,环境污染,资源短缺形势严峻。为了克服这个紧迫的现实问题,必须一手抓住生态修复、环境治理和资源节约这个重点,紧抓节能降耗和当前群众反映强烈的大气、水及土壤等污染治理。

另外,人与自然的关系不是抽象的,人都是社会的人,处在特定的社会关系、利益关系当中,因此,只有理顺人与人、人与社会之间的关系,才能理顺人与自然之间的关系。所以,另一手要抓住生态文明制度建设这个大局,加强生态文明建设的总体规划和顶层设计,形成有利于资源节约、环境保护、生态修复的制度安排和利益导向。③

6. 绿色转型和科技创新,是生态文明建设的关键所在

生态文明建设并不反对发展,关键是要促进生产生活方式和经济增长方式的绿色转型:现代工业的高消耗、低效益、重污染的产业结构必须得到调整;"开采—生产—消费—废弃"的线性经济增长是不可持续的,必须改变经济增长模式,变线性经济为循环经济;必须发现新能源(清洁能源),发展新技术(清洁生产技术、生态技术等);必须倡导绿色生活、低碳生活。④ 而绿色转型离不开科技创新。尽管科技不是万能的,但离开了科技是万万不能的。在生态文明建设背景下,关键是要促进科技创新和绿色转向,为生态文明建设提供强大的智力支持。

7. 生态文明建设必须靠制度来保障

生态文明建设是一场涉及生产、生活、思维方式转变和利益格局调整的革命性变革,需要用法律制度加以明确规范和强力引导。

党的十八大报告首次提出要加强生态文明制度建设,十八届三中全会再次强调要加快生态文明制度建设,并提出实行最严格的源头保护制度、损害赔偿制度、责任追究制度,完善环境治理和生态修复制度,十八届四中全会又进一步提出,要用严格的法律制度保护生态环境。这些都是对生态文明制度建设的具体展开和贯彻落实。

---

①　马凯. 坚定不移推进生态文明建设[J]. 求是,2013,(9):3—9.
②　马凯. 坚定不移推进生态文明建设[J]. 求是,2013,(9):3—9.
③　张高丽. 大力推进生态文明 努力建设美丽中国[J]. 求是,2013,(24):6—11.
④　卢风,等,著. 生态文明新论[M]. 北京:中国科学技术出版社,2013,4.

8. 生态文明观念体现了自然主义与人道主义的真正统一

在思想层面,确立尊重自然、顺应自然、保护自然的生态文明理念,一直是学者们呼吁的。但在我们党和国家的文件中正式出现,十八大报告还是第一次。这体现了我们已经超越了长期困扰我们的人类中心主义与非人类中心主义之争,在理论上实现了自然主义与人道主义的真正统一。

一方面,尊重自然、顺应自然、保护自然显然是自然主义的,但通过这样实现生态健康、环境良好、资源永续,建设天蓝、地绿、水净的美丽中国,也就保障了人们的生态福祉,增进了社会福祉,满足了人们的全面需要,促进了人们的全面发展,因而也是真正人道主义的。

(二) 创新观点:中国生态文明建设亟须确立生态立国理念

十八大以来,学术界在生态文明观念研究方面又产生了一些新观点,一个特别值得关注的观点,是在明确区分资源、环境和生态三个概念的基础上,提出"一体两用论",主张树立生态立国理念,在"两型社会"建设基础上,加强"生态健康型"社会建设,并提出了一些具体措施。

1. 要明确区分"资源""环境"与"生态"三个概念

以往人们往往混用、误用这三个概念,具体表现为:或者泛称"生态环境",不提"资源",指与"人工环境"相区分的"自然环境";或者将"生态""环境"相提并论,统称与自然相关的事物,包括资源在内;或者将"环境""资源"与"人口"相提并论,将其作为可持续发展的重要支柱来看待,而不提"生态"。

最近有些生态学家和人文社会科学学者提出并反复强调,生态、环境、资源在自然属性和社会属性上都是不同的,因此要明确区分这三个概念。① 十八大报告也在多处明确地把"资源""环境""生态"三者分开并列表述。②

所谓"资源",泛指"自然资源"。具体指在该国或该地区主权领土和可控大陆架范围内,所有自然形成的,并且有某种"稀缺性"的实物资源的总称。③ "环境"一般指自然环境,包括与人类生存发展有关的各种天然的和经过人工改造的自然因素的总体,是人类赖以生存的物质条件。"生态"即自然生态系统,是各种生命支

① 严耕,等. 中国省域生态文明建设评价报告(ECI 2014)[M].北京:社会科学文献出版社,2014,5—6. 黎祖交也持相似观点,参见:黎祖交. 资源、环境、生态的含义及其相互关系. //陈宗兴主编. 生态文明建设(理论卷/实践卷)[M]. 北京:学习出版社,2014,148—152.
② 在2010版生态文明绿皮书中,就明确提出要区分生态、环境和资源三个概念。在介绍中国生态文明建设面临的挑战时,就已经将资源短缺、环境污染、生态恶化分列,并且提出生态文明建设就是要在器物层次提供永续资源、良好环境和健康生态。参见:严耕,林震,杨志华,等,著. 中国省域生态文明建设评价报告(ECI 2010)[M]. 北京:社会科学文献出版社,2010,2,49—52,55—58.
③ 黎祖交. 资源、环境、生态的含义及其相互关系. //陈宗兴主编. 生态文明建设(理论卷/实践卷)[M].北京:学习出版社,2014,150.

撑系统、各种生物之间物质循环、能量流动和信息交流形成的统一整体。①

由于生态、环境、资源三者是不同的,我们日常所谓的生态危机,其实也就可以细分为资源短缺、环境污染和生态退化这三类问题,解决这三类问题的方法和思路也各不相同。认识到三者的不同,并区分三类生态危机,是针对性地解决各类生态危机的前提。

2. 生态与环境、资源是"一体两用"关系

在区分生态、环境、资源的基础上,学界最近提出了关于三者关系的一个新观点:"一体两用论"。

与人们通常将资源、环境和生态三者同等看待不同,有学者指出,生态与资源、环境之间,既不是"三足鼎立"的关系,也不是抽象的对立统一的辩证关系,还不是"一体两翼"的关系,而是"一体两用"的关系:生态是"体",环境和资源是生态对人类生存和发展的两"用"。

生态是"体"。这里的"体",不仅是从生态学意义上指生态系统是一个有机整体,也是从宇宙论意义上指生物圈生态系统是一切生物之"全体",更基本的含义是,生态系统客观具有的种种属性及其相互联系自身。

环境和资源是"用"。环境,是生态系统适宜于人这个物种居住的生境;资源,则是人类为了生存发展而通过科学技术手段对生态系统加以利用的要素。这些生境和要素,也都包含在生态系统当中,是生态系统这个"体"相对于人而言的两种功用。因此,生态、环境和资源,不是指三种独立自存的事物,而是与人的三种不同关系。

不依赖于人的意识,甚至可以离开人而独立自存的是生态;作为生物的人,所依赖的生存条件是环境;作为一种技术性存在,人的生产和生活所依赖的物质条件是资源。一片山林,它自身参与生态系统复杂的物质循环,当然首先是生态系统的一部分,在这个意义上,它属于生态之"体";而当人们在其中散步休憩,它就同时成了人的环境;若将其中的树木砍伐利用,它又摇身一变成了人的资源。

表面看来,良好的环境和可持续利用的资源在直接维系着人类的生存与发展,因此,环境危机、资源危机更容易引起人们的关注和重视。其实,生态系统具有更基础、更重要的地位和作用,环境和资源都依赖于生态系统的支撑。离开了生态,环境和资源都必然成为无源之水、无本之木。②

① 严耕,林震,杨志华,等.著.中国省域生态文明建设评价报告(ECI 2010)[M].北京:社会科学文献出版社,2010,14—15.
② 严耕,等.中国省域生态文明建设评价报告(ECI 2014)[M].北京:社会科学文献出版社,2014,5—6.

3. 要树立"生态立国"理念,加强"生态健康型"社会建设,从"两型社会"向"三型社会"升级

在提出"一体两用论"的基础上,提出"强体善用"的生态文明建设方略和"生态立国"理念,是顺理成章的。

生态与环境、资源之间的"一体两用"关系揭示,要从根本上解决环境危机,一方面需要加大环境污染治理力度,削减环境污染物排放;另一方面还需要加强生态保护与建设,提升生态承载能力,扩大环境容量。应对资源危机也一样,在节约、合理利用资源、开发新型资源的同时,仍需增强生态系统活力,提升资源丰度,实现资源量增。因此,生态文明建设的根本策略,就是要"强体善用":一方面要改变不合理的资源、环境利用方式,另一方面要加强生态系统的修复和建设。①

生态文明建设中,生态为体,资源、环境为用,体之不存,则用无可用。资源节约和环境保护已被确立为中国基本国策,国家也正致力于建设资源节约型和环境友好型社会。生态威胁是人类文明致命且根本的威胁,生态安全是国家安全的基础和底线。因此,在两型社会之上,我们更要致力于建设"生态健康型"社会②,从而实现中国从"两型社会"建设向"三型社会"建设的提升,并且在生态健康型社会建设的基础上,推进资源节约型和环境友好型社会建设。这就需要在国家层面,树立"生态立国"理念,推进"生态立国"进程;在地方层面,则要树立"生态立省"理念,推进"生态立省"进程。

所谓生态立国或生态立省,是指国家或地区在制定大政方针时,坚持生态优先,依据自身的生态、环境承载力,走绿色发展、低碳发展、循环发展之路,实现生态健康、环境良好、资源永续的发展目标。③

4. 要坚持底线思维,划定生态红线

生态文明建设的一个自然约束条件是,适宜于人类生存和发展的具有低熵性质的生态系统是有限的。"强体善用"的生态文明建设方略要求重视这一硬约束,这就要求我们的经济社会发展要有底线思维,要弄清楚中国整体及各地的生态承载能力基准线,形象地说就是生态红线:维护生态安全及经济社会可持续发展,保障人民群众生存和发展需要的生态、环境、资源数量限值。具体来讲,生态红线包括三条线,即"生态功能保障基线、环境质量安全底线和自然资源利用上线"④。

2011 年,国务院发布《国务院关于加强环境保护重点工作的意见》,首次以规

---

① 严耕,等. 中国省域生态文明建设评价报告(ECI 2014)[M].北京:社会科学文献出版社,2014,5—6.
② 同上注,22—23.
③ 同上注.
④ 高吉喜. 新形势下国家生态保护红线体系的构成.//陈宗兴主编. 生态文明建设(理论卷/实践卷)[M]. 北京:学习出版社,2014,143.

范性文件的形式提出了"生态红线"概念。2013 年,党的十八届三中全会通过的决定正式提出划定生态保护红线的任务。为了落实这项工作,环保部随后印发了《国家生态保护红线——生态功能基线划定技术指南(试行)》,并在内蒙古、江西、广西、湖北等四个省区开展了生态红线划定试点工作。今后,环保部将在深化试点工作的基础上,组织开展全国范围内的生态红线划定工作。① 2014 年 4 月 24 日,在经十二届全国人大常委会第八次会议表决通过的《环境保护法》修订草案中,生态保护红线被首次写入了法律。

从全国层面来看,要综合考虑全国的环境资源承载能力,划定生态红线,相应确定人口和经济总规模。划定生态红线,使受生态红线保护的保护对象保护性质不改变,主体功能不降低,管理要求不放宽②,这是中国落实主体功能区战略的前提。

5. 确认生态产品的生态价值,完善生态补偿机制

生态价值和生态产品概念,是生态经济学界和环境哲学界首倡的新概念。党的十八大报告确认了这两个新概念,提出要"增强生态产品生产能力",这是坚持"生态立国"理念的体现,是中国生态经济理念的一个新突破,也是生态经济发展的新契机。

现代经济学认为,自然资源不是劳动产品,因而没有价值。而十八大报告确认了生态系统能提供生态产品和服务,具有生态价值,并要求建立"体现生态价值和代际补偿的资源有偿使用和生态补偿制度"。③

生态产品是生态价值的承担者。所谓生态产品,不是商场里出售的绿色产品,"是指维系生态安全、保障生态调节功能、提供良好人居环境的纯自然要素或经过人类加工后的人工自然要素"④,包括清新的空气、清洁的水源、绿色的屏障、美丽的景色等。如果说工业文明的成果是工业产品的极大丰富,生态文明的成果就是生态产品的极大丰富和质量提高。⑤

生态价值和生态产品理论的确立,具有重要意义。一是有利于解决重点生态功能区的发展权问题。重点生态功能区虽然不生产有形的农产品或工业品,但通过保护自然和修复生态,提供了生态产品,为全国创造了独特的生态价值,作出了

① 解毅清,姜永诰. 滨州市生态红线划定相关问题初探[J].能源与环境,2014,(5):57.
② 高吉喜. 新形势下国家生态保护红线体系的构成.//陈宗兴主编. 生态文明建设(理论卷/实践卷)[M]. 北京:学习出版社,2014,143—144.
③ 余谋昌. 生态文明:建设中国特色社会主义的道路——对十八大大力推进生态文明建设的战略思考[J].桂海论丛,2013,(1):22.
④ 杨伟民. 生态文明的理念和原则.//陈宗兴主编. 生态文明建设(理论卷/实践卷)[M]. 北京:学习出版社,2014,22.
⑤ 同上注,第 24 页.

独特的生态贡献,理应得到相应的报偿,获得相应的发展权,而不是现在还比较普遍存在的不合理现象:谁保护自然谁受穷,谁破坏环境谁受益。二是提供了"生态补偿"的理论依据。由于生态产品也是有价值的,因而也是可以买卖的,只是由于技术上无法切割或难以计量,因而只能采取政府购买,即"生态补偿"的方式进行交换。所谓"生态补偿",实质上就是政府代表生态产品的消费者,购买重点生态功能区提供的生态产品。①

6. "公民环境权应入宪进法"

贯彻落实"生态立国"理念的根本举措,是要确立以"生态立国"理念为指导的生态文明制度,特别是法律制度。为了推进生态文明制度建设和生态文明法律制度,法学界一直在呼吁将公民环境权法定化。②

推进建立生态文明法律制度,最重要的就是要确认公民环境权,建立系统完整的环境权制度,以确保人们远离雾霾和沙尘,在天蓝、水清、地净、景美的良好环境中幸福生活。③

环境权是一种新的权利形式。经过多年的研究和实践,"环境权"现在已成为一个普及的概念,并且已经被接近 70 个国家写入宪法。中国人应该拥有健康生存的环境,依法享有"环境权",这有利于改变目前环境诉讼困难的现状。学者们因此建议,在宪法中应加入"保障公民环境权"④。

三、研究难点及未来展望

目前,人们已经认识到了生态文明建设的重要性,对于生态文明是什么和生态文明该怎么建设,也凝聚了一些共识,获得了一些创见。然而,生态文明建设是一项艰巨的历史任务,生态文明研究是一个全新的课题。在理论上,目前中国仍有诸多生态文明难点问题亟待深化研究,比如,"生态环境也是生产力"等命题还有待深刻理解,生态文明理论体系的系统性也还远远不够,生态文明建设方法和模式尚有待在实践中总结经验;在实践上,目前中国生态文明建设数据信息掌握不充分,优化国土空间开发格局和加强主体功能区建设等策略的可操作性还不强,划定生态红线、落实生态补偿、探索生态与经济双赢的发展模式等许多具体实

---

① 杨伟民. 生态文明的理念和原则. //陈宗兴主编. 生态文明建设(理论卷/实践卷)[M]. 北京:学习出版社,2014,第 23 页.

② 严耕. 生态文明法制建设须突破四个瓶颈[N]. 光明日报. 2012-12-11. 吕忠梅等学者一直呼吁环境权法定化,参见:吕忠梅. 关于环境权的思考. //陈宗兴主编. 生态文明建设(理论卷/实践卷)[M]. 北京:学习出版社,2014,371—385.

③ 参见:杨朝霞,严耕. 公民环境权应入宪进法[N]. 中国环境报,2014-03-26.

④ 生态文明指数国际排名中国倒数第二,专家建议环境权写入宪法. http://www. thepaper. cn/news-Detail_forward_1285927.

践问题,仍有待破解,因此,人们虽然已经知道生态文明建设非常重要,也知道生态文明建设该从哪些方面下手,然而却缺乏参与生态文明建设的热情和顺畅途径,全社会同心合力建设生态文明的良好局面尚未形成。正是这些理论的困惑和实践上的困局,导致中国生态文明建设成效目前尚不尽如人意。

我们对生态文明建设的定位是,这是中华民族伟大复兴征途上的一次绿色新长征,是社会主义市场经济改革后的又一次深刻大变革,是中国特色社会主义现代化建设史的又一次全新大探索,也是人类文明发展史上的又一次伟大新创举。展望中国生态文明理念学术研究的未来趋势及发展前景,必须站在这个高度来看待。

根据当下及未来一段时间中国生态文明建设实践的需要,以及目前学术界的研究动态,我们认为,生态文明研究的难点主要有如下几个①,这也是未来相当长一段时间生态文明研究重点攻坚的要点。

1. 尽快确立中国特色社会主义生态文明理论体系,回答理论困惑

理论是实践的先导。一些理论困惑是限制人们实践创新的思想紧箍咒。

比如当年的社会主义市场经济改革,就曾经受困于“市场经济到底是不是社会主义的本质特征”这个理论问题。经过十余年的试点、实践探索,直到1992年,邓小平同志南方谈话解开这个理论疙瘩,社会主义市场经济才获得了健康快速的发展。

今天的生态文明建设,人们对中国特色社会主义生态文明的本质特征、系统结构、发展阶段、发展动力、建设策略等问题,仍有一些困惑或不同意见,比如,生态文明建设会不会影响经济发展?生态文明建设如何融入其他四个建设的各方面和全过程?我们处在生态文明建设的哪个阶段,离美丽中国的理想目标还有多远?如何充分调动政府、市场、民众三大主体参与生态文明建设的积极性?等等。回答诸如此类的理论困惑,需要尽快确立中国特色社会主义生态文明理论体系。

“中国提出的生态文明,是在马克思主义理论基础上,遵循中国特色社会主义道路的总要求,吸收中华民族自古以来形成的比较丰富的生态思想和文化理念,并将其与社会主义本质特征相融合、相统一而形成的创新成果。”②国内有一些学者一直在从事马克思主义的中国特色社会主义生态文明理论研究,也提出了一系列理论观点,目前中国特色生态文明理论体系已初现雏形。

然而,还有诸多问题需要系统深入研究。最主要的问题有:第一,马克思主

---

① 谷树忠指出,下一步生态文明研究的四个要点是,进一步研究生态文明建设科学内涵与外延,研究制定生态文明建设的科学评价体系,深化研究生态文明建设相关制度体系,总结提炼生态文明建设试点工作经验。参见:谷树忠,等. 生态文明建设的科学内涵与基本路径[J].资源科学,2013,(1):11—12.

② 陈宗兴.加强生态文明理论研究,促进生态文明建设.//陈宗兴主编. 生态文明建设(理论卷/实践卷)[M]. 北京:学习出版社,2014,前言.

义、中国优秀传统文化、西方环境运动、可持续发展、生态现代化和生态社会主义的积极成果,它们与中国特色社会主义生态文明理论之间的关系怎样;第二,中国特色社会主义生态文明理论体系的基本内容及有机关系,比如,中国特色社会主义生态文明本质论、系统论、阶段论、动力论、策略论等,以及它们如何构成一个理论体系;第三,中国特色社会主义生态文明对社会主义内涵的丰富和发展,中国特色社会主义生态文明的中国特色是怎样的;第四,中国特色社会主义生态文明对当今世界及未来解决生态、环境、资源问题的启示意义是什么;第五,在中国经济新常态下,中国经济发展方式正从规模速度型粗放增长转向质量效率型集约增长,经济结构正从增量扩能为主转向调整存量、做优增量并存的深度调整,简单来说,中国经济已经跨过了靠拼资源为主的"长身体"的阶段,接下来是靠拼智源为主的"强体魄"的阶段。中国是一个人口众多、人均资源严重短缺的国家,如何立足经济新常态的这种深刻变化,利用经济发展转型的难得契机,真正实现绿色生产、绿色生活、绿色发展转型等等。

2. 加快研究中国生态文明建设制度体系,调动生态文明建设积极性

人们都希望尽早建成美丽中国,享受天蓝、地绿、水净之美景,也希望积极投身于生态文明建设事业当中。然而,目前中国还普遍存在一种不合理的现象,那就是谁保护生态环境谁受穷,谁开发资源环境谁受益。干好、干坏一个样,甚至干好得坏处,干坏得好处。如果人们不积极参与生态文明建设,中国生态文明建设也就不可能落到实处。当年社会主义市场经济体制改革,通过明确界定权利和责任,奖勤罚懒,提高了大家的积极性。同样,生态文明建设也需要加强制度创新,建立相似的体制机制,让从事生态文明建设的主体有利可图。

之所以存在"谁保护生态环境谁受穷,谁开发资源环境谁受益"的不合理现象,根源就在于生态、环境、部分公共资源具有公共产品的特点,享受好处时可以搭他人的便车,承担后果时可以让社会买单。因此,生态文明制度的核心,是要解决生态产品正外部性和环境污染负外部性的内部化问题,通过创立顺畅有效的途径和机制,从制度上激励提供具有正外部性的生态产品,遏制具有负外部性的污染排放。

中国作为社会主义国家,在解决公共性问题上具有制度优势,并且已经就利用政府手段和市场手段克服外部性问题展开了探索。十八届三中全会已经确定了要加快生态文明制度建设,要围绕建设美丽中国深化生态文明体制改革,并具体强调了目前生态文明制度建设四个重点,提出到 2020 年,要在生态文明建设这个重要领域和关键环节改革上取得决定性成果,完成改革任务。

据学者解读,十八大报告中提出的生态文明制度建设的内容,包括三大类型的制度:第一类是政府监管性制度,第二类是市场主体交易的形式来实施的制度,

第三类是救济性制度,即以行政责任追究和损害赔偿的形式来实施的制度。① 这些制度为规范引导中国生态文明建设提供了一个基本框架和蓝图,但这并非中国生态文明建设制度体系的全貌,中国生态文明制度体系研究,仍有许多难题需要破解。比如,生态文明制度体系应该完整地包括哪些制度,各项生态文明制度具体包括哪些内容,以及各项制度之间具有怎样的关系;中国特色社会主义生态文明建设制度体系,可以借鉴西方发达国家的一些相关制度,但是又得考虑中国的特殊国情;中国也在探索生态补偿、排污权交易等制度,如何让这些手段更行之有效,是否还有别的更好的手段;如何整体考虑各项制度的配套制度改革;如何将生态文明制度体系改革与经济、政治、文化、社会建设等其他重要领域和关键环节的改革结合起来;等等。

目前有些学者就生态文明制度体系展开了一些探讨,但还处在起步阶段。

有人从事前预防、事中监管、事后救济三个阶段来理解建构生态文明制度体系。

有人将制度分解为基本制度、运行制度和符号制度,进而提出了一套包括基本制度、管理制度、文化制度三个层面的生态文明制度体系。②

有人指出生态文明制度建设的最终指向,是建立起一套合乎生态文明的生态、经济、社会制度体系,从而构成一个社会主义生态文明新时代的制度结构基础。③

还有人提出,"生态文明制度是指在全社会制定或形成的一切有利于支持、推动和保障生态文明建设的各种引导性、规范性和约束性规定和准则的总和,其表现形式有正式制度(原则、法律、规章、条例等)和非正式制度(伦理、道德、习俗、惯例等)"④,还尝试着建立了一套生态文明制度矩阵:分为"科学的决策和责任制度""有效的执行和管理制度""内化的道德和自律制度"三个层面,分别针对各级决策者、全社会各类当事主体、全社会成员这三类主体,并概括了一些具体制度内容。⑤

3. 加强主体功能区划和国土空间优化布局研究,避免重蹈先污染后治理的覆辙

党的十八大报告把优化国土空间布局列为生态文明建设四大举措之首,要求科学划分和合理布局生态空间、生产空间和生活空间,这是坚持全国整体一盘棋

---

① 顾钰民. 论生态文明制度建设[J]. 福建论坛(人文社会科学版),2013,(6):167.
② 中国行政管理学会,环境保护部宣传教育司联合课题组. 如何建立完整的生态文明制度体系[J]. 环境教育,2014,10:45—47.
③ 郇庆治. 论我国生态文明建设中的制度创新[J]. 学习论坛,2013,(8):48.
④ 夏光. 加快建设生态文明制度体系. //陈宗兴主编. 生态文明建设(理论卷/实践卷)[M]. 北京:学习出版社,2014,387.
⑤ 同上注,第392页.

来建设生态文明的根本。

过去在国土开发方面,未能科学规划,分类管理,全国各地都大搞开发区,招商引资,承接了从已污染过的地区转移出来的低端产业。结果随着不合理开发而来的,不只是经济有所增长,环境也被严重污染,然后又开始污染治理。因此,全国各地都走的是一条"先污染,后治理"的老路。

制定和落实主体功能区规划,核心就是要科学布局生产空间、生活空间、生态空间三类空间:适合生产的空间,促进其集约高效;适合生活的空间,打造宜居环境;不适合生产生活的空间,交给生态去修复。这样,不同的空间,都可以基于其生态环境承载能力、开发密度和发展潜力,走一条特色的绿色发展道路。也只有这样,才能从整体上实现经济效益、社会效益、生态效益三个效益的有机统一,才能从根本上避免因产业转移而导致的污染转移,从而跳出全国各地均重蹈"先污染、后治理"覆辙的怪圈。

2010 年国务院颁布了《国家主体功能区规划》,在 2011 年 3 月全国人大通过的"十二五"规划中,主体功能区战略正式上升为国家战略。2011 年 6 月 8 日,《全国主体功能区规划》正式发布。此后各地加快出台主体功能区规划的步伐。

十八大以后,中国提出要根据《全国主体功能区规划》,推动各地区严格按照主体功能定位发展,构建"两横三纵"为主体的城市化格局、"七区二十三带"为主体的农业发展格局、"两屏三带"为主体的生态安全格局。城市化地区要把增强综合经济实力作为首要任务,同时要保护好耕地和生态;农产品主产区要把增强农业综合生产能力作为首要任务,同时要保护好生态,在不影响主体功能的前提下适度发展非农产业;重点生态功能区要把增强提供生态产品能力作为首要任务,同时可适度发展不影响主体功能的适宜产业。[①]

但目前在主体功能区规划实施上,还有一系列问题有待解决:比如规划太粗;缺少统一的地理空间信息平台支持;监管的体系和手段不具备;实施主体难以明确;综合评价难;财税政策不配套;等等。[②] 各地如何因地制宜地优化调整产业布局,形成人口、经济与生态、环境、资源相协调的国土空间开发格局,是一个重大的课题,仍然需要学术研究提供有力支撑。

4. 不断完善生态文明建设量化研究,提高生态文明建设科学化水平

加强生态文明建设量化研究,是提高生态文明建设科学化水平的需要,也是信息公开,促进政府重视生态文明建设,公民参与生态文明建设的需要,因此,是

① 人民网.优化国土空间开发格局.http://theory.people.com.cn/n/2012/1218/c352852-19930530.html.
② 李朋德.国土空间开发优化与生态文明建设的思考.//陈宗兴主编.生态文明建设(理论卷/实践卷)[M].北京:学习出版社,2014,188.

推动中国生态文明建设工作顺利开展的一项基础性研究工作。

社会主义市场经济建设的一个成功经验,就是要加强考核。GDP 考评对于促进中国经济发展起到了重要的指挥棒作用。推动社会主义生态文明建设,同样需要加强生态文明建设考评。

中国在生态文明建设评价研究等方面,已经取得了一些进展,但同样还有非常多的研究难题有待破解。

一方面,在整体工作评价中,要突出生态文明建设考评,以与生态文明建设的地位和作用相称。习近平总书记在 2006 年担任浙江省省委书记时就提出,"绿水青山就是金山银山""富一方百姓是政绩,保一方平安、养一方山水也是一种政绩",2013 年又提出"生态环境就是生产力""不以 GDP 论英雄"等论断。这些都为重视生态文明建设考评提供了理论基础。尽快在评价研究的基础上,加强对各地生态文明建设的考核,是推动生态文明建设取得实效的一个有力抓手。

另一方面,要实现对生态文明建设本身的科学量化评价。目前,中国生态文明建设评价研究已经多元发展[①],但如何确立权威的生态文明建设绩效评价指标体系和规划评价指标体系,特别是根据各地的生态红线和主体功能区定位,确立各项指标的绝对标准值,并展开实际量化测评,动态追踪,为考评生态文明建设绩效提供参考依据,仍是一个重大的研究课题。

另外,要认识到经济发展与生态文明建设的一致性,就需要量化测算生态价值,而不只是测算经济价值;不仅要测算 GDP,还要测算绿色 GDP。

还比如,生态补偿等生态文明制度的落实,需要加强与之相关的生态补偿标准的量化研究。

再比如,贯彻落实主体功能区划和优化国土空间布局,需要科学划定生态红线。目前中国整体上确定了几条生态红线,比如,划定 18 亿亩耕地红线、37.4 亿亩森林红线、8 亿亩湿地红线,计划 2030 年左右 CO_2 排放达到峰值,并计划到 2030 年非化石能源占一次能源消费比重提高到 20% 左右。然而,具体到每一个地方,怎样科学划定这些红线,划定的生态红线能否得到遵循,这既是一个科学问题,也是一个关涉经济社会发展的重大现实问题。

[①]　据不完全统计,目前国内生态文明评价指标体系研究成果不下 50 种,北京林业大学提出的 ECCI 是少数几个真正实现了量化测算和分析的成果,影响较大。

参 考 文 献

Bob Hall，Mary Lee Kerr. 1991—1992 Green Index：A State-by-State Guide to the Nation's Environmental Health [M]. Island Press，1991.

Michael Common，Sigrid Stagl. 生态经济学引论[M]. 北京：高等教育出版社，2012.

北京师范大学科学发展观与经济可持续发展研究基地，等.2010 中国绿色发展指数年度报告——省际比较[M].北京：北京师范大学出版社，2010.

本书编写组.中共中央关于全面深化改革若干重大问题的决定辅导读本[M].北京：人民出版社，2013.

陈佳贵，等.中国工业化进程报告(1995—2005 年)：中国省域工业化水平评价与研究[M].北京：中国社会科学出版社，2007.

陈宗兴主编.生态文明建设(理论卷/实践卷)[M].北京：学习出版社，2014.

国家林业局.推进生态文明建设规划纲要(2013—2020 年)[EB/OL]. 2013. http://www.forestry. gov. cn/portal/xby/s/1277/content-636413. html.

国家林业局.中国荒漠化和沙化状况公报[EB/OL]. 2011. http://www. china. com. cn/zhibo/zhuanti/ch-xinwen/2010-08/31/content_21669628. htm.

国家林业局.中国湿地资源(2009—2013 年)[EB/OL]. http://www. forestry. gov. cn/main/58/content-661210. html,2014.

国家林业局经济发展研究中心,国家林业局发展规划与资金管理司.国家林业重点工程社会经济效益监测报告 2013[M].北京：中国林业出版社,2014.

解振华主编.中国环境执法全书[M].北京：红旗出版社,1997.

金瑞林.环境法——大自然的护卫者[M].北京：时事出版社,1985.

经济合作组织统计数据库 http://data.oecd.org/.

李士,方虹,刘春平.中国低碳经济发展研究报告[M].北京：科学出版社,2011.

联合国统计数据库 http://data.un.org/.

廖福霖.生态文明建设理论与实践[M].北京：中国林业出版社,2001.

林黎.中国生态补偿宏观政策研究[M].四川：西南财经大学出版社,2012.

刘思华.理论生态经济学若干问题研究[M].南宁：广西人民出版社,1989.

刘湘溶.生态文明论[M].长沙：湖南教育出版社,1999.

卢风,等,著.生态文明新论[M].北京：中国科学技术出版社,2013.

美国人口普查局统计数据库 http://www. census. gov/data. html.

农业部.全国草原保护建设利用总体规划[EB/OL]. 2007. http://www. moa. gov. cn/gov-public/XMYS/201006/t20100606_1534928. htm.

227

清华大学气候政策研究中心.中国低碳发展报告（2014）[M].北京：社会科学文献出版社，2014.

曲格平.中国环境问题及对策[M].北京：中国环境科学出版社，1989.

世界银行统计数据库 http：//data.worldbank.org/.

世界自然基金会（WWF）.中国生态足迹报告2012：消费、生产与可持续发展.http：//www.wwfchina.org/wwfpress/publication/.

谭崇台主编.发展经济学的新发展[M].武汉：武汉大学出版社，1999.

汪劲.环境法律的理念与价值追求[M].北京：法律出版社，2000.

汪劲.环境法学[M].北京：北京大学出版社，2011.

郇庆治主编.重建现代文明的根基——生态社会主义研究[M].北京：北京大学出版社，2010.

亚里士多德.政治学[M].吴寿彭，译.北京：商务印书馆，1965.

严耕，等.中国省域生态文明建设评价报告（ECI 2010）[M].北京：社会科学文献出版社，2010.

严耕，等.中国省域生态文明建设评价报告（ECI 2011）[M].北京：社会科学文献出版社，2011.

严耕，等.中国省域生态文明建设评价报告（ECI 2012）[M].北京：社会科学文献出版社，2012.

严耕，等.中国省域生态文明建设评价报告（ECI 2013）[M].北京：社会科学文献出版社，2013.

严耕，等.中国省域生态文明建设评价报告（ECI 2014）[M].北京：社会科学文献出版社，2014.

严耕，王景福主编.中国生态文明建设[M].北京：国家行政学院出版社，2013.

严耕，杨志华.生态文明的理论与系统建构[M].北京：中央编译出版社，2009.

英国国家统计局数据库 https：//www.gov.uk/government/statistics.

余谋昌.生态文明论[M].北京：中央编译出版社，2009.

中共中央宣传部编.习近平总书记系列重要讲话读本[M].北京：学习出版社，人民出版社，2014.

中国科学院可持续发展战略研究组.2010中国可持续发展战略报告：绿色发展与创新[M].北京：科学出版社，2010.

中国人民大学气候变化与低碳经济研究所.中国低碳经济年度发展报告（2011）[M].北京：石油工业出版社，2011.

中国社会科学院工业经济研究所.2014中国工业发展报告——全面深化改革背景下的中国工业[M].北京：经济管理出版社，2014.

附　2014 年度中国生态文明建设十件大事

中国生态文明研究与促进会

1. 党的十八届四中全会提出加快建立生态文明法律制度

2014 年 10 月 23 日,党的十八届四中全会通过的《中共中央关于全面推进依法治国若干重大问题的决定》提出,用严格的法律制度保护生态环境,加快建立有效约束开发行为和促进绿色发展、循环发展、低碳发展的生态文明法律制度,强化生产者环境保护的法律责任,大幅度提高违法成本。建立、健全自然资源产权法律制度,完善国土空间开发保护方面的法律制度,制定完善生态补偿和土壤、水、大气污染防治及海洋生态环境保护等法律法规,促进生态文明建设。

2. 习近平强调生态文明建设要上台阶、见实效

习近平总书记在江苏调研时指出:"保护生态环境、提高生态文明水平,是转方式、调结构、上台阶的重要内容。经济要上台阶,生态文明也要上台阶。我们要下定决心,实现我们对人民的承诺。"习近平总书记在对腾格里沙漠遭污染等事件作出的重要批示中强调,要加大生态环境执法监管力度,建立生态环境损害责任终身追究制,切实把生态文明建设摆在更加突出的位置来抓,务求取得扎扎实实的实效。

3. 中国政府提出要像对贫困宣战一样坚决向污染宣战

李克强总理在 2014 年政府工作报告提出,"我们要像对贫困宣战一样,坚决向污染宣战",将治理环境污染提高到和反贫困战役同样的高度,彰显国家推进生态文明建设的决心。李克强总理在回答中外记者关于雾霾污染问题时表示,我们说要向雾霾等污染宣战,可不是说向老天爷宣战,而是要向我们自身粗放的生产和生活方式来宣战,要铁腕治污加铁规治污。在 2014 年夏季达沃斯论坛上李克强总理再次强调,对中国来说,最突出的问题是水、大气和土壤污染,它直接关系到人们每天的生活,直接关系到人们的健康,也关系到食品安全,所以中国政府必须负起责任,向这几个重要领域的污染进行宣战。

4. 生态文明建设列入新环保法立法目的

2014 年 4 月 24 日,历经四次审议,环境保护法修订草案经十二届全国人大常

委会第八次会议表决通过。国家主席习近平签署第 9 号主席令,予以公布。其中,将"推进生态文明建设,促进经济社会可持续发展"列入立法目的,将保护环境确立为基本国策,将"保护优先"作为第一基本原则,将"生态红线"等首次写入法律,明确提出对违法排污企业实行按日连续计罚,罚款上不封顶。专家们认为,修订后的环保法将成为"史上最严"的环保法律,对于保护和改善环境,保障公众健康,推进生态文明建设,促进经济社会可持续发展,具有重要意义。新环境保护法于 2015 年 1 月 1 日正式施行。

5. 社会期盼"APEC 蓝"常态化

2014 年 11 月 10 日,亚太经合组织(APEC)第二十二次领导人非正式会议在北京召开。会议期间,北京空气质量保持总体良好,为京城带来了难得一见的蓝天白云,引起社会广泛关注,互联网上、朋友圈里,"APEC 蓝"迅速成为热词。习近平总书记指出,希望并相信通过不懈的努力,"APEC 蓝"能够保持下去,北京乃至全中国能够蓝天常在,青山常在,绿水常在。媒体评论称,尽管"APEC 蓝"是临时性管控下实现的,但却证明雾霾是可控、可治的,只要以壮士断腕的决心,坚持铁腕治污、区域合作、联防共治,使"APEC 蓝"变为常态化的"中国蓝"是能够实现的。12 月,十二届全国人大常委会第十二次会议审议了大气污染防治法修订草案,这是 27 年来的首次大规模修订。

6. 全国生态文明示范创建拓展提升

2014 年 5 月,环保部在浙江湖州召开全国生态文明建设现场会,在总结 16 个省和 1000 多个市、县多年开展生态示范创建工作的基础上,授予 37 个市(县、区)"国家生态文明建设示范区"称号,强调生态文明示范区建设应在更高层次、更高目标上全面推进,拓展提升,深化固化。2014 年,国家发展改革委等六部委推出 57 个生态文明建设先行示范区,强调要紧紧围绕破解本地区生态文明建设的瓶颈制约,大力推进制度创新。水利部确定 59 个城市作为第二批全国水生态文明城市建设试点,推进城市从粗放用水方式向集约用水方式转变,从过度开发水资源向主动保护水资源转变。农业部在 1100 多个"美丽乡村"创建试点村基础上,发布了"美丽乡村"十大模式。全国绿化委员会、国家林业局授予 17 个城市"国家森林城市"称号。在全面深化改革中,各地生态文明示范创建活动持续推进,不断创新。

7. 全国土壤污染状况调查结果公布

2014 年 4 月 17 日,环保部和国土资源部发布《全国土壤污染状况调查公报》,就历时 8 年进行的全国性土壤污染情况对公众披露。根据国务院决定,环境保护部会同国土资源部开展的首次全国土壤污染状况调查于 2005 年 4 月启动。调查范围是除香港、澳门特别行政区和台湾省以外的陆地国土,调查点位覆盖全部耕地,部分林地、草地、未利用地和建设用地,实际调查面积约 630 万平方千米。调查结果显示,全国土壤环境状况总体不容乐观,部分地区土壤污染较重,耕地土壤环境质量堪忧,工矿业废弃地土壤环境问题突出。

8."中国生态文明奖"设立

2014 年 7 月 2 日,经中央批准,全国评比达标表彰工作协调小组批复环境保护部,同意在"生态文明建设示范区"项目中设立"中国生态文明奖"。"中国生态文明奖"是我国第一个生态文明专项奖,评选表彰面向基层和工作一线,重点奖励对生态文明创建实践、理论研究和宣传教育做出重大贡献的集体和个人。在 11 月 1 日举行的中国生态文明论坛成都年会上,"中国生态文明奖"发布启动。

9. 中国明确碳排放峰值时间表

2014 年 11 月 12 日,中美双方在北京发表《中美气候变化联合声明》,中国国家主席习近平和美国总统贝拉克·奥巴马宣布两国各自 2020 年后应对气候变化行动。美国计划在 2005 年基础上,到 2025 年实现全经济范围内减排 26%～28% 的目标,并努力减排到 28%。中国计划 2030 年左右,CO_2 排放达到峰值,并争取努力早日达峰,非化石能源占一次能源消费比重提高到 20% 左右。联合国秘书长潘基文对此发表声明指出,这两个世界上最大的经济体所展现的领导力带给国际社会一个前所未有的契机。

10. 生态文明理念逐步走向世界

2014 年 7 月 10 日至 12 日,生态文明贵阳国际论坛 2014 年年会举行。国务院总理李克强向论坛发来贺信,强调生态文明源于对发展的反思,也是对发展的提升,事关当代人的民生福祉和后代人的发展空间。国家副主席李源潮发表致辞,强调人类必须自觉地与自然友好相处,人类的发展必须与生态的发展平衡共进。联合国秘书长潘基文发来贺信,对论坛取得的成果给予高度评价,对推进可持续发展的国际合作、制度约束、改革创新等阐述主张。会议期间,来自 60 多个国家和地区的 2000 余名嘉宾,围绕"改革驱动,全球携手,走向生态文明新时代——政府、企业、公众:绿色发展的制度架构和路径选择"主题,举办了近 100 场主题论坛及相关活动。

后　记

本书是课题组共同研究的成果。在严耕主持下,课题组成员吴明红、樊阳程、林震、巩前文、杨智辉、金灿灿、邬亮、陈佳、杨志华、杨帆、吴守蓉、杨朝霞、丁智、张秀芹、王明怡、王广新、张宁、田浩等多次研讨,各施所长。作为本书的作者,课题组成员都为完成本书贡献了他们的知识与智慧。吴明红、樊阳程、林震协助主持人做了大量协调工作。

全书共分为三个部分:第一部分中国生态文明发展评价报告,包括第一至四章,评价分析中国生态文明发展态势及驱动因素;第二部分绿色生产与绿色生活发展评价报告,由第五、第六章组成,评价分析中国生态文明建设在生产、生活领域的发展情况;第三部分生态文明建设专题报告,包括第七至十二章,从六个方面开展了专题研究分析。

全书由严耕拟定思路及润色定稿,课题组主要成员汇集大家的智慧,分工协作撰写完成:前言由严耕撰写;第一章生态文明发展评价总报告(ECPI 2014),由严耕、林震、吴明红撰写;第二章ECPI评价设计与算法,由吴明红撰写;第三章各省域生态文明建设发展的类型分析,由金灿灿撰写;第四章中国生态文明发展态势和驱动分析,由杨智辉撰写;第五章中国绿色生产发展报告(GPPI 2014),由巩前文撰写;第六章中国绿色生活发展报告(GLPI 2014),由樊阳程撰写;第七章中国能源利用发展报告,由邬亮撰写;第八章中国主要污染物减排治理实践发展报告,由陈佳撰写;第九章中国生态农业发展报告,由巩前文撰写;第十章中国生态保护与建设发展报告,由吴守蓉撰写;第十一章中国生态文明法治建设报告,由杨帆、杨朝霞、丁智撰写;第十二章中国生态文明理念学术研究进展报告,由杨志华撰写。

承蒙中国生态文明建设与促进会抬爱,将其评选的"2014年度中国生态文明建设十件大事"附于书后。谨此致谢!

研究生杨昌军、陈铭、郭轶方、李雪姣、王嫣然、蔡越、陈慧等也参与了资料收集和数据整理工作,本书的完成,他们功不可没。

部分重要指标,由于缺乏国家发布的权威数据支撑,暂未能纳入评价分析中。加之作者水平所限,研究中定有不足之处,恳请读者批评指正!

本书课题组
2015 年 1 月